C++程式語言教學範本

（第二版）

蔡明志　編著

全華圖書股份有限公司　印行

序言

歡迎您加入 C++ 的開發行列。C++ 在西元 1985 年由丹麥籍的 Bjarne Stroustrup 所撰寫的程式語言。它可以說是目前最佳的物件導向程式語言。由於物件導向程式語言有封裝（Encapsulation）、繼承（Inheritance）以及多型（Polymorphism）三種重要的特性，由於這些特性可以節省開發成本和降低維護成本，所以常被用來編寫大型系統。

C++ 可說是 C 語言的延伸，或是 C 語言再加上類別（C with class）的程式語言。常常會有人問，是否要先學 C 語言才能學 C++，筆者的看法是不必要的，只是您有 C 語言的基礎再來看 C++ 會比較省力而已，所以 C 語言不是 C++ 的先修程式語言。

筆者在 C/C++ 程式語言的領域上著墨非常久，也在學校和其他教育場所教過許久，因此知道 C++ 程式語言的重點所在，這本書可以當作講授 C++ 程式語言的老師之教學範本，也可以當作想學 C++ 程式語言的讀者，提供一本很好的自修範本。

本書共有 18 章，可以劃分兩個部份，第一部份是傳統程序性語言的主題，大致有資料型態、運算子、選擇敘述、迴圈敘述、函式、陣列、指標、字串、結構和檔案，第二部份是物件導向程式語言的主題，如函式樣板、函式多載、類別與物件（封裝）、繼承（單一繼承和多重繼承）、多型、運算子多載以及類別樣板等等。當您學會 C++ 程式語言後，之後再看其他物件導向程式語言時，就可以得心應手，迎刃而解。

學好程式語言好比學太極拳的蹲馬步基本功，您要很紮實的、用心的去學習和體會，若沒有學好蹲馬步的基本功，打出來的拳就好像是在做體操，不是嗎？學好程式語言也算是有一技之長，往後在求職路上多了一些技能，相信成功是屬於您的。

本書以淺顯易懂的文字搭配範例程式、圖形和表格，讓您在學習程式語言上可以事半功倍。每章的習題規劃有選擇題、上機練習、除錯題和程式設計，希望您在每章章末親手撰寫該章的範例程式和習題，因爲這些可以加深對每一章程式的了解。

親愛的讀者若您對本書有任何問題，歡迎來信批評與指教。

蔡明志

mjtsai168@gmail.com

contents

目錄

contents

目錄

Chapter 15 夥伴與運算子多載

Chapter 16 類別樣板

Chapter 17 繼承

Chapter 18 多型

Chapter 1

C++ 程式概觀

本章綱要

從現在開始，我們要正式進入 C++ 程式語言的世界。也許您曾經撰寫過 C 或 Pascal 之類的程式設計語言，這些經驗對您學習 C++ 有著極大的幫助。假使 C++ 語言是您接觸的第一種程式語言，那也不用擔心，在沒有任何包袱或成見下，經由本書詳細的介紹，相信 C++ 語言必將成爲您的最愛。

1-1 C++ 程式語言

程式是個什麼玩意兒？ C++ 程式看起來又像什麼樣子呢？簡單來說，程式（program）是一群可讓電腦做出有意義動作的命令；程式語言（programming language）則能讓我們更容易與電腦溝通。

經過幾十年來資訊科學的發展，數百種的程式語言紛紛設計完成，它們各有不同的目標與優點：譬如爲人熟知的 BASIC 適合電腦的初學者；FORTRAN 對於工程或數值上的運算特別有效率；Pascal 則多用於教學之用；其他如 Lisp、COBOL、Assembly language 等等，都擁有其一席之地。

至於本書所探索的是 C++ 程式語言，它可以說是物件導向程式語言，或是 C 程式語言的超集合（即 C 是 C++ 的子集合），C++ 程式語言於 1984-1985 之間發佈的，它是由貝爾實驗室的 Bjarne Stroustrup 所撰寫，其最主要的目標是希望在開發系統時，可以降低維護成本。根據 Tiobe 的調查，目前（2023 年 10 月）最受歡迎的十大程式語言當中，C++ 排名第三名。如表 1-1 所示：

表 1-1　目前較受歡迎的程式語言排行榜

（摘自 https://www.tiobe.com/tiobe-index/）

Oct 2023	Oct 2022	Change	Programming Language	Ratings	Change
1	1		Python	14.82%	-2.25%
2	2		C	12.08%	-3.13%
3	4	^	C++	10.67%	+0.74%
4	3	v	Java	8.92%	-3.92%
5	5		C#	7.71%	+3.29%
6	7	^	JS JavaScript	2.91%	+0.17%
7	6	v	VB Visual Basic	2.13%	-1.82%
8	9	^	php PHP	1.90%	-0.14%
9	10	^	SQL	1.78%	+0.00%
10	8	v	ASM Assembly language	1.64%	-0.75%

C++ 是物件導向程式設計的先趨，其特性如下：

1. **封裝**：

   傳統的程式語言，如 C，程式設計師認爲函式才是最重要的，而資料是次等公民，所以只要將函式寫好，一切就大功告成。殊不知資料錯誤時，函式寫得再怎麼好，也是錯的，這就是所謂的垃圾進，垃圾出（garbage in, garbage out, GIGO）。現在物件導向將函式與資料視爲同等重要，所以將它封裝（encapsulation）在一起。如此一來，在資料的保護上也非常得好，因爲只有封裝在一起的函式才能直接存取資料。如此一來提高了資料的私有性，二來維護也較容易。有關封裝的詳細情形，請參閱第 14 章類別與物件。

2. **繼承**：

   繼承（inheritance）可以讓軟體元件重複使用，或是共同的元件可再使用（reuse），這可以減少軟體的開發成本，因爲可以不用再撰寫就有現成的可用，何樂而不爲。有關繼承的詳細情形，請參閱第 17 章繼承。

3. **多型**：

   多型（ploymorphism）是在繼承的情況下，以晚期繫結（late binding）方式，它在執行時期（run time）判斷是哪個物件觸發函式，此時會呼叫該物件所屬的類別中的函式。這有別於早期繫結（early binding），它在編譯時期（compile time）就將屬性繫結在一起了，如宣告變數的資料型態。多型也稱同名異式。有關多型的詳細情形，請參閱第 18 章多型。

物件導向程式設計是目前撰寫應用系統的潮流，而 C++ 是物件導向程式設計所使用的語言之一，但它可以說是在上述三個特性上處理得相當周全，您一定要好好學習 C++，搭上這股潮流列車，否則您就落伍了。

1-2 從一個簡單的範例談起

我們將以一個相當淺顯的例子來詳細解說每個敘述的意義，利用本章的範例程式實際地去撰寫 C++ 程式，然後加以編譯和執行。我們先來看一個簡單的程式。

範例

```
1   //myFirstProg.cpp
2   /* This is my firstC++program
3   主要是在輸出一些訊息，並且從中練習如何操作 C++ 編譯器 */
4
5   #include <iostream>
6   using namespace std;
7
```

```
8   int main()
9   {
10      cout << "Hello, ";
11      cout << "world." << endl;
12      cout << "Learning C now.\n";
13
14      return 0;
15  }
```

程式十分簡單，其中只有主程式 main() 單一個函式，而我們所利用的敘述命令也僅有 cout 如此單純的函式呼叫，顧名思義，這個函式可於螢幕上印出許多訊息。

接下來我們將一一解說每列的功用：

- **註解敘述**

  就如第一行所出現的 //myFirstPorg.cpp 以及第二行的 /* … */ 的部分，都是屬於 C++ 程式的註解敘述（comment statement）。在 C++ 程式檔案中，凡是位於 /* 和 */ 之間的所有內容都是註解，它們會被編譯程式忽略。註解的目的是在補充程式的意圖，以便日後自己或他人能正確且方便地理解程式。不論是初學或是專業的程式設計者，都應該養成使用註解的習慣。也可以使用 //myFirstProg.cpp。// 只對一行有效，若註解有多行時，則每一行的前面皆需加上 // 或是使用 /* 與 */ 括起來。

  註解敘述也可以使用中文喔！若使用英文，即使文法不對也是沒有關係的，因為這些編譯器是會忽略的，主要是給使用者看而已。善用註解敘述對程式的理解有很大的幫助，從而使得程式更加友善。

- #include <iostream>

  這一條是屬於 C++ 語言前置處理程式（preprocessor） 所管理的指令（directive），範例程式 myFirstProg.cpp 中的 #define 也是這類指令，詳細的內容將於後面章節中討論。簡單地說，這條指令的目的就是於該處引進（include）檔案 iostream 的全部內容。

  檔案 iostream 乃系統所附的檔案，這類檔案泛稱為標頭檔（header file）。iostream 檔案中定義了許多重要的常數（constant）以及函式原型宣告（function prototype declaration）或語法（syntax）的宣告，譬如，程式中使用到的標準輸出 cout，它是置放於 iostream 的標頭檔裡，所以要將它載入進來。

  當我們在程式有使用庫存函式時，需載入其所對應的標頭檔，因為標頭檔有宣告其語法，以便在編譯時期就能判斷呼叫此庫存函式的語法是否正確。

  接下來的敘述是

```
using namespace std;
```

使用了命名空間 std，以後凡是在此命名空間的物件皆可以省略 std:: 的範疇名稱。若上述的範例程式 myFirstProg.cpp 中，沒有此敘述時，則必須在每一個 cout 和 endl，前加上 std::，如下所示：

```
std::cout << "Hello, ";
std::cout << "world." << std::endl;
std::cout << "Learning C now.\n";
```

才能夠執行。基本上，標準的輸出與輸入的相關敘述都是如此做法。

- **main() 函式**

由 main() 後面跟著的一對小括弧即可看出其爲函式，整個程式的執行動作將由 main() 函式中的各個敘述依序引發。main 的確是個相當平凡的名字，不過它卻是唯一的選擇，所有的 C++ 程式不論擁有多少函式，它總會先行尋找 main() 這個函式作爲進入點（entry point），然後開始執行。

函式 main() 之後的敘述被一對大括弧所包圍，它指出了哪些敘述該是屬於 main() 的部分；大括弧可標示函式本體的開頭與結尾，如下所示：

```
{
    函式本體
}
```

必須注意到，僅有大括弧擁有此種能力，小括弧 () 與中括弧 [ ] 都沒有辦法。

大括弧也可用於集結程式中的一些敘述使之成爲一個單位，或稱之爲區塊（block），這方面正如同 Pascal 或 Modula-2 等語言中的 begin 和 end。

- **cout 輸出串流敘述**

接下來位於 main() 函式內的即爲三條 cout 輸出串流敘述

```
cout << "Hello, ";
cout << "world." << endl;
cout << "Learning C now.\n";
```

我們不難猜出這個函式的目的，它應該會把後面的字串顯示在螢幕（screen）上。

現在我們可以來看看輸出結果：

```
Hello, world.
Learning C now.
```

您可以和程式一一對照，cout 輸出串流果然忠實地把字串訊息印至螢幕，但似乎有些奇怪，輸出結果第一列最後印出 world. 之後爲何會跑到下一列，而第二條 cout 輸出字串中的 \n 又爲何沒有顯現出來？

事實上，在 C++ 語言中，字串內的 \n（反斜線後跟著一個特殊字母）乃屬於特殊的單一字元，換句話說，\n 會被視爲一個字元，而它的作用也並非程式撰寫時所看到的文字。就拿我們的例子來說，\n 所代表的是換行字元（newline character），而它的作用將使得輸出的位置轉移到下一列，它的效果有點類似 Pascal 中的 writeln() 函式。由於換行字元 \n 的影響，使得輸出結果變成這樣，第二條 cout 中最後的 endl（end of line）也有著同樣的功能，亦即使游標（cursor）移到下一列的開頭。

- return 0; **敘述**

  由於 main() 函式的資料型態爲 int，故程式需要有一行 return 敘述與之匹配，函式的詳細情形請參閱第 7 章函式。目前您只要照著這樣做就可以了。

  我們將再舉一個例子，並對其內容加以說明，程式如下所示：

範例

```
1  //mySecondProg.cpp
2  #include <iostream>
3  using namespace std;
4
5  int main()
6  {
7      int num;
8      int square;
9      num = 10;
10     square = num * num;
11     cout << "Square of number " << num << " is " << square << endl;
12
13     return 0;
14 }
```

程式 mySecondProg.cpp 與 myFirstProg.cpp 在架構上大致是相同的，不過這個程式中多了一些敘述，說明如下：

- int num;

  int square;

  這兩行是變數的宣告敘述（declaration statement）是告訴編譯器，此變數需要多少位元組的記憶體。本例中的 int num; 說明了兩件重要的事情：

(1) 在程式的 main() 函式中某處，存在著一個名爲 num 的變數（variable）。

(2) 這個 num 變數的資料型態（data type）爲整數（integer），亦即不帶有小數部分的數值。並且編譯器會配置 4 個位元組給此整數。有關變數的資料型態詳細情形，請參閱第 2 章資料型態。

編譯程式會根據宣告的要求而配置適當數量的記憶體空間，稍後就能利用變數名稱 num 做出許多有用的動作。

位於 int num 之後有個分號（;），分號敘述表示敘述到此結束；同理，int square; 和 cout 也是敘述後面要有分號。至於前端處理程式的指令（例如 #include）無需分號；此外，函式 main() 因其僅爲函式定義，因此 main() 後面沒有分號存在。

特別要提出來的是，分號也屬於敘述的一部分，而單獨只有分號的敘述稱爲空敘述，表示不做任何事。有時只是爲了程式的美觀易懂，或讓程式空轉而已。

- num = 10;

  宣告了變數 num 之後，就可以指定數值給它，上面這條敘述的意思就是把數值 10 指定給變數 num，因而 num 便擁有數值 10。這裡的符號 "=" 並不是一般的數學符號 " 等於 "，事實上 " 等於 " 在 C++ 語言中有另外的符號代表，正確的說法應該是指定（assign）符號，而其作用方向則爲從右到左，譬如像底下這樣：

  ```
  10 = num;
  ```

  那就不僅沒有意義，而且會被視爲錯誤。

- square = num * num;

  這是相當簡單的數學運算，其中的 * 代表的就是數學上的相乘，把 num 的值乘以 num 後，再把結果指定給 square，注意到 num 的值並不會遺失或改變。我們也可以 + 表示加，- 表示減，而 / 表示除。

  因爲 num 爲 10，由簡單的數學可知：

  ```
  10 * 10 = 100
  ```

  所以 num 此時的值是 10，square 則爲 100。

- cout << "Square of number " << num << " is " << square << endl;

  我們先將執行結果顯示出來，如下所示：

  ```
  Square of number 10 is 100.
  ```

  利用 cout 和 << 將字串和變數加以輸出。

  看過了幾個程式，您是否懷疑 C++ 程式都必須長得這般模樣嗎？是不是 main() 底下的大括弧內的敘述都要內縮幾格呢？這不是絕對的標準，我們之所以這樣寫，完全是爲了清晰上的考量，藉由縮排的形式，使閱讀者能清楚地了解程式的架構與流程。我們強烈地建議您這樣做。

事實上，編譯器會忽略掉所有不必要的空格或換行，因此您可以根據自己的喜好而樹立特殊的風格，當然，建立一種大眾所接受的風格，不論對他人或自己都有好處。

1-3 如何編譯及執行程式？

當我們以編輯程式（editor）撰寫完一個 C++ 的原始程式之後，此時的檔名是以 .cpp 為延伸檔名。接下來就要以編譯器（compiler）來編譯（compile）C++ 程式，0 和 1 所組合而成的目的碼（object code），此時的延伸檔名為 .obj，最後再由連結程式（linker），將程式中所呼叫的庫存函式目的碼和原始程式碼所轉成的目的碼一起做連結，此時會產生一可執行檔（executable file），此延伸檔名為 .exe，示意圖如圖 1-1。

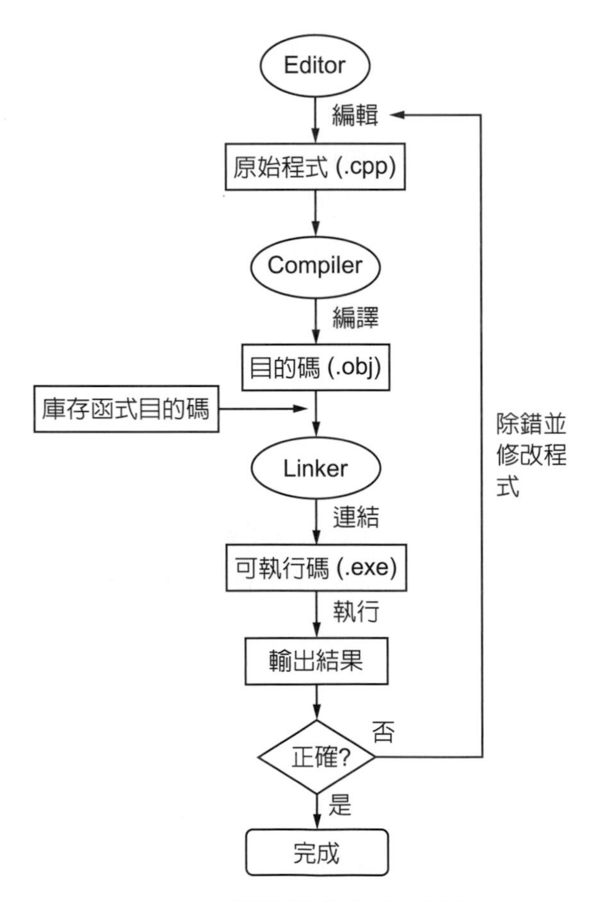

圖 1-1　編譯及執行程式示意圖

本章習題

選擇題

有一 C++ 程式如下：

```
#include <(1)>
(2) namespace (3);
(4) main()
{
    cout (5) "Welcome toC++\n";
    return 0;
}
```

1. 試問上述程式 (1) 的內容爲何？
   (A) stdio.h　(B) iomanip　(C) iostream　(D) stream。
2. 試問上述程式 (2) 的內容爲何？
   (A) use　(B) using　(C) take　(D) Using。
3. 試問上述程式 (3) 的內容爲何？
   (A) std　(B) stdio　(C) standard　(D) sdt。
4. 試問上述程式 (4) 的內容爲何？
   (A) double　(B) char　(C) string　(D) int。
5. 試問上述程式 (5) 的內容爲何？
   (A) <　(B) >　(C) <<　(D) >>。

上機練習

一、請自行練習本章的範例程式。

二、試問下列程式的輸出結果。

1.

```
//practice1-1.cpp
#include <iostream>
using namespace std;

int main()
{
    cout << "Hello, " ;
    cout << "how are you？ \n";
    cout << "I am fine, ";
    cout << "thank you. " << endl;
    cout << "And you？\n";
    cout << "Over";

    return 0;
}
```

2.

```
//practice1-2.cpp
#include <iostream>
using namespace std;

int main()
{
    int x=100, y=200, z=300;
    int total=0;
    total = x+y+z;
    cout << "x=" << x << ", y=" << y << ", z=" << z << endl;
    cout << "total=" << total << endl;

    return 0;
}
```

3.

```
//practice1-3.cpp
#include <iostream>
using namespace std;

int main()
{
    int a=1, b=2, c=3;

    cout << "a=" << a << ", b=" << b << ", c=" << c << endl;
    c=b;
    b=a;
    cout << "a=" << a << ", b=" << b << ", c=" << c << endl;
    b=b+1;
    a=a*2;
    c=c/2;
    cout << "a=" << a << ", b=" << b << ", c=" << c << endl;

    return 0;
}
```

程式設計

1. 王先生是在一家資訊公司上班，他是個朝九晚五的上班族，也就是說王先生每天都是從九點準時上班，一直到傍晚五點鐘下班。試問假如王先生中午時刻是不休息的，那他一天總共要工作多少秒。（提示：C++ 語言的 +、-、*、/ 運算子分別代表加、減、乘、除），試著做做看，順便熟悉一下您所使用的編譯器。
2. 假設您現在修的科目有計概、C++ 程式設計、微積分、會計學和經濟學，試著將它們取適當的變數名稱，並在宣告時順便給予初值，請計算這五科的總和及平均分數爲何？

學習心得

Chapter 2

資料型態

本章綱要

- ◆2-1 位元、位元組、與字組
- ◆2-2 整數與浮點數
- ◆2-3 int 型態
- ◆2-4 char 型態
- ◆2-5 float 與 double 型態
- ◆2-6 溢值問題

程式處理的東西就是資料（data）。我們希望程式把外界輸入的數值、文字、圖形等等進一步加以處理，然後再把結果顯現出來，這些都需要藉由資料在電腦內部計算與轉換。

每一種資料都有特有的性質，此處我們稱之爲型態（type），電腦術語即稱作資料型態（data type）。在這一章裡，我們將要介紹 C++ 語言提供的各種資料型態，說明如何宣告它們、何時爲使用時機及如何利用標準輸出串流 cout 將它們顯現出來。

2-1 位元、位元組與字組

現今的電腦系統多以電子電路或磁性物質來儲存資料，爲了實作的方便及物理的特性，這些儲存媒介基本上一個單位僅能保有兩種不同的狀態；就基本電路而言，它們是高電位與低電位，或者說是開（on）與關（off）。這類基本的單位在電腦術語中謂之爲位元（bit）。

一個位元可以保有兩種資料，即 0 與 1（相對於高低電位或開與關）。很明顯地，單一位元必然無法表達電腦應用中的複雜資料，但在電腦內部卻存在著數量龐大的位元數量，藉由爲數眾多的位元，各種資料型態也就應運而生。

位元組（byte）則爲描述電腦記憶體時一般採用的基本單位。對於近代所有電腦而言，一個位元組乃由 8 個位元結合而成，而這也是標準的定義。每一個位元可保存兩種資料，所以一個位元組（8 個位元）便能表示 256 種不同意義的資訊：

$$2^8 = 256$$

這 256 種不同的位元樣式（bit pattern，即由 0、1 任意組合而成的狀態）可經由特殊的編碼技巧而賦予不同的意義。譬如它們可以代表 0 到 255 之間的整數，或者是英文字母與標點符號。無論如何，各種表示法都是以二進制（binary）數字系統作爲基礎，有關二進位的觀念會在之後的章節中討論。

位元和位元組可以說是電腦記憶體的最基本單位，但對於電腦的設計師來說，字組（word）才是最自然的單位。譬如早期 8 位元的 Apple 微電腦系統，一個字組就相當於一個位元組，以及 IBM AT 及相容機種均爲 16 位元，也就是說每個字組是由 2 個位元組構成，至於 80x86 PC 或是 Macintosh 等則爲 32 位元電腦或現如今的 64 位元電腦，許多昂貴的超級電腦更是使用 64 位元或者更大的字組。

除了上述的基本名詞外，還有一些代表性的縮寫記號也應該注意：

$1\text{KB} = 2^{10} = 1024\ \text{Byte}$

$1\text{MB} = 2^{20} = 1024\ \text{KB}$

$1\text{GB} = 2^{30} = 1024\ \text{MB}$

$1\text{TB} = 2^{40} = 1024\ \text{GB}$

綜合這一節所介紹的內容，我們可以歸納如下：

1 bit = (0, 1)

1 byte =8bits

1 word = 2 bytes（或 4 bytes）

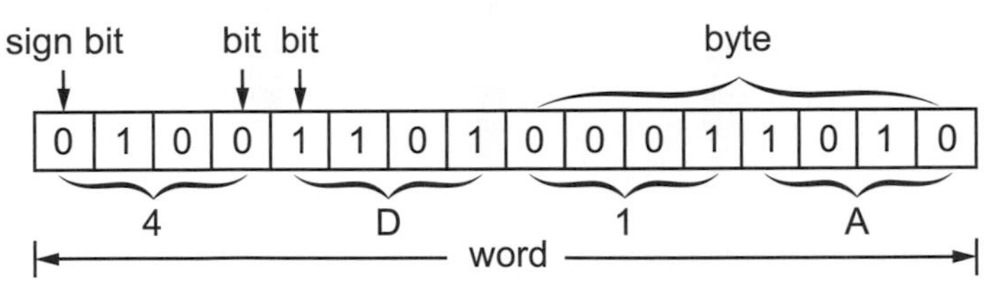

圖 2-1　bit、byte、word 示意圖

2-2 整數與浮點數

這裡所謂的整數（integer）指的是不帶有小數點的數值，它可以有正負符號，譬如 2725、0、-168 等均為整數，至於 1.414、-0.3 以及 3.0 等等則都不是整數。

整數資料儲存於電腦內部時，乃是以純粹的二進位數字系統來表示，例如：若是用 1 個位元組（8 個位元）來表示整數 10，由於 10 的二進位表示法為 1010，於是我們就讓右邊 4 個位元為 1010，並使左邊其餘位元均保持為 0。

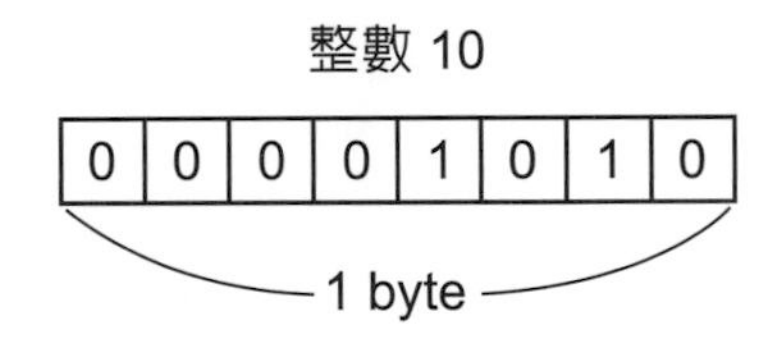

浮點數（floating-point）類似數學上常說的實數（real number），它涵蓋了整數無法充分表達的數值。在語言的資料型態上，整數與浮點數是兩種截然不同的型態，它們之間並無交集，這不像數學上定義的 " 整數為實數的部分集合 "。

浮點數的表示方法有許多種，最簡單的就是小數點型式，譬如：

98.765（小數點型式）

也可寫成指數記號的型式，如下所示：

$9.8765 * 10^1$

9.8765E+01

9.8765e+01

上面的字母 E 和 e 代表的意思就是 10 的冪次，實際的次方則跟於 E(e) 之後，再舉例來說：

−158E−2

$= -158 * 10^{-2}$

$= -1.58$

這些數值符號完全是為了配合人類的習慣，在電腦內部則有另一套方法儲存，像是前面的例子 98.765，它會先分解成小數部分和指數部分，即 0.98765 與 2，然後分別儲存它們：

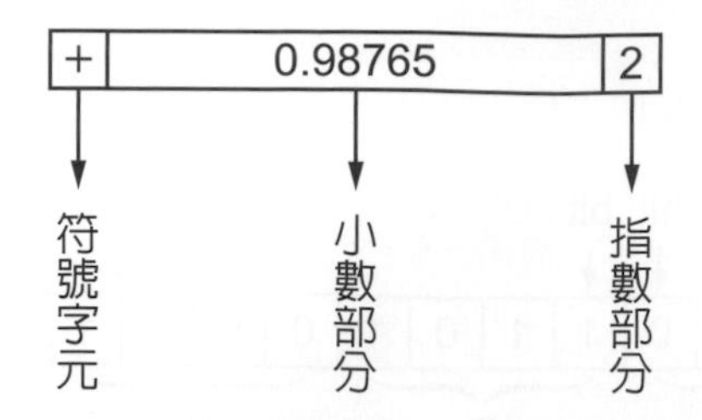

符號位元（signed bit）佔用的空間必定是單一位元，它擁有的值僅需 0 與 1（即正或負），至於小數與指數部分所需的空間則視系統而定。一般來說，整個浮點數可能是以 32 位元、64 位元，甚至更多的位元來表示。當然囉！位元數愈多，相對的精確度也會提高。

綜合整數與浮點數的討論，我們可以提出幾項要點：

1. **電腦系統是以二進制方式運作的，不管是浮點數或整數，儲存於電腦內部時都會表示成二進制。**

2. **浮點數所能表達的數值範圍遠比整數大得多。**

3. **浮點數在某些數學運算上，可能喪失較多的精確度；整數則不會有此類問題。**

在一般狀況，浮點數運算要比整數運算慢得多，我們的建議是在沒有必要的情形下，若以整數便可勝任，那就使用整數，在空間及時間上較有效率。然而目前已有專為浮點數運算設計的微處理機，它們的速度也相當快。

2-3 int 型態

關鍵字 int 乃是整數資料最常用的型態，我們在第 1 章時已經充分介紹過 int 資料的宣告方式，包括其語法及初始化方式，我們再回憶一下：

宣告時一定是由關鍵字開頭，最後應以分號結尾，也可以同時宣告好幾個變數，其間需以逗點分開，變數宣告時也可以同時給予其初始值。幾乎所有的變數都遵循此類模式，您應該很快地會習慣它。

int 型態是一種有正負號的整數（signed integer），也就是說該類變數可保有正、負以及 0 等數值，至於正負數值所允許的範圍則視編譯程式而定。例如早期的 16 位元 C++ 編譯程式，如 TurboC++，乃以 2 個位元組即 16 個位元來儲存一個 int 資料，16 個位元共可表示 65536 種數值，這樣就允許儲存介於 -32768 到 +32787 之間的所有整數。而現今的編譯程式大部分皆為 32 位元或是 64 位元，其 int 佔 4 個位元組，例如：Visual StudioC++、Xcode 和 Dev-C++，其允許的範圍值是 -2147483648 到 2147483647。

2-3-1　八進位與十六進位

數值形式乃是我們所習慣的十進制表示法，事實上，這些都已經在電腦內部做了某些轉換動作。電腦系統是採用二進制爲基礎，十進位運算對電腦而言十分不自然，很遺憾地，C++ 語言並不允許我們直接以二進位來表示資料。

情況雖然如此，仍舊允許另外兩種與二進制關係密切的數字系統：八進制與十六進制，它們都是 2 的冪次方，彼此間轉換起來非常方便。

八進制系統下，僅能夠出現 0 到 7 之間的數字，每逢 8 就進一位；十六進位用英文字母的 a ～ f（或 A ～ F）來表示數值 10 到 15。

正常情況下，程式中看到的數值形式都是十進制，不過我們也可以強迫使用八進位或十六進位表示法，於是在書寫數值時就必須有些變化，以便編譯程式能判定出究竟是何種表示法：

- **八進制：凡是字首 0 開頭的數值即為八進位資料，接下來出現的數字都必須介於 0 到 7 之間，譬如**

  037、020、0105

  都是合法的八進位數值，其中的 037 即相當於十進制的 31：

  $$\begin{aligned} & 037_8 \\ &= 3 * 8^1 + 7 * 8^0 \\ &= 24 + 7 \\ &= 31_{10} \end{aligned}$$

  若是我們寫出底下的宣告：

  int i = 096;

  那麼在編譯過程中就會出現錯誤訊息，意思是使用了非法的八進位數字，因爲我們在宣告 i 時誤用了數字 9。

- **十六進制：表示該數字系統時需在字首加上 0x 或 0X，大小寫都可以，後面的數字則可以為 0 ～ 9 及 A ～ F（或 a ～ f）；例如**

  0x1A2B、0X5CE、0Xabc

  等等都是合法的十六進位數值。

2-3-2　其他整數型態

除了 int 之外，C++ 語言還提供另外三個關鍵字以便更精確地描述整數，它們分別爲 unsigned、short 以及 long，其中以 unsigned 最爲常用，我們就先來介紹它。

日常生活中，很多數量都是不可能出現負數的，譬如身高、體重、日期等等，這些資料就有必要以 unsigned（無正負符號）表示。除了上述的敘述外，unsigned 型態還有另外一項優點，那就是使得一個四位元組空間所能表示的正值範圍增加了。預設的 int 型態是有正負號的（signed），它會保留最左邊的位元作爲符號位元（sign bit），因此數值範圍爲：

-2147483648 ～ +2147483647

當我們宣告成 unsigned int 後，整個數值範圍就向正數方向平移，於是便能表示：

0 ～ +4294967295

之間的數值，在某些應用上極為重要。

型態 short int 或 short" 可能 " 會比 int 使用較少的空間，當我們希望能節省空間時，可以依情形使用 short；相反地，long int 或 long 型態則 " 可能 " 使用較多的位元數目。short 與 long 同樣為有號型態。

為何前面我們提到 " 可能 "？因為，short 和 long 確實所佔的空間完全依系統而定，我們只能說，short 所用的空間一定不會比 int 多；long 則必定不會比 int 來得少。

之所以需要這些關鍵字，其實是為了相容性的問題，目前最為常見的慣例是 short int 佔有 16 個位元，int 佔 32 個位元，long int 則佔 64 個位元，唯有當整數資料不大時，才有必要考慮使用 short int，而它的範圍可介於

-32768 ～ +32767

或是使用 unsigned short int，則範圍便為

0 ～ +65535

接下來的問題就是如何宣告它們，int、short、long 以及 unsigned 等關鍵字大多數可混合使用，一般來說，當 int 與其他關鍵字相結合時，通常省略不寫，我們舉幾個簡單的例子：

```
unsigned int weight1;
或
unsigned weight2;

short int length1;
或
short length2;

unsigned short length3;
或
unsigned short int length4;
```

這些變數宣告皆是合法的。

2-4 char 型態

型態 char 主要是用來儲存英文字母以及標點符號等特殊字元（character），該型態所佔的記憶體空間通常是 1 個位元組，於是便能保有 128 種不同的數值。基本上，char 仍然是一種整數型態，因爲在電腦內部並不能判斷 A、B、C 等符號，所有的字元均以整數值加以代表，因此必須有一套數值代碼，用來作爲數值與字元間的映對工作。

目前最爲常用的代碼就是美國標準資訊交換碼（American Standard Code for Information Interchange, ASCII），例如字母 A 在 ASCII 中就以整數 65 來表示，字元 B 則爲整數 66。標準的 ASCII 碼共定義有 0 ～ 127 之間的數值，其中 0 ～ 31 爲控制碼，32 ～ 127 爲英文大小寫字母、標點以及特殊符號等字元。單一位元組最多可擁有 256 種組合，而 ASCII 僅用了 128 種（右邊七個位元），於是 IBM 等系統即自行定義另外 128 種字元，它們的數值均大於 127，這部分的代碼爲 IBM 擴展碼，主要是提供某些有用的繪圖字元。

2-4-1　宣告字元變數型態

字元變數型態的關鍵字爲 char，宣告的方式和其他型態完全一致：

```
char alpha;
char ch1, ch2, ch3;
```

這幾個變數佔用的記憶體空間都是 1 個位元組。初始化的動作也很簡單：

```
char choose = 'A';
```

當我們想把某個字元指定給變數時，並不需要寫明它的 ASCII 碼，事實上 ASCII 碼是既不可能又不實際的，我們只要在單引號寫出所要的字元就可以了。記住，單引號內最多僅能出現單一字元，多餘的空格是不允許的。底下的設定均犯了某些錯誤：

```
char ch1 = '65';        /* 錯誤，單引號內只能有一個字元 */
char ch2 = 'A ';        /* 錯誤，A 後面不可有空白 */
char ch3 = "A";         /* 錯誤，只能用單引號 */
```

最後一個例子採用了雙引號的形式，這是絕對地錯誤，雙引號圍起的字元均爲字串（string）的一部分（關於字串我們會有完整的篇幅來討論，請參閱第 10 章字串與字元），變數 ch3 宣告的是 char 型態，所以不該採用雙引號。

當電腦看到符號 'A' 時，便會自動將其轉換爲實際的 ASCII 碼整數值，即 65，我們當然可以這麼寫：

```
char ch4 = 65;
```

於是 ch4 也能保有字元 'A'，不過這樣做可能有幾項缺點：數值 65 無法給人清楚的認知，必須透過查表後才能得知其意義爲字元 'A'；另一方面，在某些系統下，採用的代碼或許不是 ASCII，因此字元 'A' 的代碼便不再是 65，所以這種寫法在可攜性（portable）方面將大打折扣。

2-4-2 特殊字元

我們在 ASCII 表上看到的大多爲普通的字母或符號，但在前面部分卻有許多奇怪的記號，這些字元多數作爲控制之用，本身是無法印出的，在表示時也不能以單一字元來代表：例如 '\n'（換行字元）即爲一個很好的例子。

另外一種表示特殊字元的方法就是採用所謂的轉義序列（escape sequence），譬如 '\n'。首先出現一個反斜線，然後再以特定的字母來指定，底下的表格即列出常見的轉義序列字元：

表 2-1 轉義序列

符號	意義
\t	跳八格
\n	換列
\\	反斜線
\"	雙引號
\ooo	八進位數值
\xhh	十六進位數值

由於反斜線（\）以及雙引號（"）等都有特殊的用途，我們如果只想單純地印出這些符號，就必須在前面加上反斜線。請參閱以下範例程式：

範例

```
1   //eschapeSequenche.cpp
2   #include <iostream>
3   using namespace std;
4
5   int main()
6   {
7      cout<< "LearningC++now!\n";
8      cout<< "\"Warning\"" << endl;
9      cout<< "'\\101' is " << '\101' << endl;
10     cout<< "'\\x41' is " << '\x41' << endl;
11
12      return 0;
13  }
```

```
LearningC++now!
"Warning"
'\101' is A
'\x41' is A
```

2-5 float 與 double 型態

許多工程用的程式往往需要執行複雜的數學運算，運算的資料又多爲浮點數（float number）；浮點數的型態名稱是 float，相當於 FORTRAN 及 Pascal 的 real 型態。

浮點數可用來表示極大的數值，例如太陽質量約 2×10^{30} kg；也能儲存很大的資料，像是電子電荷 1.6×10^{-19} 庫侖。也可以表示很長的矩離，像是光年，它是光在眞空中一年時間內傳播的距離爲 9.46×10^{12} 公里。浮點常數的表示方式與科學記號頗爲類似，譬如底下的例子：

表 2-2　浮點常數與科學記號的表示方式

一般表示法	科學記號	以 e 表示法
123456789	1.23456789×10^8	1.23456789e+8
0.034	3.4×10^{-2}	3.4e-2
-5060.14	-5.06014×10^3	-5.06014e+3

系統中一般是以 32 個位元（即 4 bytes）來儲存 float 變數，其中有 8 個位元用來表示指數的值和正負符號，另外 24 個位元則存放小數部分；利用這種方式，大約可以精確到小數點以下六到七位，而數值的範圍則爲 10^{-37} 到 10^{38} 之間，遠比 int 家族廣泛得多。

程式中還有一個關鍵字 double，它是屬於倍精準浮點數型態，double 一定比 float 精確（如同 int 相對於 short int），因爲 double 使用較多的位元來儲存資料，一般來說是 64 個位元（即 8 bytes），這樣將可提高精確度，並減少捨入誤差（round off error）的發生。

還有另一種 long double 浮點數型態，然而它僅保證其精確度至少與 double 相同。

2-6 溢值問題

我們已經介紹了 C++ 語言的各種基本資料型態，大致可分爲兩大類：整數型態與浮點數型態，它們使用的關鍵字分別是：

表 2-3　整數型態與浮點數型態的關鍵字

整數型態	浮點數型態
char, unsigned char int unsigned int short int long int	float double long double

儲存空間與數值範圍可歸納爲下表：

表 2-4　儲存空間與數值範圍

型態	空間（bytes）	範圍
char	1	-128 ～ 127
short int	2	-32768 ～ 32767
int	4	-2147483648 ～ 2147483647
long int	8	-9223372036854775808 ~ 9223372036854775807
unsigned char	1	0 ～ 255
unsigned short int	2	0 ～ 65535
unsigned int	4	0 ～ 4294967295
unsigned long int	8	0 ～ 18446744073709551615
float	4	3.4E-38 ～ 3.4E+38
double	8	1.7E-308 ～ 1.7+308
long double	16	3.4E-4932 ～ 3.4E+4932

每一種型態都有固定的空間，因此必定有個最大與最小的極限，譬如普通的 int 變數，所保存的正數值最大只能到 32767，如果這個值再加 1 會有什麼後果呢？會成爲 32768 嗎？或者從 0 開始？我們來做一個實驗：

範例

```
1   //overflow.cpp
2   #include <iostream>
3   using namespace std;
4
5   int main()
6   {
7       short int score = 32766;
8       short int scoreP;
9
10      cout<< SHRT_MAX << endl;
11      cout<< SHRT_MIN << endl;
12
13      scoreP = score + 1;
14      cout<< scoreP << endl;
15      scoreP = score + 2;
16      cout<< scoreP << endl;
17      scoreP = score + 3;
18      cout<< scoreP << endl;
19
```

```
20      scoreP = 65535;
21      cout<< scoreP << endl;
22      return 0;
23  }
```

```
32767
-32768
32767
-32768
-32767
-1
```

short int 的極大值 +32767 再加 1 後竟變成 -32768。當輸出的資料大於其表示範圍時，稱之爲溢值（overflow），那應如何處理？因爲 short int，其表示範圍爲 -32768 ~ 32767，若此時有一敘述，其變數值超出此範圍時，它如何表示呢？

```
short int k = 32768;
```

則印出的值爲 -32768。我們利用圖形說明之。

右圖的右邊是正數從 0 到 32767，而左邊是負的數由 -1 到 -32768，因此，32768 是走到 -32768（32768 - 65536）那個點。此點即是 32768 所印出的值。同理，若 k 爲 32770，則印出值爲 -32766（32770 - 65536）；k 爲 65535 則印出的值爲 -1（65535 - 65536），您會了嗎？

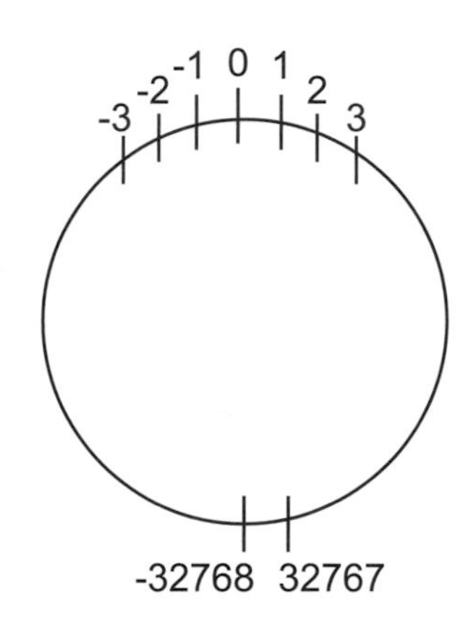

當然，若 k 爲 65537，其值又爲何呢？很簡單，65537 已經走完了一圈，又到了其所對應的 1（65537 - 65536），所以其值爲 1。除此之外，若您設定此數爲 unsigned，如下所示：

```
unsigned short int k = -2;
```

則印出的值爲 65534（65536+（-2）），此值爲 -2 所對應 unsigned short int 所表示數字範圍的數如右圖所示：

外圍是 unsigned short int 所表示的範圍從 0 到 65535。

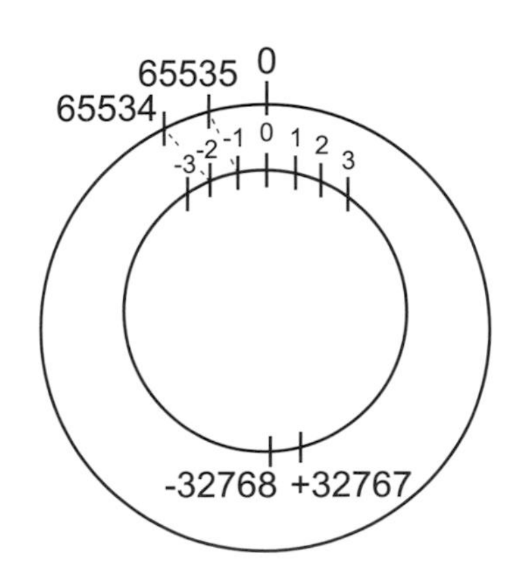

範例

```
1   //unsignedInt.cpp
2   #include <iostream>
3   using namespace std;
4
5   int main()
6   {
7       unsigned short int k = -2;
8       cout<< k << endl;
9
10      k += 1;
11      cout<< k << endl;
12
13      return 0;
14  }
```

```
65534
65535
```

本章習題

選擇題

1. 有一片段程式如下：

```
#include <iostream>
using namespace std;
int main()
{
    int x=101, y;
    y = x/2;
    cout << y << endl;
    return 0;
}
```

試問其輸出結果爲何？

(A) 50　(B) 50.5　(C) 51　(D) 50.0。

2. 有一片段程式如下：

```
#include <iostream>
using namespace std;
int main()
{
    int x=101, y;
    y = x/2.;
    cout << y << endl;
    return 0;
}
```

試問其輸出結果爲何？

(A) 50　(B) 50.5　(C) 51　(D) 50.0。

3. 有一片段程式如下：

```
#include <iostream>
using namespace std;
int main()
{
    int x=101;
    double y;
    y = x/2.;
    cout << y << endl;
    return 0;
}
```

試問其輸出結果爲何？

(A) 50　(B) 50.5　(C) 51　(D) 50.0。

4. 有一片段程式如下：

```
#include <iostream>
using namespace std;
int main()
{
    cout << "\"100% orange juice\"" << endl;
    return 0;
}
```

試問其輸出結果爲何？

(A) '100% orange juice'

(B) "100 orange juice"

(C) "100% orange juice"

(D) 100% orange juice。

5. 有一片段程式如下：

```
#include <iostream>
using namespace std;

int main()
{
    int x = 2147483650;
    cout << x << endl;
    return 0;
}
```

試問其輸出結果爲何？

(A) 2147483650

(B) 2147483646

(C) -2147483647

(D) -2147483646。

上機練習

一、請自行練習本章範例程式。

二、試問下列程式的輸出結果。

1.

```
//practice2-1.cpp
#include <iostream>
using namespace std;

int main()
{
    cout<< "\tHello, world\n";
    cout<< "\103\53\53 is \x66\x75\x6e" << endl;
    cout<< "\"LeraningC++now!\"" << endl;

    return 0;
}
```

2.

```
//practice2-2.cpp
#include <iostream>
using namespace std;

int main()
{
    short int k = -32767, k_1, k_2;
    cout<< "sizeof(short int): " << sizeof(short int) << endl;
    k_1 = k - 1;
    k_2 = k - 2;
    cout<< k_1 << endl;
    cout<< k_2 << endl << endl;

    int i = 2147483646;
    cout<< "sizeof(int): " << sizeof(int) << endl;
    cout<< i+1 << endl;
    cout<< i+2 << endl;

    return 0;
}
```

學習心得

Chapter 3

輸出與輸入

本章綱要

- ◆3-1 標準輸出：cout
- ◆3-2 欄位寬
- ◆3-3 精確度位數
- ◆3-4 標準輸入：cin

程式必須藉由輸入輸出（input/output, I/O）的技巧才能與外界溝通。輸入的設備包括鍵盤、磁碟、磁帶、掃描器（scanner）等等，傳送進來的資料經過電腦內部處理後，進而利用對人類有意義的符號加以輸出，一般常見的輸出媒介是螢幕、印表機等等。

本章的重點將放在輸出與輸入，尤其要輸出美觀的報表時，則需借重如何設定欄位寬與準確度。我們先從標準的輸出串流 cout 開始，論述如何將資料從螢幕輸出，再來討論輸入串流 cin 用以讀取資料。

3-1 標準輸出：cout

在 C++ 程式中，要將資料從螢幕中輸出，只要利用 cout 輸出串流與加入運算子（insertion operator） << 即可，如以下範例程式：

範例

```
1   //standOutput.cpp
2   #include <iostream>
3   using namespace std;
4
5   int main()
6   {
7       int a = 100;
8       double d = 99.8;
9       char str[] = "Learning C++ now!";
10
11      cout << "a = " << a << endl;
12      cout << "d = " << d << endl;
13      cout << "str = " << str << endl;
14
15      return 0;
16  }
```

程式中分別定義了三種資料型態：整數、浮點數、字串。利用 << 可以連續將資料加以輸出，在 cout 敘述中的字串常數會原封不動的輸出，每一個 cout 敘述後面的 endl 表示換行。此程式的輸出結果如下所示：

```
a = 100
d = 99.8
str = Learning C++ now!
```

此程式的字串是以陣列的方式表示。有關字串的詳細說明，請參閱第 10 章。

3-2 欄位寬

首先簡單地介紹欄位寬度（width）的意義，它設定了資料輸出時，所佔有的最小空間，譬如下面的單純敘述：

```
cout << 100;
```

輸出時的數值僅佔有三個字元，即：

1	0	0

但若我們利用 setw(n) 表示設定輸出某一數值時，所給予空間大小。譬如：

```
cout << setw(5) << 100;
```

結果便成爲

		1	0	0

這是因爲我們給予五個空間來輸出 100，所以前面會空出 2 個空格。要注意的是，使用 setw() 控制器需要載入 iomanip 標頭檔，而且它只對緊接著後面要輸出的數值有效。若要將輸出向左或向右靠齊，可分別使用 left 和 right 的控制器。一般輸出預設是向右靠齊，請參閱以下範例程式。

範例

```
1   //width.cpp
2   #include <iostream>
3   #include <iomanip>
4   using namespace std;
5
6   int main()
7   {
8       int pos = 7777;
9       cout << "12345678901234567890" << endl;
10      cout << pos << endl;
11      cout << setw(3) << pos << endl;
12      cout << setw(8) << pos << endl;
13      cout << setw(8) << right << pos << endl;
14      cout << setw(8) << left << pos << "*" << endl << endl;
15
16      cout << setfill('*');
17      cout << "12345678901234567890" << endl;
18      cout << setw(8) << pos << endl;
```

```
19      cout << setw(8) << right << pos << endl;
20      cout << setw(8) << left << pos << "*" << endl;
21
22      return 0;
23  }
```

程式中分別輸出整數，並以有無設定欄位寬來比較其輸出結果，如下所示：

```
12345678901234567890
7777
7777
    7777
    7777
7777    *

12345678901234567890
7777****
****7777
7777*****
```

這程式利用

cout << "123456789012345678901234567890" << endl;

印出刻度，使得輸出結果空了多少格更能清楚看出。

同時在程式中利用 right 控制器來向右靠齊，其實系統本身在輸出正整數 pos 時，就是向右靠齊的，因此可以省略 right 控制器。若要向左靠齊，則可以使用 left 控制器。

由於 left 和 right 控制器經宣告後，對往後的敘述皆有效，除非您再重新宣告。您是否有看出第 12 行的敘述

cout << setw(8) << pos << endl;

它的輸出是向左靠齊，它是受到第 14 行有宣告 left 控制器的影響。

程式中也使用 setfill('*') 控制器，以星號 (*) 取代空白。此控制器也是一經宣告，對往後的敘述皆有效。

再來看看利用欄位寬的好處是，它可以將輸出結果變得更美觀。如範例程式 width2.cpp 所示：

範例

```
1   //width2.cpp
2   #include <iostream>
3   #include <iomanip>
4   using namespace std;
5
```

```
6   int main()
7   {
8       int a = 123, b = 1234567, c = 12345;
9       cout << a << " " << b << " " << c << endl;
10      cout << b << " " << c << " " << a << endl;
11      cout << c << " " << a << " " << b << endl;
12
13      cout << "\nUsing width" << endl;
14      cout << "123456789012345678901234567890" << endl;
15      cout << setw(9) << a << setw(9) << b << setw(9) << c << endl;
16      cout << setw(9) << b << setw(9) << c << setw(9) << a << endl;
17      cout << setw(9) << c << setw(9) << a << setw(9) << b << endl;
18      return 0;
19  }
```

```
123 1234567 12345
1234567 12345 123
12345 123 1234567

Using width
123456789012345678901234567890
      123  1234567    12345
  1234567    12345      123
    12345      123  1234567
```

從輸出結果發現，上面的結果是未使用欄位寬，而下面的結果是使用欄位寬，確實增加了視覺的效果。

3-3 精確度位數

精確度的位數有二種涵義，一爲整個浮點數位數，二爲小數點後面加上指定的精確度，也就是小數點後面要印出幾位數。單獨的 setprecision(n) 表示印出浮點數的總位數是 n 位數。若要表示印出浮點數的小數點後面的位數，則需要先藉助 fixed 再以 setprecision(n) 來解決。請參閱以下範例程式。

範例

```
1   //precision2.cpp
2   #include <iostream>
3   #include <iomanip>
4   using namespace std;
5
```

```
6   int main()
7   {
8       double i = 123.456, j = 1.23456;
9       cout << "i = " << i << ", j = " << j << endl << endl;
10
11      cout << setprecision(5);
12      cout << "After setprecision(5)" << endl;
13      cout << "i = " << i << ", j = " << j << endl << endl;
14
15      cout << "After fixed and setprecision(1)" << endl;
16      cout << fixed << setprecision(1);
17      cout << "i = " << i << ", j = " << j << endl;
18
19      return 0;
20  }
```

```
i = 123.456, j = 1.23456


After setprecision(5)
i = 123.46, j = 1.2346

After fixed and setprecision(1)
i = 123.5, j = 1.2
```

首先程式輸出 i 和 j 的值，分別是 123.456、1.23456。

接著利用 setprecision(5) 控制器控制浮點數印出的總位數，所以下一敘述輸出 i 和 j 時，表示以五位數印出 i 的值，所以輸出結果是 123.46。接下來的 j 也是以五位數印出，因爲此時的 setprecision(5) 還是有效的。因此輸出結果是 1.2346，記得會四捨五入。

若在 setprecision(1) 函式中加上 fixed，表示以小數點的形式印出小數點後面 1 位數。如下所示：

```
cout << fixed << setprecision(1);
```

接下來印出的 j 也會以此方式印出，因爲 setprecision(5) 已被 setprecision(1) 取代了。fixed 和 setprecision(n) 在宣告後，其以下的敘述皆對此有效，除非您又以 setprecision(n) 設定印出小數點的位數。這和 setw(n) 不一樣，setw(n) 只對接下來要印出的變數有效而已。

fixed 和 setprecision(n) 可用來將多個浮點數輸出於一列時，可使得輸出結果更美觀，如以下範例程式所示：

範例

```
1   //precision3.cpp
2   #include <iostream>
3   #include <iomanip>
4   using namespace std;
5
6   int main()
7   {
8       double a = 12.345, b = 12345.6789, c = 123.456;
9       cout << fixed << right << setprecision(2);
10      cout << "向右靠齊" << endl;
11      cout << setw(10) << a << setw(10) << b << setw(10) << c << endl;
12      cout << setw(10) << b << setw(10) << c << setw(10) << a << endl;
13      cout << setw(10) << c << setw(10) << a << setw(10) << b << endl;
14      cout << endl;
15
16      cout << left << setprecision(1);
17      cout << "向左靠齊" << endl;
18      cout << setw(10) << a << setw(10) << b << setw(10) << c << endl;
19      cout << setw(10) << b << setw(10) << c << setw(10) << a << endl;
20      cout << setw(10) << c << setw(10) << a << setw(10) << b << endl;
21
22      return 0;
23  }
```

程式中

```
cout << fixed << right << setprecision(2);
```

此敘述多了一個 right 表示向右靠齊，其實系統本身就是向右靠齊的，因此可以省略 right。若要向左靠齊，則可以使用 left。上述範例程式 precision3.cpp 的輸出結果。

```
向右靠齊
     12.35  12345.68    123.46
  12345.68    123.46     12.35
    123.46     12.35  12345.68

向左靠齊
12.3      12345.7   123.5
12345.7   123.5     12.3
123.5     12.3      12345.7
```

在輸出浮點數時，若輸出的欄位數夠的話，可以使用 showpoint 控制器強迫印出小數點後面的 0。請參閱範例程式 showPoint.cpp。

範例

```
1   //showPoint.cpp
2   #include <iostream>
3   #include <iomanip>
4   using namespace std;
5
6   int main()
7   {
8       double d = 123.456;
9       cout << d << endl;
10      cout << setprecision(2) << d << endl;
11      cout << setprecision(8) << d << endl;
12      cout << showpoint << setprecision(8) << d << endl;
13      cout << fixed << setprecision(2) << d << endl;
14      return 0;
15  }
```

```
123.456
1.2e+02
123.456
123.45600
123.46
```

程式

```
cout << setprecision(2) << d << endl;
```

設定以二位數字輸出，因為 d 至少要三個空間才夠，所以它會以科學記號加以輸出。若是以

```
cout << setprecision(8) << d << endl;
```

敘述設定印出的位數是 8，由於夠輸出，所以輸出的結果是 123.456。若加上 showpoint 的操控器，則輸出結果為 123.45600。若以

```
cout << fixed << setprecision(2) << d << endl;
```

敘述輸出，則由於 fixed 控制器將以浮點數，而且小數點後兩位加以輸出。

以上說明了整數和浮點數的格式化輸出。至於字串的輸出和整數差不多，它也是利用 setw(n) 設定 n 個欄位寬。請參閱以下範例程式。

範例

```
1   //stringWidth.cpp
2   #include <iostream>
3   #include <iomanip>
4   using namespace std;
5
6   int main()
7   {
8       char str1[] = "Pineapple", str2[] = "Banana" , str3[] = "Kiwi";
9       cout << str1 << " " << str2 << " " << str3 << endl;
10      cout << str2 << " " << str3 << " " << str1 << endl;
11      cout << str3 << " " << str1 << " " << str2 << endl;
12
13      cout << "\nUsing width" << endl;
14      cout << "123456789012345678901234567890" << endl;
15      cout << setw(10) << str1 << setw(10) << str2 << setw(10) << str3;
16      cout << endl;
17      cout << setw(10) << str2 << setw(10) << str3 << setw(10) << str1;
18      cout << endl;
19      cout << setw(10) << str3 << setw(10) << str1 << setw(10) << str2;
20      cout << endl << endl;
21
22      cout << "\nUsing width and left alignment" << endl;
23      cout << left;
24      cout << "123456789012345678901234567890" << endl;
25      cout << setw(10) << str1 << setw(10) << str2 << setw(10) << str3;
26      cout << endl;
27      cout << setw(10) << str2 << setw(10) << str3 << setw(10) << str1;
28      cout << endl;
29      cout << setw(10) << str3 << setw(10) << str1 << setw(10) << str2;
30      cout << endl;
31
32      return 0;
33  }
```

```
Pineapple Banana Kiwi
Banana Kiwi Pineapple
Kiwi Pineapple Banana

Using width
123456789012345678901234567890
 Pineapple    Banana      Kiwi
    Banana      Kiwi Pineapple
      Kiwi Pineapple    Banana


Using width and left alignment
123456789012345678901234567890
Pineapple Banana    Kiwi
Banana    Kiwi      Pineapple
Kiwi      Pineapple Banana
```

字串與整數的輸出大同小異。此程式加上欄位寬可輸出結果更加可看性。字串輸出是向右靠齊的，但在第 23 行

```
cout << left;
```

此敘述表示以下的敘述將向左靠齊。從輸出結果看出，字串向左靠齊在視覺感受上是較好的。當設定的欄位寬比字串的長度來得小的話，您所設定的欄位寬將會失效。如

```
cout << setw(5) << "Banana";
```

3-4 標準輸入：cin

cin 是從鍵盤輸入資料。cin 輸入串流配合 >> 選取運算子（extraction operator）將資料給變數，作爲程式運算之用，而且它會自動識別變數的資料型態，如以下敘述：

```
int a;
cin >> a;
cout << "a = " << a;
```

由於 a 是整數變數，所以輸入的資料是整數，如 100，此時輸出結果將是

```
a = 100
```

也可以一次多個變數，如

```
int b, c;
cin >> b >> c;
cout << "a = " << a << ", b = " << b;
```

此時若輸入爲 100 200，輸入資料之間只要以空白隔開就好。

其輸出結果爲

```
a = 100, b = 200
```

由此可見，C++ 的標準輸入蠻簡單的。只要以 cin 配合 >> 就可以完成。

本章習題

選擇題

1. 有一片段程式如下：

```
#include <iostream>
#include <iomanip>
using namespace std;

int main()
{
    int x=1234567;
    cout << setw(5) << x << endl;
    return 0;
}
```

試問其輸出結果爲何？

(A) 12345　(B) 34567　(C) 123456　(D) 1234567。

2. 有一片段程式如下：

```
#include <iostream>
#include <iomanip>
using namespace std;

int main()
{
    double x=123.4567;
    cout << setprecision(4) << x << endl;
    return 0;
}
```

試問其輸出結果爲何？

(A) 123.45　(B) 123.456　(C) 123.5　(D) 123.4567。

3. 有一片段程式如下：

```
#include <iostream>
#include <iomanip>
using namespace std;

int main()
{
    double x=123.4567;
    cout << fixed << setprecision(2) << x << endl;
    return 0;
}
```

試問其輸出結果爲何？

(A) 123.46　(B) 123.456　(C) 123.45　(D) 123.4567。

4. 有一片段程式如下：

```
#include <iostream>
#include <iomanip>
using namespace std;

int main()
{
    double x=123.4567;
    cout << setw(8) << setfill('*');
    cout << fixed << setprecision(2) << x << endl;
    return 0;
}
```

試問其輸出結果爲何？

(A) 123.46**　(B) 123.45**　(C) **123.46　(D) **123.45。

5. 有一片段程式如下：

```
#include <iostream>
#include <iomanip>
using namespace std;

int main()
{
    double x=123.4567;
    cout << left;
    cout << setw(8) << setfill('*');
    cout << fixed << setprecision(2) << x << endl;
    return 0;
}
```

試問其輸出結果爲何？

(A) 123.46**　(B) 123.45**　(C) **123.46　(D) **123.45。

上機練習

一、請自行練習本章的範例程式。

二、試問下列程式的輸出結果。

1.

```
//practice3-1.cpp
#include <iostream>
#include <iomanip>
using namespace std;
```

```
int main()
{
    int num = 12345;
    cout << "|" << num << "|" << endl;
    cout << "|" << setw(8) << num << "|" << endl;
    cout << "|" << left << setw(8) << num << "|" << endl;
    cout << "|" << setw(3) << num << "|" << endl;
    cout << resetiosflags(ios::left);
    cout << setw(8) << num << endl;

    return 0;
}
```

2.

```
//practice3-2.cpp
#include <iostream>
#include <iomanip>
using namespace std;

int main()
{
    double f = 456.789;
    cout << fixed << setprecision(2);
    cout << "|" << setw(3)  << f << "|" << endl;
    cout << "|" << setw(8)  << f << "|" << endl;
    cout << setfill('*');
    cout << "|" << setw(8)  << f << "|" << endl;
    cout << left;
    cout << "|" << setw(8)  << f << "|" << endl;
    cout << setfill(' ');
    cout << resetiosflags(ios::left);
    cout << "|" << setw(8)  << f << "|" << endl;

    return 0;
}
```

3.

```
//practice3-3.cpp
#include <iostream>
#include <iomanip>
using namespace std;

int main()
{
    char str[] = "C++ is fun";
    cout << setfill('#');
    cout << str << endl;
    cout << setw(15) << str << endl;
    cout << left;
    cout << setw(15) << str << endl;

    return 0;
}
```

4.

```
//practice3-4.cpp
#include <iostream>
#include <iomanip>
using namespace std;

int main()
{
    double a = 1.23, b = 123.456, c = 12.345;
    cout << a << " " << b << " " << c << endl;
    cout << b << " " << c << " " << a << endl;
    cout << c << " " << a << " " << b << endl;

    cout << "\nUsing fixed and precision" << endl;
    cout << "123456789012345678901234567890" << endl;
    cout << fixed << setprecision(2);
    cout << setw(9) << a << setw(9) << b << setw(9) << c << endl;
    cout << setw(9) << b << setw(9) << c << setw(9) << a << endl;
    cout << setw(9) << c << setw(9) << a << setw(9) << b << endl;
```

```
    cout << "\nUsing fixed, left and precision" << endl;
    cout << "123456789012345678901234567890" << endl;
    cout << fixed << left << setprecision(2);
    cout << setw(9) << a << setw(9) << b << setw(9) << c << endl;
    cout << setw(9) << b << setw(9) << c << setw(9) << a << endl;
    cout << setw(9) << c << setw(9) << a << setw(9) << b << endl;

    return 0;
}
```

5.

```
//practice3-5.cpp
#include <iostream>
#include <iomanip>
using namespace std;

int main()
{
    int a = 11, b = 6666, c = 8888888;
    cout << a << " " << b << " " << c << endl;
    cout << b << " " << c << " " << a << endl;
    cout << c << " " << a << " " << b << endl;

    cout << "\nUsing width" << endl;
    cout << "123456789012345678901234567890" << endl;
    cout << setw(10) << a << setw(10) << b << setw(10) << c << endl;
    cout << setw(10) << b << setw(10) << c << setw(10) << a << endl;
    cout << setw(10) << c << setw(10) << a << setw(10) << b << endl;

    cout << "\nUsing left and width" << endl;
    cout << "123456789012345678901234567890" << endl;
    cout << fixed << left;
    cout << setw(10) << a << setw(10) << b << setw(10) << c << endl;
    cout << setw(10) << b << setw(10) << c << setw(10) << a << endl;
    cout << setw(10) << c << setw(10) << a << setw(10) << b << endl;

    return 0;
}
```

除錯題

試修正下列的程式，並輸出其結果。

1. 有一輸出結果如下：

```
123456
^^123456
123456^^
123456
^^123456
```

以下是小明撰寫的程式，請您加以修正之。

```
//debug3-1.cpp
#include <iostream>
using namespace std;

int main()
{
    int num = 123456;
    cout << setfill('^');
    cout << num << endl;
    cout << setw(8) << num << endl;
    cout << left << setw(8) << num << endl;
    cout << setw(8) << num << endl;

    return 0;
}
```

2. 有一輸出結果如下：

```
1234567890
   1234.58
***1234.58
1234.58***
   1234.58
```

以下是小華撰寫的程式，請您加以修正之。

```
//debug3-2.cpp
#include <iostream>
#include <iomanip>
using namespace std;
```

```
int main()
{
    double f2 = 1234.578;
    cout << "1234567890" << endl;
    cout << setw(10)  << f2 << endl;
    cout << setfill('*');
    cout << setw(10)  << f2 << endl;
    cout << left;
    cout << setw(10)  << f2 << endl;
    cout << resetiosflags(ios::left);
    cout << setw(10)  << f2 << endl;

    return 0;
}
```

程式設計

1. 若有一宣告敘述如下：

   `double a2 = 12.345, b2 = 1234.567, c2 = 1.23;`

   請撰寫一程式，其輸出結果如下所示：

```
Using fixed and precision
123456789012345678901234567890
     12.35  1234.57      1.23
   1234.57     1.23     12.35
      1.23    12.35   1234.57

Using fixed, left and precision
123456789012345678901234567890
12.35     1234.57   1.23
1234.57   1.23      12.35
1.23      12.35     1234.57
```

2. 若有一宣告敘述如下：

   ```
   int a = 1234, b = 12, c = 1234567;
   ```

   請撰寫一程式，其輸出結果如下所示：

   ```
   Using width
   123456789012345678901234567890
         1234          12   1234567
           12   1234567        1234
      1234567        1234         12

   Using left and width
   123456789012345678901234567890
   1234      12        1234567
   12        1234567   1234
   1234567   1234      12
   ```

3. 試撰寫一程式，請使用者利用輸入學號（以字串方式表示），C++ 平時考、期中考及期末考成績，之後再將資料一一加以輸出。輸出樣本如下：

   ```
   請輸入學號: 480101234
   C++ 平時考成績: 98
   C++ 期中考成績: 89
   C++ 期末考成績: 92

   學號: 480101234
   平時考: 98
   期中考: 89
   期末考: 92
   ```

4. 試撰寫一程式，提示使用者輸入三個科目名稱和成績，再利用格式控制器輸出您所輸入的資料。其輸出結果如下所示：

   ```
   請輸入第一個科目名稱和成績: C++ 90.46
   請輸入第二個科目名稱和成績: Accounting 89.89
   請輸入第三個科目和成績: Calculus 92.56
   C++             90.5
   Accounting      89.9
   Calculus        92.6
   ```

Chapter 4

運算子

本章綱要

到目前爲止，我們大致上已經了解 C++ 語言的各種資料型態了，也學會如何讀取或顯示這些資料。在程式內部，就必須對資料加以處理，C++ 語言提供爲數眾多的運算子達成這些目的。運算子的功能可能是用來執行數學運算、重新設定變數的值、處理資料間的比較動作，與邏輯上的關係等等。

運算子（operator）是運算式（expression）中最重要的元素，它決定了資料的處理方式，譬如底下的加法運算式

a + b

加號（+）便是一個算術運算子，而 a 與 b 分別爲左、右運算元（operand），運算元爲運算子作用的對象，該運算式的意義就是先取得 a 與 b 的值，然後將它們相加，運算的結果又可以作爲其他運算子的運算元。

本章將從基本的指定運算子開始，慢慢觸及 C++ 語言中許多基本的設計理念。

4-1 指定運算子

等號（=）常被誤認爲 " 等於 " 的意思，但在 C++ 語言，它卻是一種設定的運算子，譬如：

```
value = 100;
```

便會把 100 設定給變數 value，符號 "=" 稱之爲 " 指定運算子 "（assignment operator）。它是一個二元運算子，也就是說，該運算子將接受兩個運算元，其中的左運算元必須是個變數，嚴格說起來，應該是資料儲存的地方，ANSI C++ 採用了 lvalue（left value）這個術語來指稱此類運算元，譬如：變數名稱便爲合法的 lvalue，而常數則非合法。指定運算子右方的運算元則可以爲常數、變數的運算元或任何運算式。下面的例子：

```
100 = value;
```

這種運算式完全沒有意義，在編譯過程間便會被偵測出來。至於

```
num = num + 1;
```

則是各種程式語言中常見的標準寫法。就數學關係來說，上述式子絕對不可能成立，但是對於電腦指令而言，它的意義卻是從變數 num 中取得數值，加上 1 之後，再存回 num：

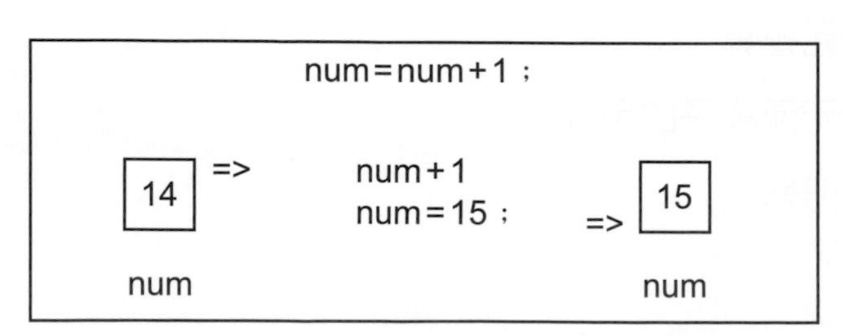

4-2 算術運算子

關於普通的四則運算，也就是加、減、乘、除等，C++ 語言都有相對應的運算子，我們稱爲算術運算子，它們的符號完全與數學記號相同。

表 4-1　算術運算子

運算子	動作
+	加法
-	減法
*	乘法
/	除法

這些運算子都是二元的（binary），它們的寫法及意義與我們平常所理解的完全一致，看看下面的程式：

範例

```
1   //op4s.cpp
2   #include <iostream>
3   #include <iomanip>
4   using namespace std;
5   #define PI 3.14
6
7   int main()
8   {
9       int r1, r2;
10      double area1, area2;
11      double total, diff;
12
13      cout << "計算圓面積 ..." << endl << endl;
14      cout << "  請輸入第一個圓的半徑 : ";
15      cin >> r1;
16
17      cout << fixed << setprecision(2);
18      area1 = PI * r1 * r1;
19      cout << "  ===> 第一個圓的面積爲 " << area1 << endl << endl;
20
21      cout << "  請輸入第二個圓的半徑 : ";
22      cin >> r2;
23
```

```
24      area2 = PI * r2 * r2;
25      cout << "  ===> 第二個圓的面積爲 " << area2 << endl << endl;
26
27      total = area1 + area2;
28      diff = area1 - area2;
29      cout << "總共面積爲 " << total << endl;
30      cout << "兩個圓的面積相差爲 " << diff << endl;
31
32      return 0;
33  }
```

程式中以 #define 指令定義了一個常數 PI 爲 3.14。您可以利用在 cmath 標頭檔中的 M_PI 取代 #define PI 3.14 這一個所謂的前端處理指令。M_PI 是以 3.14159 表示的，所以準確度會比較高，但要記得寫 #include <cmath>。

程式中示範了加、減、乘、除等運算子，至於除法運算子則需稍加注意，留待下一個範例解說。

```
計算圓面積...

  請輸入第一個圓的半徑: 12
  ===> 第一個圓的面積爲 452.16

  請輸入第二個圓的半徑: 8
  ===> 第二個圓的面積爲 200.96

總共面積爲 653.12
兩個圓的面積相差爲 251.20
```

接下來要討論除法運算子（/），以電腦指令而言，整數運算和浮點數運算乃是採用兩套不同的計算規則，而對除法來說更是如此。

```
14.0 / 2 => 7.0
14 / 2 => 7
```

浮點數除式所得即爲浮點數，而整數除式所得則仍是整數，如下：

```
20 / 7
```

應該會得到多少呢？若是純粹整數的除法，也就是說左右兩個運算元在型態上均爲整數，那麼最後答案必定是個整數，至於除不盡的小數部分則完全捨棄，這種過程稱爲"捨位"（truncation），所以前面的式子應該會得到答案 2（20/7=>2 餘 6），注意到並沒有四捨五入這類動作發生。

試試下面的例子：

範例

```
1   //divide.cpp
2   #include<iostream>
3   #include <iomanip>
4   using namespace std;
5
6   int main()
7   {
8       int op1 = 10;
9       int op2 = 4;
10      double op3 = 10.0;
11      double op4 = 4.0;
12
13      cout << fixed << setprecision(2);
14      cout << "Divide and Trunc ..." << endl << endl;
15
16      cout << "    " << op1 << " / " << op2 << " = " << (op1/op2) << endl;
17      cout << "    " << op1 << " / " << op4 << " = " << (op1/op4) << endl;
18      cout << "    " << op3 << " / " << op4 << " = " << (op3/op4) << endl;
19      cout << "    " << op3 << " / " << op2 << " = " << (op3/op2) << endl;
20
21      return 0;
22  }
```

```
Divide and Trunc ...


    10 / 4 = 2
    10 / 4.00 = 2.50
    10.00 / 4.00 = 2.50
    10.00 / 4 = 2.50
```

唯有當兩個運算元均爲整數時，才會有捨位的動作，產生整數型態的結果。另一方面，只要其中存在一個運算元爲浮點數，那麼整個運算便依浮點數模式來處理。

除了四個基本的算術運算子外，另外還有兩個是單元（unary）運算子 + 與 -，它們作用的對象僅爲單一運算元。運算子 "-" 的影響爲改變運算元的正負符號，也就是正負變號，譬如：

```
num = 10；
value = -num；
```

最後 value 便會得到 -10。另一個 '+' 運算子則在實際情況下沒有任何作用。雖然單元運算子 '+' 與 '-' 在記號上與二元運算子 '+'、 '-' 相同，但在編譯程式將會根據運算元的存在與否來判定它們的眞正含義。

4-3 sizeof 運算子

這個運算子也是單元運算子，它的運算元是個資料型態或爲資料物件（object），例如變數名稱等等。sizeof 將以位元組爲單位，傳回其運算元的大小：

範例

```
1   //sizeof.cpp
2   #include <iostream>
3   using namespace std;
4
5   int main()
6   {
7       short short_num = 0;
8       int int_num = 0;
9       long long_num = 0;
10
11      cout << "Operator sizeof in Byte(s)..." << endl << endl;
12
13      cout << "  Type <char>: " <<  sizeof(char) << " byte(s)." << endl;
14      cout << "  Type <short>: " <<  sizeof(short) << " byte(s)." << endl;
15      cout << "  Type <int>: " <<  sizeof(int) << " byte(s)." << endl;
16      cout << "  Type <long>: " <<  sizeof(long) << " byte(s)." << endl;
17      cout << "  Type <float>: " <<  sizeof(float) << " byte(s)." << endl;
18      cout << "  Type <double>: " <<  sizeof(double) << " byte(s)." << endl;
19      cout << "  Type <long double>: " <<  sizeof(long double) << " byte(s)." << endl;
20
21      cout << endl;
22      cout << "  vaiable short_num>: " <<  sizeof(short_num) << " byte(s)." << endl;
23      cout << "  vaiable int_num>: " <<  sizeof(int_num) << " byte(s)." << endl;
24      cout << "  vaiable long_num>: " <<  sizeof(long_num) << " byte(s)." << endl;
25
26      return 0;
27  }
```

運算元出現的形式有兩種：若運算元本身即爲型態名稱（例如 int、float 等等），則一定要括於小括號內，至於若變數名稱是資料物件，那麼小括號的有無都沒有關係。

```
Operator sizeof in Byte(s)...

  Type <char>: 1 byte(s).
  Type <short>: 2 byte(s).
  Type <int>: 4 byte(s).
  Type <long>: 8 byte(s).
  Type <float>: 4 byte(s).
  Type <double>: 8 byte(s).
  Type <long double>: 16 byte(s).

  vaiable short_num>: 2 byte(s).
  vaiable int_num>: 4 byte(s).
  vaiable long_num>: 8 byte(s).
```

由本範例即可清楚地看到各種型態的實際大小。以上是在 Xcode 的 C++ 編譯程式所產生的結果，若使用不同的編譯程式，結果也許會有所不同，您也可以試試看喔。

4-4 餘數運算子

餘數運算子（modular operator）的表示記號爲 '%'，同樣是二元運算子：

```
a % b
```

該運算子可取得 a 除以 b 後所留下的餘數，特別要注意的是：本運算子僅能作用於整數型態，換句話說，a 和 b 這兩個運算元都必須是整數資料。舉例來說：

```
14 % 3 => 2
```

因爲 14 除以 3 將得到整數 4，並留下餘數 2。餘數運算子在程式設計上有著頗重要的貢獻，譬如：我們想要控制輸出形式，使之每列剛好出現 8 個資料項，我們可以利用一個變數 count 記錄目前列印的資料項順位，然後每列測試（count % 8）是否爲 0，若成立，則利用 cout << endl; 使輸出從下一列開始，等到下一章學過 if 敘述後，再來示範此種技巧。

這裡僅提出一個單純的應用，讓程式讀取以秒鐘爲單位的時間長度，然後將之轉換爲小時：分鐘：秒鐘的格式。利用簡單的常識：

1 小時 = 60 分鐘

1 分鐘 = 60 秒

應該可以用到餘數運算子。程式列表如下所示：

範例

```
1   //mod.cpp
2   #include <iostream>
3   using namespace std;
4   int main()
5   {
6       unsigned int sec, min, hour;
7       cout << "時間轉換 ..." << endl << endl;
8
9       cout << "請問有多少秒:\n  ===> ";
10      cin >> sec;
11      min = sec / 60;
12      sec = sec % 60;
13
14      hour = min / 60;
15      min = min % 60;
16
17      cout << endl;
18      cout << hour << " 小時, " << min << " 分, "
19           << sec << " 秒" << endl;
20
21      return 0;
22  }
```

變數 sec、min 以及 hour 的意義應該相當明確，我們提出兩個重點敘述：

```
min = sec / 60;
sec = sec % 60;
```

第二個敘述即用到餘數運算子，經過此敘述之後的 sec 變數即存有正常的秒鐘讀數，這個值必定介於 0 到 59 之間。至於第一個敘述的除法，則使 min 取得分鐘總數，這個值可再詳細劃分爲時數與分鐘。

特別要小心的是：上面兩條敘述千萬別倒過來寫：

```
sec = sec % 60;     /* 錯誤順序 */
min = sec / 60;
```

如此一來，sec 的值在第一個敘述時便已改變，接下來再除以 60 也就不具有意義了。

程式接下來又分別處理時數和分鐘，其原理是相同的。試著輸入一值，看看能否達成目標。

```
時間轉換...

請問有多少秒：
  ===> 12345

3 小時, 25 分, 45 秒
```

4-5 遞增與遞減運算子

遞增（減）運算子應可說是 C++ 程式風格的一項特色，它使得程式碼更為簡潔。

`++` 遞增（increment）運算子

`--` 遞減（decrement）運算子

它們均為單元運算子，由於工作原理幾乎雷同，底下我們就針對 ++ 來做介紹。

遞增運算子僅完成一件單純的工作，亦即把某變數值加 1：

```
num++;
```

便相當於

```
num = num+1;
```

遞增運算子可依運算子的位置不同而有兩種形式：第一種是 ++ 出現於運算元前面，即所謂的“前置 ”（prefix）模式；另一種則為 ++ 位於運算元之後，即 “後繼”（postfix）模式。

`++num;` 前置模式

`num++;` 後繼模式

就這兩條敘述而言，最後的結果都會使 num 的值增加了 1，不同之處在於遞增運算發生的時機。當該運算子出現於運算式中時，後繼形式的 num++ 會先以原始的 num 數值作用於整個運算式，然後才把 num 加 1；至於前置形式的 ++num 則是先將 num 的值加 1，接著才以作用後的數值帶入整個運算式。以一個例子來說明：

範例

```
1   //increment.cpp
2   #include <iostream>
3   using namespace std;
4
5   int main()
6   {
```

```
7       int x,y;
8       int result;
9
10      x = 3;
11      y = 5;
12      result = x * (y++);
13      cout << "result = " << result << ", x = " << x << ", y = " << y << endl;
14
15      x = 3;
16      y = 5;
17      result = x * (++y);
18      cout << "result = " << result << ", x = " << x << ", y = " << y << endl;
19
20      return 0;
21  }
```

一開始 x 的值爲 3，y 的值爲 5，經過第一個運算式後；

```
result = x * (y++);
```

此爲後繼形式，所以整個效果相當於

```
result = x*y;       /* y 等於 5 */
y++;                /* y 等於 6 */
```

因此 result 的值等於 3*5，即 15，然後再執行 y++，所以 y 的值變成 6，x 值仍舊不變。

```
result = 15, x = 3, y = 6
result = 18, x = 3, y = 6
```

接著執行到另一個運算：

```
result = x * (++y);
```

我們又把 x 與 y 的值分別指定回原來的 3 和 5。由於該運算爲前置形式，所以效果等同於

```
++y;        /* y 等於 6 */
result = x*y;
```

經由開始的 ++y 後，y 值變成 6，所以最後的 result 會等於 3*6，即爲 18，這便是其輸出結果。

順便提到，假若遞增運算子沒有和指定運算子合併使用時，如：

```
num++;
```

或

```
++num;
```

那麼前置或後繼並沒有什麼不同，最後都會把 num 加 1，至於若是混合於其他運算式之中時，那就必須仔細考慮它們的真正效應。

4-6 運算優先順序

從小我們就知道先乘除後加減的四則運算，語言的四則運算子也有此種特性，舉例來說

```
a + b * c + d
```

真正的意思是說

```
a + (b * c) + d
```

以電腦術語來說，應該是乘除運算子的優先順序高於加減運算子。每一種運算子都有其運算的優先等級，因而形成了運算子的優先順序（priority）。

當某兩個運算子共享一運算元時，優先順序決定了求值的順序。就前述例子而言，變數 b 是由第一個加號與乘號共享，由於乘號的優先順序高於加號，所以變數 b 會先被作用於乘法，同樣的情形，變數 c 也優先屬於乘法。

至於兩個運算子的優先順序相同時，求值過程又將如何進行呢？例如：

```
a + b - c

x * y / z
```

這就牽涉到結合性（associativity）的問題，除了少數運算子（如 =、++、-- 等等）外，幾乎所有運算子的結合性都是由左而右，換句話說，前述兩例的意思是：

```
(a + b) - c

(x * y) / z
```

運算子的結合性可參閱下表：

表 4-2　運算子的運算優先順序與結合性

運算子	結合性
( )	由左到右
+（正）-（負）	由左到右
* /	由左到右
+（加）-（減）	由左到右
=	由右到左

我們還要提出一個問題：

```
a * b + c * d
```

這條式子毫無疑問應該是

```
(a * b) + (c * d)
```

但究竟是 (a * b) 先發生，抑或是 (c * d) 先運算呢？ C++ 語言並沒有嚴格要求其先後的順序，這完全取決於編譯程式的寫法。無論如何，最後的答案必定是一致的。

舉個例子來看看優先順序的影響：

範例

```
1   //priority.cpp
2   #include <iostream>
3   using namespace std;
4
5   int main()
6   {
7       int x, y, z;
8       int res1, res2;
9
10      x = 2;
11      y = 5;
12      z = 10;
13
14      res1 = x + y * x - z / x;
15      res2 = (x + y) * (x - (z / x));
16      cout << "res1 = " << res1 << endl;
17      cout << "res2 = " << res2 << endl;
18
19      return 0;
20  }
```

可以看到很親切的小括號，它的意義正如你我所能理解的一般。小括號擁有最高的優先順序，所以整個小括號內的運算必須先行加以求值。您能自行算出答案為何嗎？與輸出結果驗證看看：

```
res1 = 7
res2 = -21
```

過程是這樣的：

1.

```
x + y * x - y /x
= 2 + 5 * 2 - 10 / 2
= 2 + (5*2) - (10/2)
= 2 + 10 - 5
= 7
```

2.

```
(x + y) * (x - (z / x))
= (2 + 5) * (2 - (10 / 2))
= 7 * (2 - 5)
= 7 * (-3)
= -21
```

再來討論 ++ 與 --，和四則運算子比較起來，遞增（減）運算子的優先順序比較高，但低於小括號，例如：

```
x + y--
```

真正的意思是

```
x + (y--)
```

順便提出一點，上述例子若寫成

```
(x + y)--;
```

則非但沒有意義，而且是個嚴重的錯誤，如果該式成立，那麼應該轉換為

```
(x + y) = (x + y) -1;
```

還記得吧，指定運算子左邊的運算元一定是個 lvalue，而此處的 (x + y) 卻不符合此項要求；這種寫法在編譯程式就會被偵測出來。

4-7 位元運算子

指標能使程式接觸電腦內部記憶體空間，而位元運算則提供了控制硬體的基本能力。

C++ 語言共擁有四種位元運算子（bitwise operator）：~（NOT）、&（AND）、|（OR）以及 ^（XOR），它們均運作於整數型態的資料上。另外還有兩個位移運算子（shift operator）：<<（左移）與 >>（右移），它們能將位元內容分別向左或向右遞移指定的次數。

為了說明的方便，我們在討論各種位元運算時，都假設作用的對象均為 char 的型態，該型態佔用 8 個位元（即一個位元組），我們分別賦予這些位元個別的代號，由右往左從 0 開始編排：

7	6	5	4	3	2	1	0

當我們說位元 0 時，即代表最右邊的低次位元（low-order bit）；位元 7 則爲最左方的高次位元（high-order bit）。

底下分別介紹位元運算子的功能與使用時機。

4-7-1 位元 NOT 運算子：~

運算子 ~ 僅需一個運算元，它會將運算元的每個位元做 0 與 1 的互換：

NOT	0	1
	1	0

舉例來說，變數 value 的型態爲 unsigned char，內含值是 20，二進位表示法將寫成：

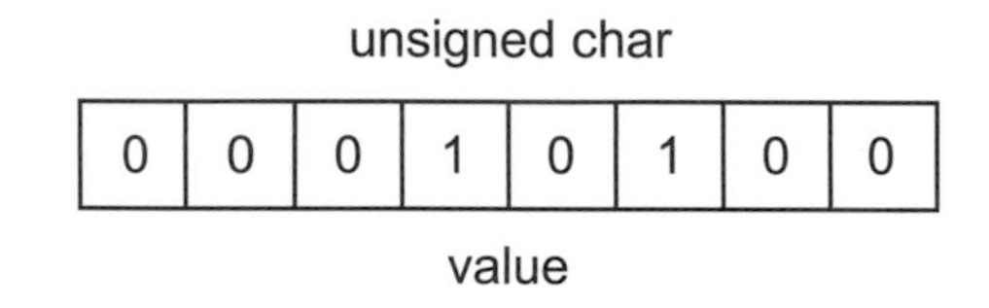

如果以 ~ 運算子作用於 value 之上，就會變成底下的位元樣式（bit pattern）：

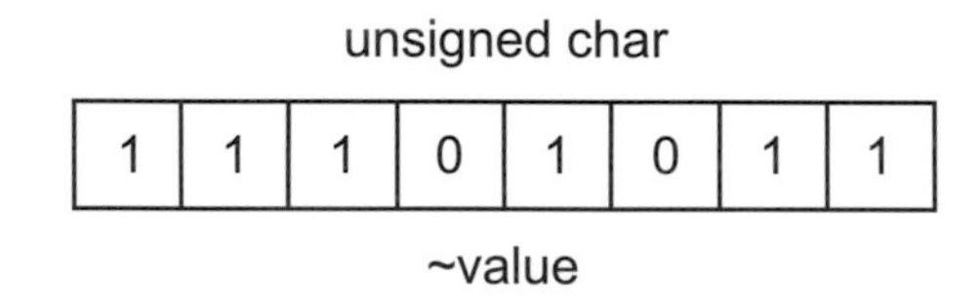

由於型態爲 unsigned，所以 ~value 的值若解釋成十進位將爲 235。特別注意到：所有位元運算子作用於運算元之後，都不會改變運算元原本的值。本例中的 value 仍然維持數值 20，至於 ~value 則可以再指定給其他變數。這個道理正如同 (value+10) 並不會使 value 變成 30，它僅會產生一個新值以供其他運算式使用。

如果想要改變 value 的值，就必須寫成

```
value = ~value;
```

如此一來，value 值就眞的變成 unsigned char 十進值的 235。

4-7-2 位元 AND 運算子：&

運算子 & 是個二元運算子，對於左右兩個運算元而言，唯有在相對應的位元均爲 1 的情形下，結果值的位元才會是 1。往後我們都以眞值表（True Table）來表示位元運算子的作用：

0	0		0
0	1		0
1	0		0
1	1		1

AND(&)

舉個例子來說：

	0	1	1	0	0	1	0	0
&)	1	1	0	1	1	0	1	0
	0	1	0	0	0	0	0	0

兩個運算元中唯有位元 6 的兩個位元都是 1，所有結果值的位元樣式裡，僅有該位元是 1，其餘位元則均爲 0。

4-7-3 位元 OR 運算子：|

運算子 | 也是個二元運算子，它和 & 一樣，也會逐一比較兩個相對應的運算元，但只要其中有一個位元是 1 時，結果的相對應位元便爲 1：

0	0		0
0	1		1
1	0		1
1	1		1

OR(|)

再拿前面的例子做一比較：

	0	1	1	0	0	1	0	0
|)	1	1	0	1	1	0	1	0
	1	1	1	1	1	1	1	0

除了最右方（即位元 0）的位元爲 0 之外，其餘的位元配對中，都至少出現一個 1，所以最後的結果只有位元 0 的位置出現 0，其餘都是 1。

4-7-4 位元 XOR 運算子：^

運算子 ^ 和 OR 運算子頗爲類似，但是在逐一比對各個位元時，若是兩個位元值相同時，結果的位元方爲 0，否則便是 1。

0	0		0
0	1		1
1	0		1
1	1		0

XOR(^)

和 OR 的差別在於 1 與 1 的情況下，得到的結果卻是 0，因爲兩個位元值相同。看看底下的例子：

	0	1	1	0	0	1	0	0
^)	1	1	0	1	1	0	1	0
	1	0	1	1	1	1	1	0

4-7-5　左位移運算子：<<

運算子 << 會將右側運算元的位元樣式向左遞移右側運算元指定的次數，右方空出來的位元則以 0 填補，而移出的位元則會遺失。譬如說：

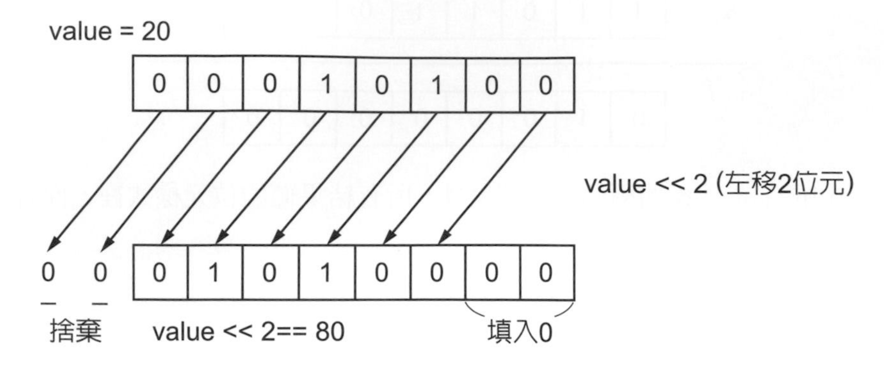

左位移的動作好比是把原來的數值乘以 2 的乘冪。

```
number << n
```

就如同將 number 乘以 2 的 n 次方。譬如前面的例子，value 的值爲 20，經過向左移兩位後，結果就成爲 80（20×4）。

由於位元移位的速度遠比實際的乘法快，所以對於乘以 2 乘冪值的運算來說，通常會採取位元位移運算子。

4-7-6　右位移運算子：>>

運算子 >> 會把左側運算元的位元樣式向右移動右側運算元指定的次數；右方移出的位元將遺失，而左方空出的位元則視資料型態而定。對於 unsigned 資料來說，左側將以 0 填入，至於有號（signed）型態，則多半填進符號位元（sign bit，即最左邊的位元）的拷貝值，以便保證維持原始數值的正負符號。

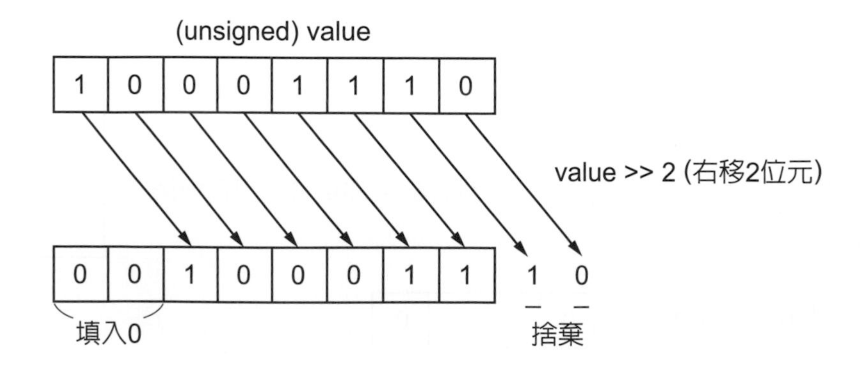

假如是有號型態：

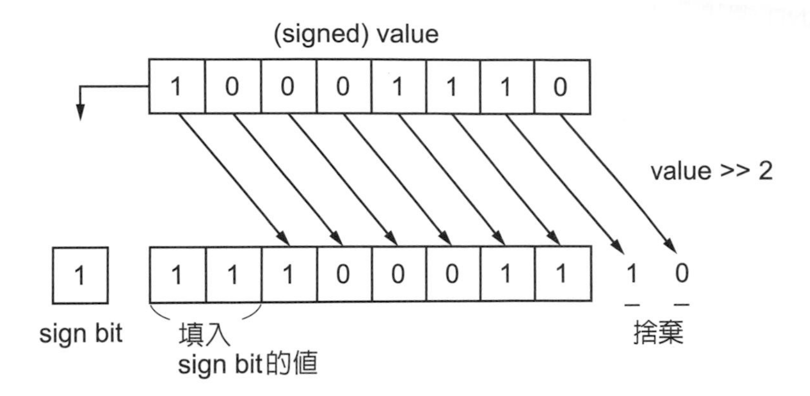

同樣地，右位移的結果正如同將原始數值除以 2 的冪次方，拿前一個例子中的 unsigned value 而言，其值爲 142（100001110），而（value >> 2）的值就成爲 35（00100011）：

```
142 / 4 == 35
```

餘數將被捨棄。因此

```
number >> n
```

就如同把 number 除以 2 的 n 次方。

4-8 位元運算子的用途

4-8-1 位元遮罩

位元 AND 運算子常常作爲遮罩（mask）使用，之所以稱爲遮罩，原因在於它可以將特定幾個位元遮蓋起來（使之成爲 0），而使其他位元原封不動顯現出來。

我們只要把欲顯現的位元以 & 運算子與 1 作用，而讓其他位元位置和 0 運算，就能達到遮蔽的效應。

舉個例子來說，我們想把變數 value 的奇數位元都遮蓋起來，而僅顯現偶數位元。首先要建立一個遮罩常數，假設該常數稱爲 MASK，其值設定爲（如右圖）：

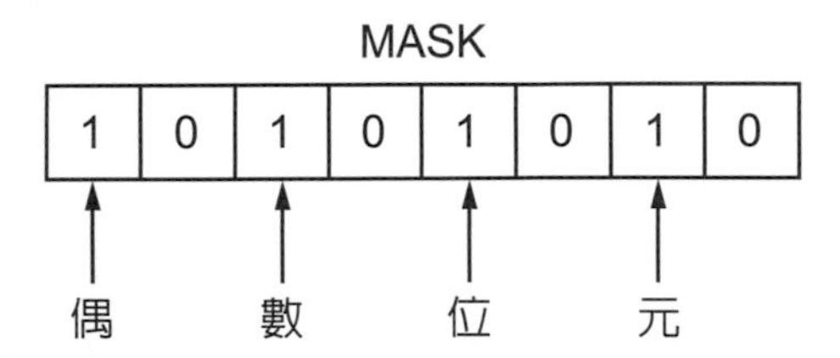

然後將 MASK 與 value 透過 & 運算子來作用

value	0	1	0	0	1	1	1	0
&) MASK	1	0	1	0	1	0	1	0
	0	0	0	0	1	0	1	0

我們可以看到，結果值的奇數位元都清除為 0，而偶數位元則與 value 的相對位元相同。道理很簡單，在 AND 邏輯運算之下，0 與任何數作用均得到 0；1 與其他數值作用則維持原來的值（1 &1 == 1，1 & 0 == 0）。

4-8-2 打開特定位元

有時候我們會針對某些特定位元將其打開（亦即設定為 1），但維持其他位元不變，這類動作常應用於硬體控制的程式。位元 OR 運算子非常適合這個動作，只要把遮罩上相對於欲打開的位元位置設定為 1，其他位置設為 0 就成了。

譬如說：我們想打開變數 value 的偶數位元，而保持奇數位元不變，那麼只要將遮罩設為 10101010，然後與 value 透過 | 運算子作用即可：

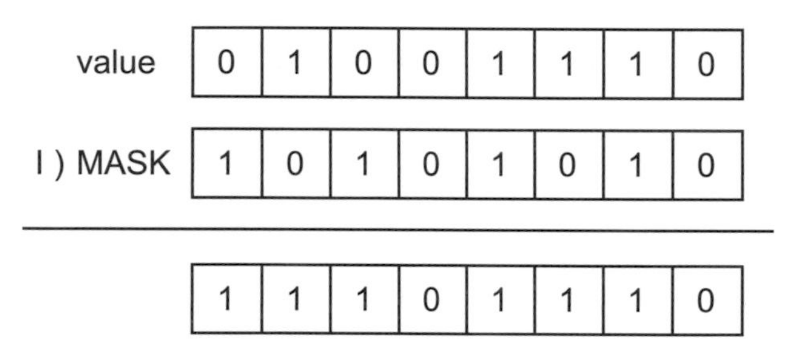

我們可以看到，偶數位元都設定成 1，而奇數位元仍保持原狀。理由也很簡單，在位元 OR 邏輯運算下，1 與任何值作用一定會得到 1；0 與其他值作用則維持不變（0|0 == 0，0|1 == 1）。

4-8-3 關閉特定位元

這個動作與前述動作十分類似，我們只要把關閉的相對應位元設定 0，而使不變的位元設為 1，然後利用位元 AND 運算子作用即可。

例如現在想把變數 value 的偶數位元關閉：

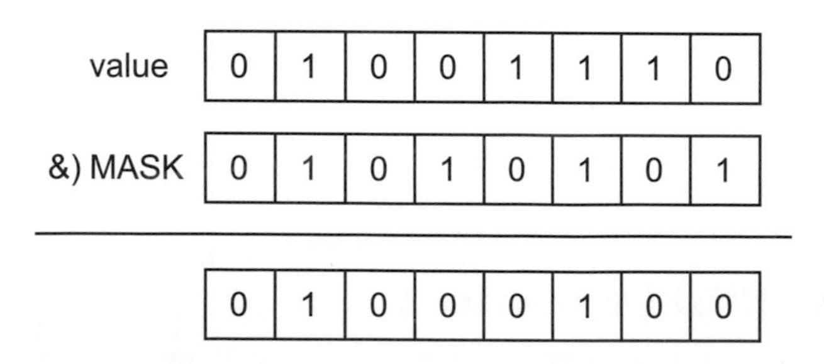

可以看到偶數位元都被關閉了（即清除為 0），而奇數位元則維持不變。

4-8-4 位元反相

有時候我們想針對某些位元將其反相（亦即原來打開的就把它關閉，而原來關閉的則將它打開），並維持其他位元不變。觀察各種位元邏輯運算子的行爲，可以發現 XOR 運算子正符合我們所需。

假定想把變數 value 的偶數位元反相，其他位元維持原狀，那麼只要使遮罩常數的偶數位元爲 1，奇數位元爲 0，再透過 ^ 運算子與 value 作用就行了：

value	0	1	0	0	1	1	1	0
^) MASK	1	0	1	0	1	0	1	0
	1	1	1	0	0	1	0	0

可以看到偶數位元已做 01 互換；因爲 1^1 == 0，而 1^0 == 1，至於奇數位元則維持不變，理由在於 0^1 == 1，且 0^0 == 0。

4-8-5 檢查某個位元的狀態

假設我們想測試 char 變數 flag 的位元 3 是否爲 1，我們可以設定這麼一個遮罩：

```
MASK = 8;  /* 00001000 */
```

但是千萬不能使用底下的測試：

```
if (flag == MASK)
    ...
```

因爲即使 flag 的位元 3 是打開的，但測試的結果卻可能不成立，譬如 flag 的值爲 40（00101000），這個值雖然不等於 MASK，但它的位元 3 的確已經打開（即值爲 1）。正確的做法應該是：

```
if(flag & MASK)
    ...
```

只要 flag 的位元 3 爲 1，那麼測試的結果就會成立，至於其他位元的狀態則因遮罩 MASK 的作用而不會有任何影響。

由這個例子就可以看出位元邏輯運算子與一般的邏輯運算子 &&（且）和 ||（或）大不相同，使用時一定要區分清楚。

4-9 型態轉換

運算式或敘述中使用的常數或變數基本上最好都能具備同一型態，然而，許多不同的型態如果彼此混合，C++ 語言也不致於類似於 Pascal 般完全拒絕。對於型態混用的情形，C++ 語言自有一套規則能夠處理得很好，基本的原則可歸納於下：

不論有號或無號的 char 和 short 型態，在運算前都會先轉換爲相對的 int 型態，至於 float 型態則會轉換成 double。這類的轉型將變成較大的型態，一般稱之爲「提昇」（promotion）。

運算式中若含有兩種型態，那麼將以等級較高的型態爲準。型態等級的高低大致爲

```
long double, double, float, unsigned long, long, unsigned int, int
```

型態 char 和 short 並沒有出現於上述串列中，因爲它們早已轉型爲 int 或 unsigned int。

在指定敘述中，計算的最後結果將轉換爲與左邊變數相同的型態，此種過程可能導致精確度的喪失，通常稱作「降級」（demotion）。

除了 C++ 語言本身會自動處理型態轉換外，我們也可以明確加以指示，方式爲透過 " 轉型運算子 "（cast operator）。轉型運算子僅需一個運算元，它可以是普通的常數或變數，也允許爲複雜的運算式；一般的形式爲

```
(type) expression
```

小括號內的 type 必須是實際的型態名稱，像是 long、int 以及 float。

譬如底下的例子，變數 result 乃宣告爲 int 型態，首先

```
result = 1.4 + 3.8
```

浮點數 1.4 加 3.8 的結果應該得到 5.2，型態仍舊爲浮點數；但 result 卻是 int 型態，於是此處便發生降級的情形，浮點數 5.2 被強迫截取爲整數 5，然後指定給 result。

至於若是先以轉型運算子加以處理

```
result = (int) 1.4 + (int) 3.8;
```

那麼 1.4 和 3.8 在實際運算之前分別會轉換爲 int 型態的常數 1 與 3，而最後相加的結果則使 result 等於 4。

對於型態間的互換，最好還是明確指明，特別是可能發生降級的情況，如果能掌握得很好，型態混合與轉換的技巧頗爲有用。雖然 C++ 語言提供了如此自由的語法，但相對也增加使用者的負擔。

本章習題

選擇題

1. 有一片段程式如下：
```
int x=1, y=1, total;
total = x + y++;
cout << total << endl;
```
試問其輸出結果為何？
(A) 1　(B) 2　(C) 3　(D) 4。

2. 有一片段程式如下：
```
int x=1, y=1, total;
total = x + ++y;
cout << total << endl;
```
試問其輸出結果為何？
(A) 1　(B) 2　(C) 3　(D) 4。

3. 有一片段程式如下：
```
int x=12, total;
total = x << 3;
cout << total << endl;
```
試問其輸出結果為何？
(A) 36　(B) 72　(C) 84　(D) 96。

4. 有一片段程式如下：
```
int x=12, total;
total = x << 3;
cout << total << endl;
```
試問其輸出結果為何？
(A) 3　(B) 4　(C) 5　(D) 6。

5. 有一片段程式如下：
```
int x=12, total;
total = x % 5 * 8 / 4 + 6;
cout << total << endl;
```
試問其輸出結果為何？
(A) 7　(B) 8　(C) 9　(D) 10。

上機練習

一、請自行練習本章的範例程式。

二、試問下列程式的輸出結果。

1.

```
//practice4-1.cpp
#include <iostream>
using namespace std;

int main()
{
    double k;

    k = 2/3;
    cout << "2/3 = " << k << endl;

    k = 2/3.;
    cout << "2/3. = " << k << endl;

    return 0;
}
```

2.

```
//practice4-2.cpp
#include <iostream>
using namespace std;

int main()
{
    int x=2, y=4, z=8;
    int a, b, c, d;
    a = (x+y) * (x-z) / x;
    b = x - (y-z)*z + x;
    c = y/z+(--x);
    d = z-x+y*x;
    cout << "x=" << ", y=" << y << ", z=" << z << endl;
    cout << "a=" << a << ", b=" << b << ", c=" << c << ", d=" << d << endl;

    return 0;
}
```

3.

```
//practice4-3.cpp
#include <iostream>
using namespace std;

int main()
{
    char c1, c2;
    int diff;
    c1 = 'z';
    c2 = 'a';
    diff=c1-c2;
    cout << "c1-c2 = " << diff << endl;

    return 0;
}
```

4.

```
//practice4-4.cpp
#include <iostream>
using namespace std;

int main()
{
    int i=100, total=0;

    total = ++i + 1;
    cout << "total = " << total << ", i = " << i << endl;

    total = 0;
    total = i++ + 1;
    cout << "total = " << total << ", i = " << i << endl;

    return 0;
}
```

5.

```
//practice4-5.cpp
#include <iostream>
using namespace std;

int main()
{
    unsigned int a=100, b=50;
    cout << "a = " << a << ", b = " << b << endl;
    cout << a << " & " << b << " = " << (a & b) << endl;
    cout << a << " | " << b << " = " << (a | b) << endl;
    cout << a << " ^ " << b << " = " << (a ^ b) << endl;
    cout << "~" << a << " = " << ~a << endl;
    cout << a << " >> 2 = " << (a >> 2) << endl;
    cout << a << " << 2 = " << (a << 2) << endl;

    return 0;
}
```

除錯題

試修正下列的程式，並輸出其結果。

1.

```
//opeDebug4-1.cpp
#include <iostream>
using namespace std;

int main()
{
    // 以下輸出結果應爲 0.25
    cout << "1 除以 4 的答案爲 " << 1/4;

    return 0;
}
```

2.

```
//opeDebug4-2.cpp
#include <iostream>
```

```
using namespace std;

int main()
{
    int num = 100;
    num =+ 100;
    cout << "num 加上 100，並指定給 num 後為 " << num << endl;
    num =- 100;
    cout << "num 減去 100，並指定給 num 後為 " << num << endl;
    num =* 100;
    cout << "num 乘上 100，並指定給 num 後為 " << num << endl;
    num =/ 100;
    cout << "num 除以 100，並指定給 num 後為 " << num << endl;

    return 0;
}
```

3.

```
//opeDebug4-3.cpp
#include <iostream>
using namespace std;

int main()
{
    int total = 20, num = 10;
    total + num++;
    //輸出結果應為 total = 31
    cout << "total = " << total << endl;

    return 0;
}
```

4.

```
//opeDebug4-4.cpp
#include <iostream>
using namespace std;

int main()
{
    int num1 = 10, num2 = 20;
```

```
    // 以下若眞傳回 1, 若假則傳回 0
    cout << "num1 小於或等於 num2: " << (num1 < num2) << endl;
    cout << "num1 大於或等於 num2: " << (num1 > num2) << endl;
    cout << "num1 等於 num2: " << (num1 = num2) << endl;
    cout << "num1 不等於 num2: " << (num1 <> num2) << endl;

    return 0;
}
```

5.

```
//opeDebug4-5.cpp
#include <iostream>
using namespace std;

int main()
{
    int num1 = 1, num2 = 3, num3 = 2;
    cout << "num2 大於 num1 且 num2 大於 num3: "
         << ((num1 > num2) and (num2 > num3));
    cout << "num2 大於 num1 或 num2 大於 num3: "
         << ((num1 > num2) or (num2 > num3));

    return 0;
}
```

程式設計

1. 輸入攝式溫度然後轉爲華式溫度，並將其輸出。
   （提示：華氏溫度 = 9/5 * 攝氏溫度 + 32°）
2. 輸入下列三個科目的分數，C++ 語言、微積分、計概，而且每科所佔的權重（weight）爲 0.4、0.3、0.3，試求其平均分數爲何？
3. 提示使用者輸入您的 C++ 平時作業、平時考、期中考、期末考，以及上機測試的分數，上述的項目的權重分別佔 0.2、0.2、0.25、0.15 及 0.2，計算您 C++ 語言最後的分數爲何？
4. 三角形的面積爲 (底 * 高) / 2，試輸入三角形的底和高，然後求出其面積。
5. 梯形的面積爲 (上底 + 下底)* 高 /2，試輸入上底、下底及高，並求出其梯形的面積爲何？

Chapter 5

選擇敘述

本章綱要

- ◆ 5-1 if 敘述與關係運算子
- ◆ 5-2 if...else 敘述
- ◆ 5-3 巢狀 if 敘述
- ◆ 5-4 真值與假值
- ◆ 5-5 邏輯運算子
- ◆ 5-6 條件運算子
- ◆ 5-7 else if 敘述
- ◆ 5-8 switch 敘述

我們的程式若能因應不同的狀況而採取適當的措施，那麼將更具有智慧。C++ 語言提供了 if、if...else，以及 switch…case 等控制敘述，並配合了各種關係運算子與邏輯運算子，使程式更有威力。

5-1 if 敘述與關係運算子

if 敘述又稱為“分支敘述”（branching statement），字面上的意思便是“如果 ... 於是”；if 是 C++ 語言的關鍵字之一。if 敘述的基本型式是這樣的：

```
if (expression)
    statement
```

if 後面至少有個小括號，小括號裡面為一般的運算式，譬如 (a>b)，表示 a 大於 b 或是 (x == y)，表示 x 等於 y。程式首先會對 expression 進行求值，如果求值的結果為真（即該關係成立），那麼 statement 敘述便會執行；否則就略過 statement，而直接處理後續的敘述。

首先來看個簡單的例子：

範例

```
1   //if1.cpp
2   #include<iostream>
3   using namespace std;
4
5   int main()
6   {
7       int num;
8
9       cout << " 請輸入介於 1~100 之間的數字： ";
10      cin >> num;
11
12      if (num < 50)
13          cout << num << " 小於 50" << endl;
14      if (num == 50)
15          cout << num  << " 等於 50" << endl;
16      if (num > 50)
17          cout << num << " 大於 50" << endl;
18
19      return 0;
20  }
```

以第一個 if 測試來說：

```
if (num < 50)
    cout << num << " 小於 50" << endl;
```

此表示：假若 num 的值 “小於 50”，那就執行後面的 cout 敘述；否則測試接下來的條件；不論 (num < 50) 是否成立，第二個 if 敘述都會加以測試。

我們來看看執行的結果（執行三次）：

```
請輸入介於 1~100 之間的數字： 26
26 小於 50

請輸入介於 1~100 之間的數字： 50
50 等於 50

請輸入介於 1~100 之間的數字： 89
89 大於 50
```

關係運算子可組成關係運算式（relational expression）。C++ 語言共提供六種關係運算子，它們都是二元運算子，基於兩數值間的所有關係，可歸納爲表 5-1：

表 5-1　關係運算子

運算子	意義
<	小於
<=	小於等於
>	大於
>=	大於等於
= =	等於
!=	不等於

特別注意到等於（==）和不等於（!=）的表示符號，千萬不要把 == 與 = 搞混了。C++ 語言的 = 符號乃代表指定運算子，它並沒有任何的比較動作。

一般來說，關係運算子兩邊的運算元最好屬於同一種型態。char 型態的資料也可拿來比較，大部分都是以 ASCII 作爲標準。順便提到，關係運算子不能拿來比較兩個字串，字串的比較必須靠著字串處理函式來完成，我們會在後面的章節中提及。

關係運算中也可以比較兩個浮點數，但在某些情況下可能會有問題，例如：

```
(3 * 1/3) == 1
```

數學上當然沒有問題，不過，由於電腦系統儲存浮點數採取的方式，可能導致精確度喪失，因而使上述運算式無法成立。

再回到 if 本身，當 expression 求值結果為眞時，statement 敘述將被執行。在第一個例子裡，statement 的部分都僅有單一敘述，我們是否允許 expression 成立的條件下，能執行多條敘述呢？答案是利用區塊（block）來標示。

C++ 語言以大括弧對來標示某一區塊：

```
if (expression) {
    .
    .
    .
}
```

當 expression 成立時，接下來大括弧內的所有敘述都會執行。我們來看底下的範例：

範例

```
1   //if2.cpp
2   #include <iostream>
3   using namespace std;
4
5   int main()
6   {
7       int num;
8       int flag = 0;
9
10      num = 14;
11      if (num < 50) {
12          flag++;
13          cout << "Message 1..." << endl;
14      }
15
16      if (num > 50)
17          flag++;
18          cout << "Message 2..." << endl;
19
20      if (num == 50)
21          flag++;
22      cout << "Message 3...";
23      cout << endl << "flag is " << flag << endl;
24
25      return 0;
26  }
```

```
Message 1...
Message 2...
Message 3...
flag is 1
```

根據結果顯示，我們可畫出如圖 5-1 的流程圖：

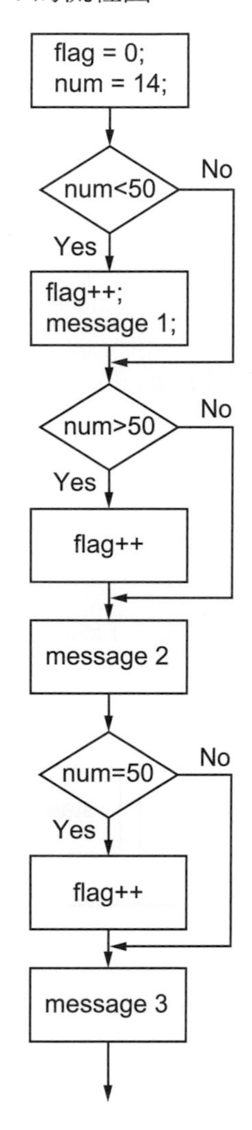

圖 5-1　範例程式 if2.cpp 對應的流程圖

第一條測試結果成立，於是大括弧內的兩條敘述均會執行。接下來的 if 敘述雖然寫成

```
if (num > 50)
    flag++;
    cout << "Message 2..." << endl;
```

但實際上僅有 flag++; 是屬於 if 敘述的部分，cout 雖然故意加以縮排，不過它的實際作用卻和後面 if 測試所顯示的意義相同。如果真的想讓這兩條敘述都屬於 if (num > 50) 成立時應該發生的動作，那就必須與前者一樣用大括弧加以明確表示。

在此建議您，即使只執行一條敘述，也最好養成加上大括弧的習慣，這樣不僅讓程式流程更爲明確，也能避免將來因爲額外加入新敘述而忽略大括弧的危險。

5-2 if...else 敘述

單純的 if 敘述若非執行某一敘述（或複合敘述），不然便是忽略它。這一節裡要介紹 if 敘述的另一種形式：if...else，該敘述可從兩組不同的動作選出一組來執行：

if...else 的一般形式是這樣的：

```
if (expression)
    statement1
else
    statement2
```

此處的 statement1 及 statement2 同樣爲單一敘述或是由大括弧圍起的複合敘述。當 expression 求值結果爲眞時，將會執行 statement1；否則便處理 statement2; 兩個敘述不可能同時都被執行。其對應的流程圖，如圖 5-2 所示：

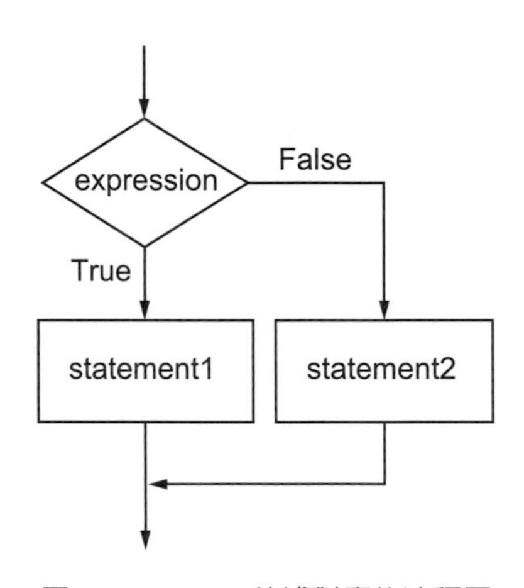

圖 5-2　if...else 敘述對應的流程圖

看個例子就能明白：

範例

```
1  //ifElse.cpp
2  #include <iostream>
3  using namespace std;
4
5  int main()
6  {
7      char ch;
8
9      cout << "Play again[Y/y] ?  ";
```

```
10      cin >> ch;
11
12      if (ch == 'y')
13          ch = 'Y';
14      if (ch == 'Y') {
15          cout << "Play again!" << endl;
16          cout << "I like this game..." << endl;
17      }
18      else {
19              cout << "Exit the game!" << endl;
20              cout << "I don't like this game." << endl;
21      }
22      cout << "Test over!" << endl;
23
24      return 0;
25  }
```

程式很簡單地詢問使用者是否要繼續，唯有當使用者鍵入 y 或 Y 時才代表肯定，其他字元一律否定。首先，我們以一個敘述來處理大小寫字元的問題：

```
if (ch == 'y')
    ch = 'Y';
```

於是接下來就能單純地以 if...else 敘述來測試，不必再考慮 'y' 小寫：

```
if (ch == 'Y') {
        ...
}
else {
        ...
}
```

我們分別採用簡單敘述與複合敘述。再強調一次，不論是簡單或複合，邏輯上都視爲單一敘述。

程式執行的情況是這樣的（執行兩次）：

```
Play again [Y/y] ? y
Play again !
I like this game...
Test over !

Play again[Y/y] ? n
Exit the game!
I don't like this game.
Test over!
```

特別注意到：不論是 if 部分或 else 部分被執行，最後的 cout << "Test over !" << endl; 敘述都將執行。整個 if...else 的組合乃為完整的敘述，諸如底下的例子是不允許的：

```
if (ch == 'Y')
    cout …;
    cout …;
else {
        ...
}
```

原因在於 if 和 else 之間僅允許單一敘述或是複合敘述，上述形式由於沒有加上大括號，不僅在邏輯上模稜兩可，甚至在編譯期間就會被偵測出來。

5-3 巢狀 if 敘述

在某些情況下，我們的決策過程並非如此單純，往往必須根據先決的條件，進而決定應該走向哪條路。拿個簡單的問題來說明：試著要求使用者輸入一個數字，程式將判定該值是否介於 1 到 100 之間，如果我們沒有經過仔細的思考，可能寫出下面的程式：

範例

```
1   //nest1.cpp
2   #include <iostream>
3   using namespace std;
4
5   int main()
6   {
7       int num;
8
9       cout << "請輸入介於 1~100 的數字：";
10      cin >> num;
11
12      if (num >= 1)
13          if (num <= 100)
14              cout << "合法的數字：" << num << endl;
15          else
16              cout << "不合法數字：" << num << endl;
17
18      cout << "Bye Bye!" << endl;
19
20      return 0;
21  }
```

在未看出輸出結果前，我們來分析第 15 行 else 是與第 12 行的 if 配對的話，如圖 5-3 所示：

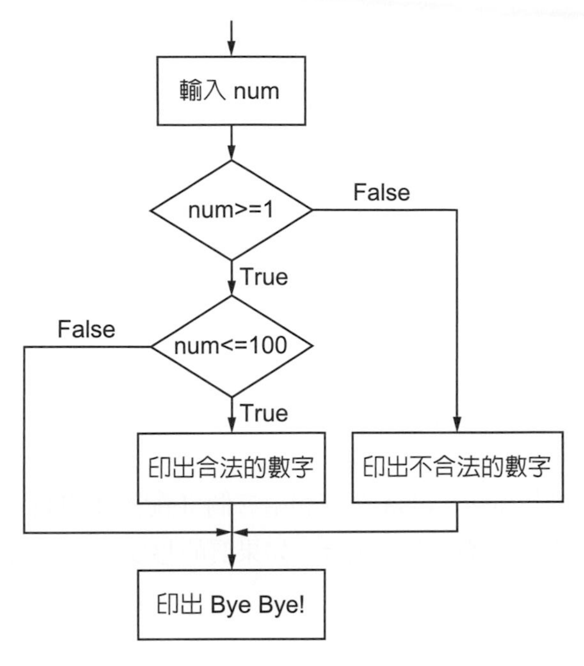

圖 5-3 else 與第 1 個 if 配對

若 else 與第 2 個 if 配對，如圖 5-4 所示：

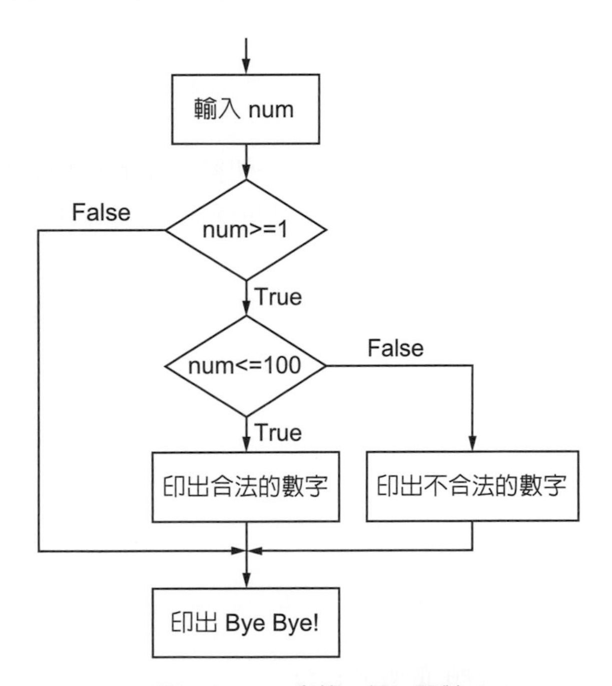

圖 5-4 else 與第 2 個 if 配對

從圖 5-3 與圖 5-4 可以看出，並非所有的情況都充分考慮：圖 5-3 忽略了大於 100 的情形，而圖 5-4 則忘記 num 有可能小於 1。不論程式的作法錯在哪裡，我們要提出一個比較重要的關鍵問題：else 究竟與誰配對？

我們可以從執行三次的結果來推導：

```
請輸入介於 1~100 的數字： 168
不合法數字： 168
Bye Bye!

請輸入介於 1~100 的數字： 26
合法的數字： 26
Bye Bye!

請輸入介於 1~100 的數字： -5
Bye Bye!
```

程式並沒有處理 -5，可想而知，else 應該和第二個 if 配對！事實上也是這樣，在沒有任何明確標示的情況下，else 總是與最接近的 if 組合。如果眞的想要與第一個 if 配對的話，就必須藉助大括弧，如下所示：

```
if (num >= 1 ) {
    if (num <= 100)
      cout …;
}
else
    cout …;
```

如此一來，第一個 if 敘述已加上大括號，形成一個獨立敘述，所以最後的 else 將屬於它。讀者可以修改 nest1.cpp 範例程式，再執行一次看看結果爲何，如範例程式 nest2.cpp 所示：

範例

```
1   /* nest2.cpp */
2   #include <iostream>
3   using namespace std;
4
5   int main()
6   {
7       int num;
8
9       cout << "請輸入介於 1~100 的數字： ";
10      cin >> num;
11
12      if (num >= 1) {
13          if (num <= 100)
14              cout << "合法的數字： " << num << endl;
```

```
15      }
16      else {
17          cout << " 不合法數字 : " << num << endl;
18      }
19      cout << "Bye Bye!" << endl;
20
21      return 0;
22  }
```

```
請輸入介於 1~100 的數字: 168
Bye Bye!

請輸入介於 1~100 的數字 : 26
合法的數字 : 26
Bye Bye!

請輸入介於 1~100 的數字 : -5
不合法數字 : -5
Bye Bye!
```

此程式輸入 168 直接執行 cout << "Bye Bye!" << endl; 因為第二個 if 敘述的判斷不成立。

有了這種觀念，我們就能把原本的問題再做一次：

範例

```
1   //nest3.cpp
2   #include <iostream>
3   using namespace std;
4
5   int main()
6   {
7       int num;
8
9       cout << " 請輸入介於 1~100 的數字 : ";
10      cin >> num;
11
12      if (num >= 1) {
13          if (num <= 100)
14              cout << " 合法的數字 : " << num << endl;
15          else
16              cout << " 不合法數字 : " << num << endl;
17      }
```

```
18      else {
19          cout << "不合法數字：" << num << endl;
20      }
21      cout << "Bye Bye!" << endl;
22
23      return 0;
24  }
```

執行三次的結果爲：

```
請輸入介於1~100的數字：168
不合法數字：168
Bye Bye!

請輸入介於1~100的數字：26
合法的數字：26
Bye Bye!

請輸入介於1~100的數字：-5
不合法數字：-5
Bye Bye!
```

大概需要兩個 if 和兩個 else 才能徹底考慮所有的情形吧！雖然這裡已經解決了問題，不過程式卻顯得笨拙不堪。沒關係，我們馬上就會學到邏輯運算子，那時候再來把這個問題重新修飾一番。

5-4 眞值與假值

對於任何關係運算式，程式都會加以求值，求值的結果必爲眞值（true）或假值（false）。C++ 語言有所謂的布林型態（boolean type），那麼眞值到底是什麼？假值又爲何物呢？

另一方面，每一個運算式都擁有一個值，關係運算式當然也是如此，確實的數值會是如何？它們與眞、假值又有什麼關係？

試試底下的例子：

範例

```
1   //t_f1.cpp
2   #include <iostream>
3   using namespace std;
4
```

```
5   int main()
6   {
7       cout << "10 > 100 ===> " << (10 > 100) << endl;
8       cout << "10 < 100 ===> " << (10 < 100) << endl;
9       cout << "10 == 100 ===> " << (10 == 100) << endl;
10      cout << "10 != 100 ===> " << (10 != 100) << endl;
11
12      return 0;
13  }
```

由輸出結果應能得出眞假值的確是數值：

```
10 > 100 ===> 0
10 < 100 ===> 1
10 == 100 ===> 0
10 != 100 ===> 1
```

幾乎可以這麼說：關係運算式若成立，那麼該運算式的值就是 1；反之則爲 0。根據這一點，我們是否可以說 1 即爲眞値，而 0 便爲假値呢？

利用底下的範例加以佐證：

範例

```
1   //t_f2.cpp
2   #include <iostream>
3   using namespace std;
4
5   int main()
6   {
7       if (1)
8           cout << "1 is TRUE." << endl;
9       else
10          cout << "1 is FALSE." << endl;
11
12      if (0)
13          cout << "0 is TRUE." << endl;
14      else
15          cout << "0 is FALSE." << endl;
16
17      if (14)
18          cout << "14 is TRUE." << endl;
19      else
```

```
20            cout << "14 is FALSE." << endl;
21
22        if (-62)
23            cout << "-62 is TRUE." << endl;
24        else
25            cout << "-62 is FALSE." << endl;
26
27        return 0;
28    }
```

您是否還記得，常數即爲最簡單的運算式，所以此處可以拿常數作爲 if 的測試條件，而常數的求值結果仍然爲常數本身，快來看看輸出結果透露著哪些訊息：

```
1 is TRUE.
0 is FALSE.
14 is TRUE.
-62 is TRUE.
```

只有 0 是假值，其餘均爲眞值。直接了當地說，C++ 中只有 0 是假值，至於所有的非零值則都爲眞值，根據這種特性，使得原本的敘述

```
if (num == 0)
    statement
```

可以簡化爲

```
if (!num)
    statement
```

其中的 ! 爲邏輯 NOT 運算子：當 num 爲眞時，!num 即爲假；反之，當 num 爲假時，!num 變爲眞。這種的測試是說：當 num 等於 0 時，就執行 statement 敘述，它們和第二種形式的意義完全相同。第二種情形下，statement 會被執行的條件是 (!num) 爲眞時，也就是說 num 本值爲假，而假的實際數值即爲 0。反過來說，當 num 爲非零值時，乃被視爲眞值，加上 ! 運算子後就變成假，於是 statement 敘述不會執行，如此便同於第一種形式下條件不成立的狀況。

雖然簡化的形式看起來較有技巧，或許可能產生較有效率的程式碼，不過基於程式友善性的考慮，最好儘量採取第一種形式。

由於眞假值的特性還可能引發某些問題，例如：我們想要測試 num 是否等於 0，但卻把運算子誤寫爲

```
if (num = 0)
    statement
```

正確的 ==（等於運算子）卻寫成 =（指定運算子），前面曾經強調過，指定運算式的值就是左邊變數最後得到的數值，本例中該值爲 0，所以整個敘述實際上相當於

```
if (0)
    statement
```

0 值恆爲假，所以 statement 敘述永遠不會執行。由於類似的無心之過，常常導致極端不同的結果：C++ 語言擁有極大的自由度與包容力，但相對地卻要使用者付出更大的代價。

5-5 邏輯運算子

日常生活中，常常會有下列形式的對話：“如果 ... 而且（或者）...，那就 ...”，將諸多條件依邏輯關係加以組合的運算子就是邏輯運算子（logical operator）。C++ 語言共提供 3 種邏輯運算子，如表 5-2 所示：

表 5-2　邏輯運算子

運算子	意義
!	非（NOT）
&&	且（AND）
||	或（OR）

除了！之外，另外兩個都是二元運算子。邏輯 NOT 運算子！的用法在前一節中已經介紹過了，它會將運算元的眞假値互換。

至於 && 和 || 的規則如下：

```
(exp1 && exp2)
```

是說 && 唯有在 exp1 和 exp2 均爲眞時，整個運算式的值才爲眞。

```
(exp1 || exp2)
```

則表示 || 只要 exp1 和 exp2 中存在一個眞或二者皆爲眞時，整個運算式便爲眞。

這三個運算子的優先順序都不同，其中以！最高，該運算子甚至比乘法還高，而與遞增（減）運算子相同，它僅低於小括號的優先順序。接下來則爲 &&，再來就是 ||，後兩個運算子的優先順序都低於關係運算子，所以

```
x > y && a == b || num != 3
```

實際意思應該是

```
(x > y) && (a == b) || (num != 3)
```

從下面的例子驗證看看：

範例

```
1  //logical1.cpp
2  #include <iostream>
3  using namespace std;
4
5  int main()
6  {
7      cout << "NOT (3 > 5) ===> " << !(3 > 5) << endl;
8      cout << "(3 > 5) OR (10 > 6) ===> " << ((3 > 5) || (10 > 6)) << endl;
9      cout << "(3 > 5) AND (10 > 6) ===> " << ((3 > 5) && (10 > 6)) << endl;
10     cout << "(3 > 5) AND (10 > 6) OR 10 ===> "
11          << ((3 > 5) && (10 > 6) || 10) << endl;
12     cout << "(5 > 3) OR (10 > 6) AND 0 ===> "
13          << ((5 > 3) || (10 > 6) && 0) << endl;
14
15     return 0;
16 }
```

```
NOT (3 > 5) ===> 1
(3 > 5) OR (10 > 6) ===> 1
(3 > 5) AND (10 > 6) ===> 0
(3 > 5) AND (10 > 6) OR 10 ===> 1
(5 > 3) OR (10 > 6) AND 0 ===> 1
```

前面三條式子沒有問題。最後兩個運算式則要考慮優先順序高低的影響：

```
   (3 > 5) AND (10 > 6) OR 10
=> ((3 > 5) AND (10 > 6)) OR 10
=> (False AND True) OR True
=> False OR True
=> True

   (5 > 3) OR (10 > 6) AND 0
=> (5 > 3) OR((10 > 6) AND 0)
=> True OR (True AND False)
=> True OR False
=> True
```

您可以自行驗證：當 AND 和 OR 的優先順序並非這裡所說的情況，那麼答案將不會吻合。

有了邏輯運算子的幫助，前面小節中的 nest3.cpp 程式就可以輕易地改寫成：

範例

```
1   //logical2.cpp
2   #include <iostream>
3   using namespace std;
4
5   int main()
6   {
7       int num;
8
9       cout << "請輸入介於 1~100 之間的數字：";
10      cin >> num;
11
12      if ((num >= 1) && (num <= 100))
13          cout << num << " 是合法的數字" << endl;
14      else
15          cout << num << " 是不合法的數字" << endl;
16      cout << "Bye Bye!" << endl;
17
18      return 0;
19  }
```

程式碼更爲簡潔，邏輯上也更加清楚。執行三次的結果如下：

```
請輸入介於 1~100 之間的數字： 168
168 是不合法的數字
Bye Bye !

請輸入介於 1~100 之間的數字： 26
26 是合法的數字
Bye Bye!

請輸入介於 1~100 之間的數字： -5
-5 是不合法的數字
Bye Bye!
```

同理，ifElse.cpp（在 5-6 頁）也可以藉助邏輯運算子的幫忙，使其更加簡潔易懂，程式如下所示：

範例

```
1   //ifElse2.cpp
2   #include <iostream>
3   using namespace std;
4
5   int main()
```

```
6  {
7      char ch;
8
9      cout << "Play again [Y/y] ? ";
10     cin >> ch;
11     if ((ch == 'y') || (ch == 'Y')) {
12        cout << "Play again!" << endl;
13        cout << "I like this game..." << endl;
14     }
15     else {
16         cout << "Exit the game!" << endl;
17         cout << "I do'nt like this game." << endl;
18     }
19     cout << "Test over!" << endl;
20
21     return 0;
22 }
```

執行兩次的結果如下：

```
Play again [Y/y] ? y
Play again !
I like this game...
Test over !

Play again[Y/y] ? n
Exit the game!
I don't like this game.
Test over!!
```

關於邏輯運算式還有一項很重要的課題：那就是求值的順序，例如一般的運算

```
(a + b) * (c + d)
```

此處並沒有強迫 (a+b) 和 (c+d) 二者間究竟哪個應該先行運算，但對邏輯運算子而言，卻強迫求值的順序一定是從左向右，譬如

```
exp1 && exp2 && exp3
```

必定是依循 exp1、exp2 以及 exp3 的順序加以求值。此外，求值的過程將在整個運算式的值確定後立即停止。舉例來說，exp1 爲眞、exp2 爲假，那麼程式在測試到 exp2 時，便可確定最後的值一定是假，這時候 exp3 就不會加以求值，而整個運算式的求值過程就此停止。

OR 運算子也有類似的情形，求值過程也是由左到右，一旦發現存在一個眞值，那麼求值過程便會結束，並以眞值傳回，否則便依序將接下來的運算式再行求值。

有了這種性質，我們便來看個應用範例，判斷您輸入的數字是否爲 24 的因數：

範例

```
1   /* logical3.cpp */
2   #include <iostream>
3   using namespace std;
4
5   int main()
6   {
7       int num;
8       cout << " 請輸入 0~24 的數字 : ";
9       cin >> num;
10
11      if ((num != 0) && !(24 % num))
12          cout << num << " 是 24 因數 ." << endl;
13      else
14          cout << num << " 不是 24 因數 ." << endl;
15
16      return 0;
17  }
```

主要關鍵是在

```
if ((num != 0) && !(24 % num))
```

如果 num 不等於 0，那麼這項測試的最後結果必須要視後面的運算式而定，所以有必要繼續測試下去；另一方面，當 num 等於 0 時，由於 && 運算子的特性便可確知最後的結果必定爲假，所以不會繼續求值的過程，而這樣即可避免電腦 " 除以 0" 的動作。

程式 logical3.cpp 的執行四次的結果如下：

```
請輸入 0~24 的數字 : 12
12 是 24 因數 .

請輸入 0~24 的數字 : 0
0 不是 24 因數 .

請輸入 0~24 的數字 : 6
6 是 24 因數 .

請輸入 0~24 的數字 : 13
13 不是 24 因數 .
```

5-6 條件運算子

條件運算子（conditional operator）是個十分奇特的運算子，它擁有三個運算元，其實它是 if...else 的簡化形式：

```
expression1 ? expression2 : expression3
```

整個運算式是由 ? 和 : 及三個子運算式構成，該運算式的含義爲：當 expression1 成立時，便以 expression2 作爲整個運算式的值；否則便採用 expression3 爲最後的值。

譬如：我們若想求取 x 的絕對值 abs，用 if...else 可能寫成

```
if (x >= 0)
    abs = x;
else
    abs = -x;
```

若採用條件運算子則可簡化成

```
abs = (x >= 0) ? x : -x;
```

如果 x 大於等於 0，就以 x 指定給 abs；否則，便拿 –x 作爲該運算式的值。我們以底下例子舉出其他的應用：

範例

```
1   //cond.cpp
2   #include <iostream>
3   using namespace std;
4
5   int main()
6   {
7       int x,y;
8       int abs, max;
9       int year;
10
11      cout << "Input x: ";
12      cin >> x;
13      abs = (x >= 0) ? x : -x;
14      cout << "|x| = " << abs << endl;
15
```

```
16      cout << "\nInput y: ";
17      cin >> y;
18
19      abs = (y >= 0) ? y : -y;
20      cout << "|y| = " << abs << endl;
21
22      max = (x > y) ? x : y;
23      cout << "\nMaximum value of " << x << " and " << y
24           << " is " << max << endl;
25
26      cout << "\nHow old are you? ";
27      cin >> year;
28      cout << "You are " << year << " year"
29           << ((year > 1) ? "s " : " ") << "old." << endl;
30
31      return 0;
32  }
```

程式中以條件運算式求取兩數的最大值：

```
max = (x > y) ? x : y;
```

另外還有一個考慮英文名詞複數形的應用，該敘述位於最後的 cout 中：

```
(year > 1) ? "s" : " ";
```

若 year 的值大於 1，表示名詞後面必須加上 s，否則僅以空白加以取代。執行結果如下：

```
Input x: -1
|x| = 1

Input y: -2
|y| = 2

Maximum value of -1 and -2 is -1

How old are you? 34
You are 34 years old.
```

條件運算式並沒有任何新奇之處，不過它的確可使程式碼更加簡化，若能妥善使用它，將使程式看起來更為清爽與易讀。

5-7 else if 敘述

else if 敘述其實是一種巢狀的 if...else 敘述，只不過巢狀的部分是在 else。看看底下的例子：

```
if (exp1)
    statement1
else if (exp2)
    statement2
else if (exp3)
    statement3
else
    statement4
```

以流程圖畫出上面的結構，如圖 5-5 所示：

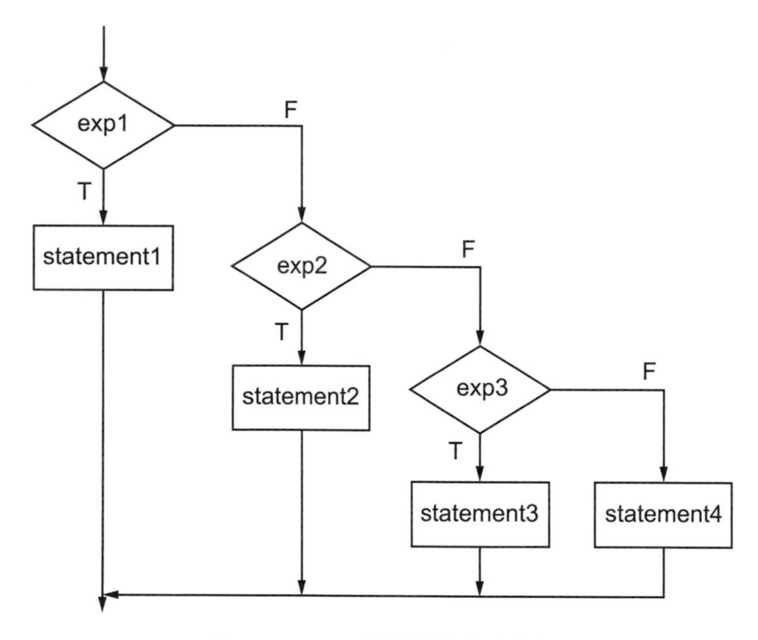

圖 5-5　else if 敘述對應的流程圖

範例

```
1   //elseIf.cpp
2   #include <iostream>
3   using namespace std;
4
5   int main()
6   {
7       char grade;
8       int score;
9
```

```
10      cout << "What's your score? ";
11      cin >> score;
12
13      if(score > 100 || score < 0)
14          cout << "It's impossible!" << endl;
15      else if (score >= 90)
16          grade = 'A';
17      else if (score >= 80)
18          grade = 'B';
19      else if (score >= 70)
20          grade = 'C';
21      else if (score >= 60)
22          grade = 'D';
23      else
24          cout << "You are down!" << endl;
25      if( score >= 60 && score <=100)
26          cout <<  "Score " << score << " ===> " << grade << endl;
27      return 0;
28  }
```

不難看出程式在做什麼，執行結果如下：

```
What's your score? 114
It's impossible !

What's your score? 91
Score 91 ===> A

What's your score? 14
You are down !
```

在某些情況下，else if 敘述的形式，若以 switch 敘述來解決將更爲清晰，這是下一節將要討論的主題。

5-8 switch 敘述

switch 敘述可用來處理多重的選擇，它的結構將比 else if 容易了解。

```
switch (exp)
{
    case const1：
        statements;
        break;
    case const2：
        statements;
        break;
    .
    .
    .
    default：
        statements;
}
```

switch 和 case 是關鍵字，小括號裡面的測試運算式 exp 應該是整數型態（包括 char），浮點數或字串將不允許。case 之後的 const1、const2 爲標記（label），後面必須跟著冒號（:），標記部分也一定要是整數常數（或是字元常數）或是整數常數運算式，千萬不能出現變數，至於各個 statement 敘述是可有可無的，最後的 default 則是另一個關鍵字，它也是可有可無的。

switch 敘述的處理方式是這樣的：首先對 exp 運算式加以求值，然後從頭開始尋找與 exp 相吻合的標記，於是程式流程就跳到該標記之後繼續執行，直到 switch 敘述結束爲止。假使沒有找到任何足以匹對的標記，而又存在 default: 的話，那麼就會執行 default: 後面的敘述。

我們用一個範例來看看究竟怎麼一回事：

範例

```
1   //switch1.cpp
2   #include <iostream>
3   using namespace std;
4
5   int main()
6   {
7       char grade;
8
9       cout << "What's your score grade (A-E)? ";
10      cin >> grade;
11
```

```
12      if ((grade >= 'A') && (grade <= 'Z'))
13          grade = 'a' + (grade - 'A');
14      switch (grade) {
15          case 'a': cout << "Score 90 to 100." << endl;
16                    break;
17          case 'b': cout << "Score 80 to 89." << endl;
18                    break;
19          case 'c': cout << "Score 70 to 79." << endl;
20                    break;
21          case 'd': cout << "Score 60 to 69." << endl;
22                    break;
23          case 'e': cout << "Score under 60." << endl;
24                    break;
25          default: cout << "Wrong grade !" << endl;
26      }
27
28      return 0;
29  }
```

程式中的測試運算式爲 grade，它是 char 型態的變數。我們還要注意到，標記採用的形式均爲字元常數，最後也有 default: 標記。您是否發覺程式中佈滿了 break; 敘述，這個敘述將可強迫控制權跳出 switch 敘述：我們先來看執行多次的結果：

```
What's your score grade (A-E)? A
Score 90 to 100.

What's your score grade (A-E)? d
Score 60 to 69.

What's your score grade (A-E)? e
Score under 60.

What's your score grade (A-E)? y
Wrong grade !
```

最後一次的執行範例中，我們輸入 'y'，它無法與任何標記吻合，所以 default: 後面的敘述便會執行，倘若連 default: 標記都沒有，那麼整個 switch 敘述將不會做出任何動作。

我們也可以利用以下的方式撰寫之。

範例

```
1   //switch2.cpp
2   #include <iostream>
3   using namespace std;
4
5   int main()
6   {
7       char grade;
8
9       cout << "What's your score grade (A-E)? ";
10      cin >> grade;
11
12      switch (grade) {
13          case 'A':
14          case 'a': cout << "Score 90 to 100." << endl;
15                    break;
16          case 'B':
17          case 'b': cout << "Score 80 to 89." << endl;
18                    break;
19          case 'C':
20          case 'c': cout << "Score 70 to 79." << endl;
21                    break;
22          case 'D':
23          case 'd': cout << "Score 60 to 69." << endl;
24                    break;
25          case 'E':
26          case 'e': cout << "Score under 60." << endl;
27                    break;
28          default: cout << "Wrong grade !" << endl;
29      }
30
31      return 0;
32  }
```

程式中的

```
case 'A':
case 'a': cout << "Score 90 to 100." << endl;
    break;
```

表示若 grade 是 A 或 a, 則執行同一敘述。程式 switch1.cpp 中，我們是透過下列敘述來處理大、小寫輸入的問題：

```
if ((grade >= 'A') && (grade <= 'Z'))
    grade = 'a' + (grade - 'A');
```

您可以想想爲什麼這樣做，就能把所有大寫字母轉換爲對應的小寫字母。在本例中，我們卻沒有額外處理這件事，而是利用多重標記的技巧，此程式的輸出結果如同 switch1.cpp 的範例程式。

程式的執行狀況十分良好，這完全是 break 敘述的功勞，底下我們來看個類似的例子，若把 break 拿掉，會變成什麼樣子呢：

範例

```
1   //switch3.cpp
2   #include <iostream>
3   using namespace std;
4
5   int main()
6   {
7       char grade;
8
9       cout << "What's your score grade (A-E)? ";
10      cin >> grade;
11
12      switch (grade) {
13          case 'A':
14          case 'a': cout << "Score 90 to 100." << endl;
15
16          case 'B':
17          case 'b': cout << "Score 80 to 89." << endl;
18
19          case 'C':
20          case 'c': cout << "Score 70 to 79." << endl;
21
22          case 'D':
23          case 'd': cout << "Score 60 to 69." << endl;
24
25          case 'E':
26          case 'e': cout << "Score under 60." << endl;
27
28          default: cout << "Wrong grade!" << endl;
29      }
30
31      return 0;
32  }
```

以下是執行兩次程式的結果

```
What's your score grade (A-E)? A
Score 90 to 100.
Score 80 to 89.
Score 70 to 79.
Score 60 to 69.
Score under 60.
Wrong grade!

What's your score grade (A-E)? c
Score 70 to 79.
Score 60 to 69.
Score under 60.
Wrong grade!
```

由於程式沒有 break; 敘述，所以會一直執行到最後，從輸出結果可得知。

第一次輸入大寫 'A'，它的確能加以處理，不過卻印出接下來的所有訊息。還記得前面曾說過，當 switch 敘述能找到相吻合的標記後，就會從那裡開始，一直執行到 switch 敘述結束。例外的狀況就是遇到 break 敘述時，它將強迫離開 switch 結構。正由於此種特性，這裡所做的多重標記才能正確工作，在大多數情況下，switch 和 break 乃是密不可分的，常常因爲忘了 break，而使程式的流程一片混亂。

本章習題

選擇題

1. 有一片段程式如下：

```
int i, x, x1=0, x2=0, x3=0, others=0;
for (i=1; i<=10; i++) {
    cout << "Enter a number: ";
    cin >> x;
    switch (x) {
        case 1:
            x1++;
            break;
        case 2:
            x2++;
            break;
        case 3:
            x3++;
            break;
        default:
            others++;
    }
}
cout << x1 << ", " << x2 << ", " << x3 << ", "
      << others << endl;
```

   若輸入的資料依序是 1, 2, 3, 1, 2, 3, 1, 4, 1, 4 十個數字，試問其輸出結果爲何？

   (A) 3, 2, 3, 2　(B) 4, 3, 3　(C) 4, 2, 2, 2　(D) 3, 2, 3, 2。

2. 有一片段程式如下：

```
int i, x, x1=0, x2=0, x3=0, others=0;
for (i=1; i<=10; i++) {
    cout << "Enter a number: ";
    cin >> x;
    switch (x) {
        case 1:
            x1++;
        case 2:
            x2++;
        case 3:
            x3++;
        default:
            others++;
    }
}
cout << x1 << ", " << x2 << ", " << x3 << ", "
     << others << endl;
```

   若輸入的資料依序是 1, 2, 3, 1, 2, 3, 1, 4, 1, 4 十個數字，試問其輸出結果爲何？

   (A) 4, 6, 8, 10　(B) 4, 6, 6, 8　(C) 4, 8, 6, 10　(D) 4, 6, 8, 8。

3. 有一片段程式如下：

```
int num, total=0;
for (int i=1; i<=10; i++) {
    cout << "Enter a number: ";
    cin >> num;
    if (num % 3 != 0) {
        continue;
    }
    total += num;
}
cout << total << endl;
```

若輸入的資料依序是 1, 2, 3, 4, 5, 6, 7, 8, 9, 10 十個數字，試問其輸出結果爲何？

(A) 10　(B) 14　(C) 15　(D) 18。

4. 有一片段程式如下：

```
int num, total=0;
for (int i=1; i<=10; i++) {
    cout << "Enter a number: ";
    cin >> num;
    if (num % 5 == 0) {
        break;
    }
    total += num;
}
cout << total << endl;
```

若輸入的資料依序是 1, 2, 3, 4, 5, 6, 7, 8, 9, 10 十個數字，試問其輸出結果爲何？

(A) 10　(B) 14　(C) 15　(D) 18。

5. 有一片段程式如下：

```
int a=2, b=2;
switch (a+3) {
    case 5:
        b = 8;
    default:
        b += 2;
}
cout << a << ", " << b << endl;
```

試問其輸出結果爲何？

(A) 2, 2　(B) 4, 3　(C) 3, 2　(D) 2, 3。

上機練習

一、請自行練習本章的範例程式。

二、試問下列程式的輸出結果。

1.

```
//practice5-1.cpp
#include <iostream>
using namespace std;

int main()
{
    int i = 100;
    if (i = 200)
        printf("i = 200\n");
    else
        printf("i = 100\n");

    return 0;
}
```

2.

```
//practice5-2.cpp
#include <iostream>
using namespace std;

int main()
{
    int i = 100;
    if (i > 200)
        if (i < 300)
            cout << "not bad" << endl;
    else
        cout << "not good" << endl;
    cout << "over" << endl;

    return 0;
}
```

3.

```
//practice5-3.cpp
#include <iostream>
using namespace std;

int main()
{
    int i, a1 = 0, a3 = 0, a5 = 0, a7 = 0, a9 = 0, others = 0;
    cout << "Enter a number (input 8888 to exit): ";
    cin  >> i;
    while(i != 8888) {
        if(i == 1)
            a1++;
        else if(i == 3)
            a3++;
        else if(i == 5)
            a5++;
        else if(i == 7)
            a7++;
        else if(i == 9)
            a9++;
        else
            others++;
        cout << "Enter a number (input 8888 to exit): ";
        cin >> i;
    }
    cout << "a1=" << a1 << " a3=" << a3 << " a5=" << a5
                    << " a7=" << a7 << " a9=" << a9;
    cout << " others = " << others << endl;

    return 0;
}
```

4.

```
//practice5-4.cpp
#include <iostream>
using namespace std;
```

```
int main()
{
    int i, a1 = 0, a3 = 0, a5 = 0, a7 = 0, a9 = 0, others = 0;
    cout << "Enter a number (input 8888 to exit): ";
    cin  >> i;
    while(i != 8888) {
        switch(i) {
            case 1:
                a1++; break;
            case 3:
                a3++; break;
            case 5:
                a5++; break;
            case 7:
                a7++; break;
            case 9:
                a9++; break;
            default:
                others++;
        }
        cout << "Enter a number (input 8888 to exit): ";
        cin >> i;
     }
    cout << "a1=" << a1 << " a3=" << a3 << " a5=" << a5
                     << " a7=" << a7 << " a9=" << a9;
    cout << " others = " << others << endl;

    return 0;
}
```

5.

```
//practice5-5.cpp
#include <iostream>
using namespace std;

int main()
{
```

```
    int i, num1 = 0, num2 = 0, others = 0;
    cout << "Enter a number (input 999 to exit): ";
    cin >> i;
    while(i != 999) {
        switch(i) {
            case 1:
            case 3:
            case 5:
            case 7:
            case 9:
                num1++;
                break;
            case 2:
            case 4:
            case 6:
            case 8:
                num2++;
                break;
            default:
                others++;
        }
        cout << "Enter a number (input 999 to exit): ";
        cin >> i;
    }
    cout << "belongs to 1, 3, 5, 7, 9 have " << num1 << endl;
    cout << "belongs to 2, 4, 6, 8 have " << num2 << endl;
    cout << "belongs to others have " << others << endl;

    return 0;
}
```

6.

```
//practice5-6.cpp
#include <iostream>
using namespace std;

int main()
{
```

```
    int i = 0;
    while(i < 3) {
        switch (++i) {
            case 0: cout << "Hello, world" << endl;
            case 1: cout << "Learning C++ now!" << endl;
            case 2: cout << "Hello, C++" << endl;
            default: cout << "Oh Yes" << endl;
        }
        cout << endl;
    }

    return 0;
}
```

7.

```
//practice5-7.cpp
#include <iostream>
using namespace std;

int main()
{
    int x = 100, y = 200;
    cout << "x=" << x << ", y=" << y << endl;
    cout << "x > y is " << (x > y) << endl;
    cout << "x >= y is " << (x >= y) << endl;
    cout << "x < y is " << (x < y) << endl;
    cout << "x <= y is " << (x <= y) << endl;
    cout << "x == y is " << (x == y) << endl;
    cout << "x != y is " << (x != y) << endl;
    cout << "x = y is " << (x = y) << endl;

    return 0;
}
```

8.

```
//practice5-8.cpp
#include <iostream>
using namespace std;
```

```
int main()
{
    int x = 1, y = 0;
    cout << "x = " << x << ", y = " << y << endl;
    cout << "x && x is " << (x && x) << endl;
    cout << "x && y is " << (x && y) << endl;
    cout << "y && x is "<< (y && x) << endl;
    cout << "y && y is " << (y && y) << endl;

    return 0;
}
```

9.

```
//practice5-9.cpp
#include <iostream>
using namespace std;

int main()
{
    int x = 100, y = 200, ans;
    ans = (x > y) ? x : y;
    cout << ans << endl;
    ans = (x < y) ? x : y;
    cout << ans << endl;

  return 0;
}
```

除錯題

試修正下列的程式，並輸出其結果。

1.

```
//selDebug5-1.cpp
#include <iostream>
using namespace std;

int main()
{
```

```
    int score = 40;
    if {score <= 60} then
        score += 10
    cout << "score = " << score;

    return 0;
}
```

2.

```
//selDebug5-2.cpp
#include <iostream>
using namespace std;

int main()
{
    int score = 90;
    if (score <= 60):
        score += 10;
    else:
        score += 5
    cout << "score = " << score << endl;

    return 0;
}
```

3.

```
//selDebug5-3.cpp
#include <iostream>
using namespace std;

int main()
{
    int num = 50;
    If (num = 100)
        cout << " 此數等於 100" << endl;
    Else
        cout << " 此數不等於 100" << endl;

    return 0;
}
```

4.

```
//selDebug5-4.cpp
#include <iostream>
using namespace std;

int main()
{
    int score = 70;
    if (score >= 60)
        cout << "耶!!!及格了" << endl;
    if (score >= 80)
        cout << "耶!!!考高分!!!" << endl;
    else
        cout << "不及格...需要再加強!!!" << endl;

    return 0;
}
```

5.

```
//selDebug5-5.cpp
#include <iostream>
using namespace std;

int main()
{
    int a = 80, b = 50;
    cout << ((a > b?) "變數 b 比變數 a 大";"變數 a 比變數 b 大";

    return 0;
}
```

6.

```
//selDebug5-6.cpp
#include <iostream>
using namespace std;

int main() {
    int num = 40;
```

```
    if (num > 0)
        cout << " 此數爲正整數 " << endl;
    elseif (num = 0)
        cout << " 此數爲 0" << endl;
    else
        cout << " 此數爲負整數 " << endl;

    return 0;
}
```

7.

```
//selDebug5-7.cpp
#include <iostream>
using namespace std;

int main()
{
    int choice = 1;
    switch (choice)
    case 1
        cout << " 您是 1 號學生 " << endl;
    case 2
        cout << " 您是 2 號學生 " << endl;
    case 3
        cout << " 您是 3 號學生 " << endl;
    default
        cout << " 您不是 1~3 號的學生 " << endl;

    return 0;
}
```

程式設計

1. 輸入打電話時間及長度（length），計算電話費的總成本（gsum）及淨成本（nsum），並輸出淨成本。計算方式如下：
   (1) gsum = 0.4 * length;
   (2) 如果時間在 AM 8:00 以前或 PM 6:00 以後，則

   ```
   nsum = 0.5 * gsum; 否則
   nsum = gsum;
   ```

(3) 若長度超過 60 分鐘，則

```
nsum = 0.85 * nsum; (打85折)
```

(4) 最後

```
nsum = 1.04 * nsum;
```

2. 輸入年份，並判斷此年份是否爲閏年或平年。

   （提示：閏年的條件爲 (1) 不能被 100 整除，但能被 4 整除；或 (2) 可被 100 整除，而且也可被 400 整除。）如西元 2000、2020 是閏年；而西元 2010 是平年。

3. 輸入某一整數，判斷它是否爲 2 的倍數、或 3 的倍數、或 5 的倍數。

4. 輸入某一同學的 gpa，當

   gpa = 4 時，印出 excellent student

   gpa = 3 時，印出 good student

   gpa = 2 時，印出 satisfactory

   gpa = 1 時，則直接印出 score = 50，

   其他則印出 are you a fool or a genius，

   請利用 else...if 選擇敘述執行之。

5. 同第 4 題的題目，將它改爲 switch...case 的形式撰寫之。

Chapter 6

迴圈

本章綱要

電腦有許多基本的能力，快速而大量的運算為其中之一；另外就是執行一連串重複的動作。程式語言中，迴圈（loop）敘述的目的即在於發揮電腦的這項潛能。

C++ 語言裡主要有三種迴圈敘述，分別是 while、do...while 以及 for 等等，這些迴圈敘述在基本觀念上都差不多，但應用時必須視情況而有所選擇。本章除了仔細討論這三種迴圈外，也會介紹更多的運算子，以及常與迴圈配合應用的 break 和 continue 敘述。

6-1 while 迴圈

while 迴圈是比較單純的一個，多數程式語言中都有類似的結構。在 C++ 語言裡，while 乃為此迴圈結構的關鍵字，基本的形式是這樣的：

```
while (expression)
    statement
```

小括號內部可為任何形式的運算式，至於 statement 可為單一敘述或複合敘述，上述觀念與前一章提及的 if 敘述完全一致，而且也適用於其他迴圈形式的表達方法。

while 迴圈的工作原理是這樣的：首先對 expression 運算式加以求值，若結果為真（即非零值），那麼 statement 部分便會執行；一旦執行完畢後，控制權又回到 expression 測試，這種過程一直持續到 expression 的求值結果變成假（即 0）為止，然後才結束 while 敘述。在邏輯上，整個 while 迴圈乃為單一敘述。

以流程圖可將 while 示意圖如圖 6-1 所示：

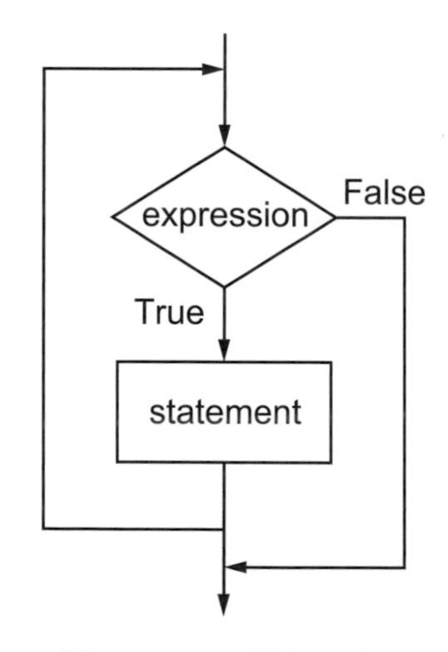

圖 6-1　while 迴圈示意圖

先看個簡單的例子：如何把整數 1 到 6 依序印出來，在未學迴圈時您會使用六個 cout 敘述，印出 1 到 6 的值；在往後學到迴圈敘述時，會告訴您這個問題的解決方式。

程式的想法很簡單，先宣告一個簡單變數 i，並設定其初值為 1 ，讓它在迴圈中執行 6 次，每次 i 的值都要加 1 ，來看看程式的寫法：

範例

```
1   //while1.cpp
2   #include <iostream>
3   #define MAX 6
4   using namespace std;
5
6   int main()
7   {
8       int i;
9       i = 1;
10      while (i <= MAX) {
11          cout << i << endl;
12          i++;
13      }
14
15      return 0;
16  }
```

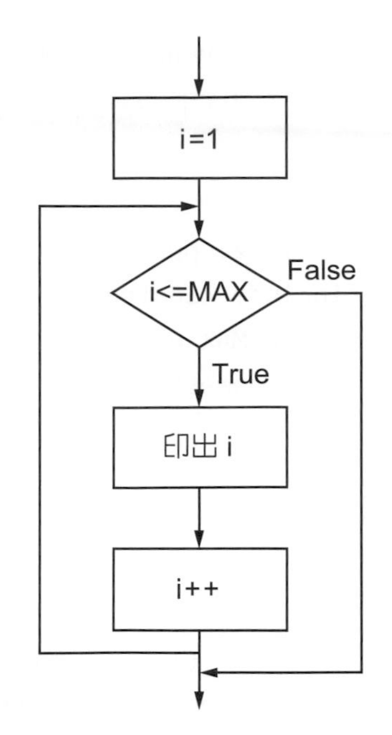

圖 6-2 while1.cpp 程式對應的流程圖

我們先來看此程式對應的流程圖，如圖 6-2 所示。

程式以 #define 指令定義常數 MAX 為 6，這個常數將應用於 while 的測試條件 (i<=MAX)，當然也可以直接寫成 while (i<=6)。變數 i 的值一開始是 1，它小於 6，所以測試結果為真，於是便執行接下來大括弧內部的兩條敘述。先印出 i 值（也就是 1），然後再把 i 加 1。一旦敘述執行終結後，程式流程又回到 while (i<=MAX)，這時候 i 等於 2，仍然小於 MAX，於是迴圈敘述又會執行；這種過程一直持續 i 值等於 6 之後，再把 i 加 1 使之成為 7，此時便無法滿足 (i<=MAX) 的測試，於是迴圈便結束。

看看輸出結果：

```
1
2
3
4
5
6
```

注意到離開 while 迴圈後，變數 i 的值會是 7。本程式可進一步利用遞增運算子的特性而改為

```
while (i <= MAX)
    cout << i++ << endl;
```

此時屬於 while 的敘述僅有一條，所以無需大括弧加以標示。其實這麼做還不是很好，我們比較喜歡採用底下的方式：

範例

```
1   //while2.cpp
2   #include <iostream>
3   #define MAX 6
4   using namespace std;
5
6   int main()
7   {
8       int i;
9       i = 0;
10      while (i++ <= MAX) {
11          cout << i << endl;
12      }
13
14      return 0;
15  }
```

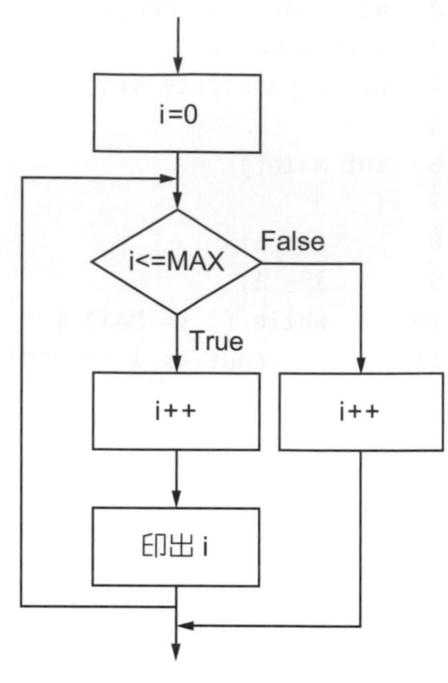

圖 6-3　while2.cpp 程式對應的流程圖

如果能讓測試敘述與更新運算集中在一起，那麼比較容易掌握程式的動向：

```
while (i++ <= MAX)
    ...
```

這裡採取後繼的遞增運算子，先將 i 值與 MAX 比較之後，看看是否要進入迴圈，接著將 i 值增加 1，此程式的 i 的初值改設爲 0。我們畫出此迴圈的流程圖，如圖 6-3 所示。

執行結果正確嗎？

```
1
2
3
4
5
6
7
```

似乎沒錯，但是怎麼會印出 7 呢？原因在於當 i 等於 6 時，測試條件 (i++ <= MAX) 仍然成立，隨後又把 i 加 1，所以 cout 會把當時 i 爲 7 的值印出來，此時只要將測試條件改爲 (i++ < MAX) 即可，或者把測試條件改爲 (++i <= MAX) 也是可以的，如範例程式 while3.cpp 所示：

範例

```
1   //while3.cpp
2   #include <iostream>
3   #define MAX 6
4   using namespace std;
5
6   int main()
7   {
8       int i;
9       i = 0;
10      while (++i <= MAX) {
11          cout << i << endl;
12      }
13
14      return 0;
15  }
```

```
1
2
3
4
5
6
```

離開 while 迴圈後，while2.cpp 和 while3.cpp 這二例中最後的 i 值都不會等於 6，while2.cpp 是 8，而 while3.cpp 則爲 7，您可以自行測試看看。記住，上述二例的測試條件有二個運算子，故需處理二件事情，其先後順序就看是前置遞增運算子或後繼遞增運算子囉！處理完這二件事情後，才去執行當測試條件爲眞時，所要處理的敘述。

上述問題的發生與幾個因素有關，譬如更新運算發生的時機、遞增和遞減運算的獨特性質、以及測試的條件運算子（例如 < 和 <= 之間的差異）等等，其實並不難克服，只要設定幾種臨界狀況，並試著模擬程式的流程，就可找到問題所在與解決之道。

當我們使用各種迴圈敘述時，最怕就是造成無窮循環，即使是故意這麼做，也該提供某種方法足以跳離迴圈，像是在 Windows 系統下，要按下 Ctrl-C 鍵，而在 Mac 系統下要按 command +「.」等等。下面有這麼一個例子：

範例

```
1   //while4.cpp
2   #include <iostream>
3   #define MAX 6
```

```
4   using namespace std;
5
6   int main()
7   {
8       int i;
9       i = 1;
10      while (i <= MAX)
11          cout << i << endl;
12          i++;
13
14      return 0;
15  }
```

執行的情況竟然是這樣的：

```
1
1
1
1
1
.
.
.
```

由於沒有大括弧的幫忙，使得改變測試條件的 i++; 敘述不再屬於迴圈的範圍，所以變數 i 的值一直維持著 1，測試條件自然恆成立。除了上述因大括弧漏寫產生的疏失外，還有就是變數改變的方向發生錯誤，例如把 i++ 寫成 i--，或者根本就忘了改變測試的條件等等。同樣要建議您，即使僅有單一敘述存在，大括弧還是留著較爲保險。

前面所舉的程式範例都是在固定的次數後結束程式，此稱爲定數迴圈，另一種是沒有固定的執行次數，由使用者決定何時要結束，如輸入某一數值，此稱爲不定數迴圈。底下將要看一個不定數迴圈的例子：程式提示使用者輸入數值並加總，直到輸入的數值是 -999 時，結束迴圈，請參閱 sum.cpp 範例程式：

範例

```
1   //sum.cpp
2   #include <iostream>
3   using namespace std;
4
5   int main()
6   {
7       int number;
```

```
8       int total = 0, item = 1;
9
10      cout << item << ". 請輸入一整數： ";
11      cin >> number;
12      while (number != -999) {
13          total = total + number;
14          cout << ++item << ". 請輸入一整數： ";
15          cin >> number;
16      }
17
18      item--;
19      cout << "\n共有 "<< item << " 數字加總，" << endl;
20      cout << "總和爲 " << total << endl;
21
22      return 0;
23  }
```

程式中示範了典型的 C++ 語言風格：

```
while (number != -999)  ...
```

while 迴圈能夠持續的條件即爲 number 不等於 -999。

注意到 while 迴圈之前有個提示訊息，而同樣的訊息也出現在 while 迴圈敘述的倒數第二列，如此一來，程式與使用者之間的溝通才能一致。注意到當程式離開 while 之後，變數 item 的值需要減 1，因爲 item 的意義是目前以合法讀入的資料項個數，如果最後因 number 等於 -999 而跳出迴圈，item 會比實際的數值多出 1，所以這裡應該減 1。

```
1. 請輸入一整數： 2
2. 請輸入一整數： 4
3. 請輸入一整數： 6
4. 請輸入一整數： 8
5. 請輸入一整數： 10
6. 請輸入一整數： -999

共有 5 數字加總，
總和爲 30
```

6-2 do...while 迴圈

C++ 語言的 do...while 迴圈結構類似 Pascal 的 repeat...until 敘述，它與 while 迴圈有些差別。while 迴圈是一種使用 " 入口條件 "（entry condition）的控制結構，迴圈敘述必須在測試條件成立後才執行，換個角度來說，while 迴圈的本體敘述可能從未執行，也就是說，一開始時測試條件便無法成立。至於本節所要討論的 do...while 迴圈則是 " 出口條件 "（exit condition）的結構，無論在什麼狀況下，它的本體至少將執行一次，然後才依測試條件的結果來決定下一次的迴圈循環是否該繼續。

do...while 的一般形式如下：

```
do {
    statement
} while (expression);
```

首先執行 statement 敘述（不論是單一敘述或是複合敘述），然後再對運算式 expression 進行求值，如果為假，迴圈敘述便就此結束，否則還要回到 statement 繼續執行。do…while 迴圈的示意圖如圖 6-4 所示：

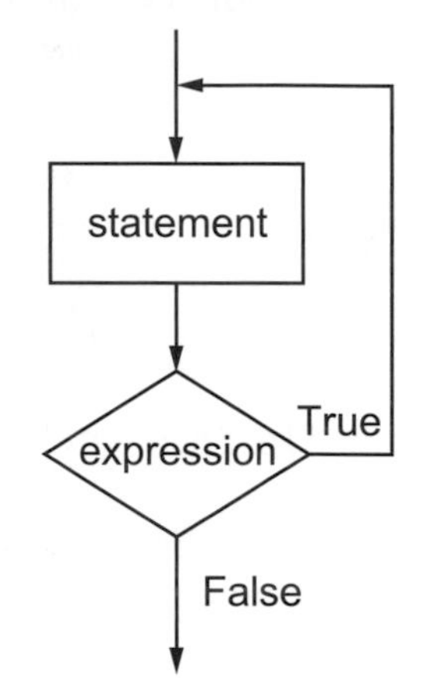

圖 6-4　do…while 迴圈示意圖

整個 do...while 同樣被視為單一敘述，別忘記 while (expression) 後面的分號。在迴圈本體中，應該要有某些敘述可使最後的測試條件變為假，否則就會陷入 " 無窮迴圈 "（infinite loop）的狀況。

對於從 1 印到 6 的簡單問題，我們以 do...while 重做一次：

範例

```
1   //dowhile.cpp
2   #include <iostream>
3   #define MAX 6
4   using namespace std;
5
6   int main()
7   {
8       int i;
9       i = 1;
10
11      do {
12          cout << i << endl;
13          i++;
14      } while (i <= MAX);
15
16      return 0;
17  }
```

```
1
2
3
4
5
6
```

需注意的是：離開 do...while 迴圈後，變數 i 的值爲 7。

一般來說，while 迴圈較爲常用，因爲我們總是希望先有判斷的過程，然後才採取必要的行動，而 do...while 敘述卻至少會執行一次；不過它還是有應用的時機，譬如說讀取密碼的程式，程式至少該要求使用者鍵入密碼一次，或是玩電腦遊戲，總會讓使用者先玩一次再說。底下的程式便在模擬讀取密碼的流程，當使用者連續至少三次均無法成功時，程式便會終止：

範例

```
1   //passwd.cpp
2   #include <iostream>
3   #define PASSWD 1462
4   #define TRUE 1
5   #define FALSE 0
6   using namespace std;
7
8   int main()
9   {
10      int passwd;
11      int ok, tryTimes;
12      ok = FALSE;
13      tryTimes = 0;
14
15      do {
16          cout << ++tryTimes << ". Enter your password: ";
17          cin >> passwd;
18          if (passwd == PASSWD)
19              ok = TRUE;
20      } while (!ok && (tryTimes < 3));
21
22      if (ok)
23          cout << endl << "Congratulations!" << endl;
24      else
25          cout << endl << "You are rejected!" << endl;
26
27      return 0;
28  }
```

程式中定義 TRUE 和 FALSE 爲 1 與 0，如此一來，它們就如同所謂的布林值（Boolean），即眞假值。變數 ok 一開始設爲 FALSE，表示密碼尚未正確輸入。在 do...while 迴圈中，一旦測得正確的密碼後，ok 的值立即指定爲 TRUE，接下來就會在最後的迴圈測試條件中被偵測出來：

```
do {
    ...
} while (!ok && (tryTimes <= 3));
```

ok 的值爲眞，所以 !ok 便爲假，根據 && 運算子的特性，求值過程到此結束，整個測試結果爲假，所以能結束 do...while 敘述。必須注意另一個足以跳離 do...while 的條件爲 (tryTimes > 3)，也就是說已經輸入三次錯誤的密碼，程式將不再接受。

跳出 do...while 迴圈後，程式並不知道上述兩種情形究竟何者先發生，所以會有接下來的 if 敘述。

第 1 次執行結果：

```
1. Enter your password: 12
2. Enter your password: 111
3. Enter your password: 2431

You are rejected!
```

第 2 次執行結果：

```
1. Enter your password: 11
2. Enter your password: 1462

Congratulations!
```

其實 C++ 有布林值型態，其爲 bool，它有兩種值 true 和 false。我們將 passwd.cpp 改以布林值型態撰寫，如下範例所示：

範例

```
1   //passwd2.cpp
2   #include <iostream>
3   #include <cstdlib>
4   #define PASSWD 1462
5   using namespace std;
6
7   int main()
8   {
```

```
9       int passwd, tryTimes;
10      bool ok = false;
11      tryTimes = 0;
12
13      do {
14          cout << ++tryTimes << ". Enter your password: ";
15          cin >> passwd;
16          if (passwd == PASSWD)
17              ok = true;
18      } while (!ok && (tryTimes < 3));
19
20      if (ok)
21          cout << endl << "Congratulations!" << endl;
22      else
23          cout << endl << "You are rejected!" << endl;
24
25      return 0;
26  }
```

輸出結果請參閱 passwd.cpp。

6-3 for 迴圈

for 敘述是三種迴圈形式中最具威力的一個，此迴圈也是一種入口條件的結構，其一般形式如下：

```
for (initial; test; update)
    statement
```

for 是本敘述的關鍵字，小括號裡面必須有三條敘述，分別以兩個分號隔開，相對位置的運算式各有特殊的意義：

- initial：此敘述僅在第一次進入迴圈時執行一次，往後便不再執行。
- test：即一般的測試運算式，在進入迴圈本體前，test 敘述將先行求值，若求值結果爲假，就立即跳出 for 迴圈，否則便執行 statement 敘述（單一或是複合）。
- update：凡是執行完 statement 本體敘述後，update 敘述將接著執行，以改變某些測試條件。然後再回到 test 測試，重複同樣的循環。

這三個敘述分別可以省略，也可以有多個敘述，若省略 initial 或 test，其後面的「;」還是要寫出來。

for 迴圈的示意圖如圖 6-5 所示：

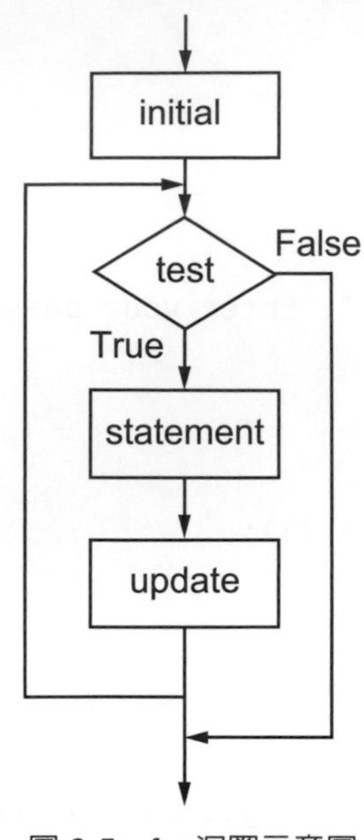

圖 6-5　for 迴圈示意圖

for 迴圈的 initial 部分僅執行一次，而 statement 本體敘述則有可能從未執行。還是來看看 1 到 6 整數值該如何列印：

範例

```
1   //for1.cpp
2   #include <iostream>
3   #define MAX 6
4   using namespace std;
5
6   int main()
7   {
8       int i;
9       for (i=1; i<= MAX; i++)
10          cout << i << endl;
11
12      return 0;
13  }
```

此程式看起來是否清爽許多，因爲 for 迴圈把變數的初值設定、測試條件以及更新運算等通通集中在一個小括號內，這樣將比較容易看出程式的意圖，也可避免犯下無窮迴圈的錯誤。

for1.cpp 程式的 for 迴圈敘述也可以改爲以下兩種方式表示：

第 1 種：

```
int i=1;
for (; i <= MAX; i++)
    cout << i << endl;
```

第 2 種：

```
int i=1;
for (; i <= MAX; ) {
    cout << i << endl;
    i++;
}
```

要注意的是，若 for 迴圈中的 test 敘述省略時，則判斷條件式恆爲眞。

範例

```
1   //for2.cpp
2   #include <iostream>
3   #include <iomanip>
4   using namespace std;
5
6   int main()
7   {
8       int item = 1;
9       int num;
10      cout << "   Number    Square" << endl << endl;
11      for(num = 1; num*num < 500; num += 4){
12          cout << item++ << ".";
13          cout<< "     " << setw(2) << num << "       " << setw(4)
14              << num*num << endl;
15      }
16
17      return 0;
18  }
```

變數的更新並非每次只能加 1，像本例中以

```
num += 4
```

每次讓 num 增加 4。另一方面，如果我們關心的並非 num 值的大小，而是它的平方值，所以利用底下的測試條件

```
num * num < 500;
```

程式的輸出結果爲：

```
   Number    Square

1.      1         1
2.      5        25
3.      9        81
4.     13       169
5.     17       289
6.     21       441
```

以上三種迴圈敘述是可以互通的。

若 while 迴圈敘述爲

```
initial
while (test) {
    statement
    update
}
```

則可用 for 敘述簡單地濃縮爲

```
for (initial; test; update)
    statement
```

或以 do...while 迴圈敘述表示如下：

```
initial
do {
    statement
    update
} while (test);
```

6-4 逗號運算子

逗號（，）除了在變數宣告時用來分隔同類型的變數名稱外，它本身還是一種運算子，稱作逗號運算子（comma operator）。

多於一個以上的運算式可用逗號加以分隔，它有兩種重要的特性。

1. 所有被逗號分隔的運算式，將按由左向右的方向依序加以求值。
2. 整個逗號運算式的值乃爲最右邊之運算式的值。

逗號運算子大大擴展了 for 迴圈的彈性，因爲它允許在 for 迴圈內部，同時初始兩個以上的變數值，或是執行複雜的更新運算。看看下面的例子：

範例

```
1   //comma.cpp
2   #include <iostream>
3   using namespace std;
4
5   int main()
6   {
7       int x, y, z;
8
9       cout << "  x   y" << endl;
```

```
10      for(x=1, y=10; x<=6 && y<=60; x++, y=y+10)
11          cout << "  " << x << "  " << y << endl;
12      cout << endl;
13
14      z = (x=100, (y=1000)+66);
15      cout << "x = " << x << " y = " << y << " z = " << z << endl;
16
17      return 0;
18  }
```

首先看到 for 迴圈，先以

```
x=1, y=10;
```

將變數 x 和 y 設定初值，注意到是由 x 先取得數值 1，然後 y 才會得到 10。我們在 for 迴圈的更新運算式中同樣用到逗號運算子，它可一次把兩個變數加以變化。我們來看看輸出結果：

```
  x  y
  1  10
  2  20
  3  30
  4  40
  5  50
  6  60

x = 100 y = 1000 z = 1066
```

最後有一條運算式：

```
z =(x=100, (y=1000) + 66);
```

變數 x 先取得 100，然後才是 y 成爲 1000。而整個運算式的值乃爲最右邊運算式的值，該值是 1066，這個值再指定給 z 而完成該敘述，由輸出結果即可得到證明。

6-5 算術指定運算子

前面已看過指定運算子，它將右邊運算元的值指定給左邊的變數，除此之外，算術運算子可以和指定運算子一起使用，此時稱之爲算術指定運算子，請參閱表 6-2：

表 6-2　算術指定運算子

複合運算子	意義
+=	把左邊的變數加到右邊的數值
-=	把左邊的變數減去右邊的數值
*=	把左邊的變數乘上右邊的數值
/=	把左邊的變數除以右邊的數值
%=	把左邊的變數除以右邊的數值，並取其餘數

舉幾個範例來說明：

```
add += num;    相當於  add = add + num;
minu -= num;   相當於  minu = minu - num;
mult *= num;   相當於  mult = mult * num;
div /= num;    相當於  div = div / num ;
mod %= num;    相當於  mod = mod % num ;
```

對於各種算術指定運算子而言，左邊必定是個簡單變數，而右方則允許為複雜的運算式，譬如底下的例子

```
complex *= 8 + (num / size) ;
```

即相當於

```
complex = complex * (8 + (num / size)) ;
```

所有的算術指定運算子和基本的指定運算子的優先順序是相同的，而且作用方向均為由右到左。算術指定運算子能使程式碼更加簡潔。以底下的例子來說：

範例

```
1   //assigns.cpp
2   #include <iostream>
3   #include <iomanip>
4   using namespace std;
5
6   int main()
7   {
8       int i;
9       int x,y;
10
11      cout << "  Step    Exp" << endl;
12      for(i=x=y=1; i<=8; i++, x+=2, y*=2)
13          cout << "  " << setw(2) << x << "    " << setw(4) << y << endl;
14
15      return 0;
16  }
```

由於逗號運算子和複合指定運算子的協助，使得 for 迴圈十分清晰。這個例子顯示出等比級數成長幅度的驚人：

```
Step    Exp
  1       1
  3       2
  5       4
  7       8
  9      16
 11      32
 13      64
 15     128
```

6-6 巢狀迴圈

如巢狀式 if 敘述一般，迴圈也可以彼此巢狀，但要特別注意各敘述間歸屬的問題。巢狀迴圈若是兩層，則可分爲內迴圈與外迴圈。我們舉一例子說明，如下所示：

範例

```
1   //nestloop.cpp
2   #include <iostream>
3   using namespace std;
4
5   int main()
6   {
7       int i, j;
8
9       for(i=1; i<=5; i++) {
10          cout << "i=" << i << endl;
11          for(j=1; j<=3; j++)
12              cout << "   j=" << j << endl;
13          cout << endl;
14      }
15
16      return 0;
17  }
```

此程式的外迴圈變數 i 是由 1 變化至 5，而內迴圈變數 j 是由 1 變化至 3。當外迴圈 i 是 1 時，內迴圈 j 將執行 3 次，再回到外迴圈，將 i 遞增 1，內迴圈 j 又將執行 3 次，持續進行，直到 i 大於 5 爲止。輸出結果如下所示：

```
i=1
   j=1
   j=2
   j=3

i=2
   j=1
   j=2
   j=3

i=3
   j=1
   j=2
   j=3
```

```
i=4
   j=1
   j=2
   j=3

i=5
   j=1
   j=2
   j=3
```

底下我們分別以 while 迴圈和 for 迴圈實作出另一種九九乘法表，巢狀迴圈的應用和威力可由這裡看出。先試試 while 迴圈的版本：

範例

```
1   //while99.cpp
2   #include <iostream>
3   #include <iomanip>
4   using namespace std;
5
6   int main()
7   {
8       int i,j;
9
10      i = 1;
11
12      while(i <= 9) {
13          j = 1;
14          while (j <= 9) {
15              cout << setw(4) << i*j;
16              j++;
17          }
18          cout << endl;
19          i++;
20      }
21
22      return 0;
23  }
```

觀念上來說，變數 i 代表九九乘法表的列註標（row index），而 j 則為行註標（column index）。外層的 while 迴圈負責每一列的處理，內層的 while 迴圈則職司乘數的變化，這個乘數每次都要從 1 到 9 ；外層的被乘數 i 則是等到內層處理完畢後才會加 1，範圍同為 1 至 9。

特別注意到，外層迴圈必須等內層迴圈的循環次數終結後，才會有進一步的更新動作，所以在 while(j <= 9) 之前，記得要把 j 的初值重設為 1。此外，當內層迴圈處理妥善之後，又利用 cout << endl; 加以換行，這樣才會有整齊的格式。輸出結果如下所示：

```
1   2   3   4   5   6   7   8   9
2   4   6   8  10  12  14  16  18
3   6   9  12  15  18  21  24  27
4   8  12  16  20  24  28  32  36
5  10  15  20  25  30  35  40  45
6  12  18  24  30  36  42  48  54
7  14  21  28  35  42  49  56  63
8  16  24  32  40  48  56  64  72
9  18  27  36  45  54  63  72  81
```

九九乘法表的問題若以 for 迴圈來處理，那就更加完美了：

範例

```
1   //for99.cpp
2   #include <iostream>
3   #include <iomanip>
4   using namespace std;
5
6   int main()
7   {
8       int i,j;
9
10      for(i=1; i<=9; i++) {
11          for(j=1; j<=9; j++)
12              cout << setw(4) << i*j;
13          cout << endl;
14      }
15
16      return 0;
17  }
```

由於變數初始化、測試條件以及更新動作都放在同一個地方，使得程式邏輯更便於思考，設計時也不易出錯。程式中還要小心何時可以省略大括弧，何時又該加以標示。我是建議不管迴圈是單一敘述或是複合敘述，都加上大括號，以利日後的維護。執行的結果和以 while 迴圈敘述撰寫的程式是相同的：

```
1  2  3  4  5  6  7  8  9
2  4  6  8 10 12 14 16 18
3  6  9 12 15 18 21 24 27
4  8 12 16 20 24 28 32 36
5 10 15 20 25 30 35 40 45
6 12 18 24 30 36 42 48 54
7 14 21 28 35 42 49 56 63
8 16 24 32 40 48 56 64 72
9 18 27 36 45 54 63 72 81
```

前面兩個例子的巢狀迴圈都很單純，內、外層迴圈之間並沒有多大的關聯。事實上，內層迴圈以利用到外層迴圈的變數。底下就有兩個範例：

範例

```
1   //fornest1.cpp
2   #include <iostream>
3   #include <iomanip>
4   using namespace std;
5
6   int main()
7   {
8       char row, column;
9
10      for(row='A'; row <='G'; row++){
11          for(column=row; column<='G'; column++)
12              cout << setw(2) << column;
13          cout << endl;
14      }
15
16      return 0;
17  }
```

外層迴圈將使 row 的值從 'A' 到 'G'，內層迴圈則為從 row 到 'G'，所以第一列將從 'A' 開始印出 7 個字元，第二列從 'B' 開始印出 6 個字元，接下來會依序遞減：

```
A B C D E F G
B C D E F G
C D E F G
D E F G
E F G
F G
G
```

如果我們稍微改變內層迴圈的結構，情形將大為不同，程式是這樣的：

範例

```
1   //fornest2.cpp
2   #include <iostream>
3   #include <iomanip>
4   using namespace std;
5
6   int main()
7   {
8       char row, column;
9
10      for(row='A'; row <='G'; row++) {
11          for(column='A'; column<=row; column++)
12              cout << setw(2) << column;
13          cout << endl;
14      }
15
16      return 0;
17  }
```

這次的輸出將變成：

```
A
A B
A B C
A B C D
A B C D E
A B C D E F
A B C D E F G
```

您可以自行驗證看看，最好試試其他的寫法，是否能造出更有趣的結果。

巢狀結構並不限於單一種迴圈形式，也不僅止於兩層，當然，愈多層的巢狀迴圈，所導致的流程也愈複雜。巢狀迴圈最常應用於陣列結構，尤其是二維陣列，我們會有完整的章節來討論二維陣列與操作方式。

6-7 break 與 continue 敘述

前一章裡介紹 switch 敘述時，曾經說過 break 敘述可強迫程式流程跳出 switch 的範圍。本章討論的各種迴圈形式，在正常情況下一旦進入迴圈本體後，所有的本體敘述都將完整執行，然後才進行下一次的測試條件；然而這一節的主題 break 和 continue 敘述，卻可使迴圈立即終止，或是逕行下一次的循環。

6-7-1 break 敘述

迴圈內的 break 敘述可結束該迴圈的執行，它能應用於各種迴圈形式，譬如底下的例子：

範例

```
1   //break.cpp
2   #include <iostream>
3   using namespace std;
4
5   int main()
6   {
7       int num, total = 0;
8       while (true) {
9           cout << " 輸入 5 的倍數將結束執行： ";
10          cin >> num;
11          if (num % 5 == 0) {
12              break;
13          }
14          total += num;
15      }
16      cout << "total = " << total << endl;
17
18      return 0;
19  }
```

程式中有個無窮迴圈：

`while (true)`

所以，我們必須有個途徑離開此迴圈，這裡用的方法就是 break 敘述。此範例程式當輸入 num 為 5 的倍數時，將執行 break 敘述，從而導致結束 while 迴圈，此範例程式的流程圖，如圖 6-6 所示：

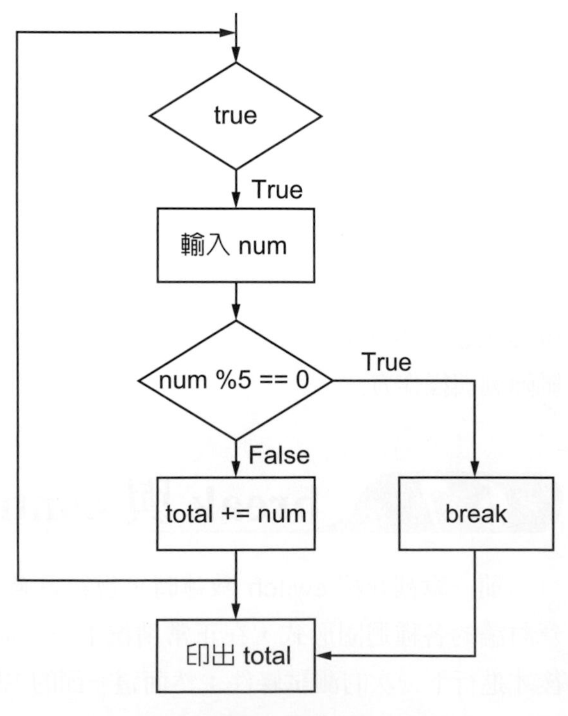

圖 6-6　範例程式 break.cpp 流程圖

看看程式 break.cpp 的執行結果

```
輸入 5 的倍數將結束執行 : 1
輸入 5 的倍數將結束執行 : 2
輸入 5 的倍數將結束執行 : 3
輸入 5 的倍數將結束執行 : 4
輸入 5 的倍數將結束執行 : 5
total = 10
```

對於巢狀式迴圈結構而言，break 敘述的影響力僅止於包括該敘述所屬的迴圈，它無法瘋狂地跳出整個巢狀迴圈。

6-7-2 continue 敘述

continue 也能應用於上述的三種迴圈形式中，當程式遇到 continue 敘述時，位於 continue 以下的迴圈敘述都將被忽略，再回到迴圈的測試條件開始。

還是來看個實際的應用範例：

範例

```
1   //continue.cpp
2   #include <iostream>
3   using namespace std;
4
5   int main()
6   {
7       int i=1, num, total = 0;
8       while (i<=10) {
9           cout << " 輸入 5 的倍數將不予以加總 : ";
10          cin >> num;
11          if (num % 5 == 0) {
12              cout << "    此數不予以加總 " << endl;
13              i++;
14              continue;
15          }
16          total += num;
17          i++;
18      }
19      cout << "total = " << total << endl;
20
21      return 0;
22  }
```

每當輸入的資料是 5 的倍數時，因爲會執行 continue 的敘述，此時又回到判斷 i 是否小於等於 10，所以不會執行 if 敘述以下的加總敘述和 i 加 1 的動作。

```
total += num;
```

而會回到 while 迴圈，再次判斷 i 是否小於等於 10。整個迴圈將執行十次。此範例程式大致流程圖，如圖 6-7 所示：

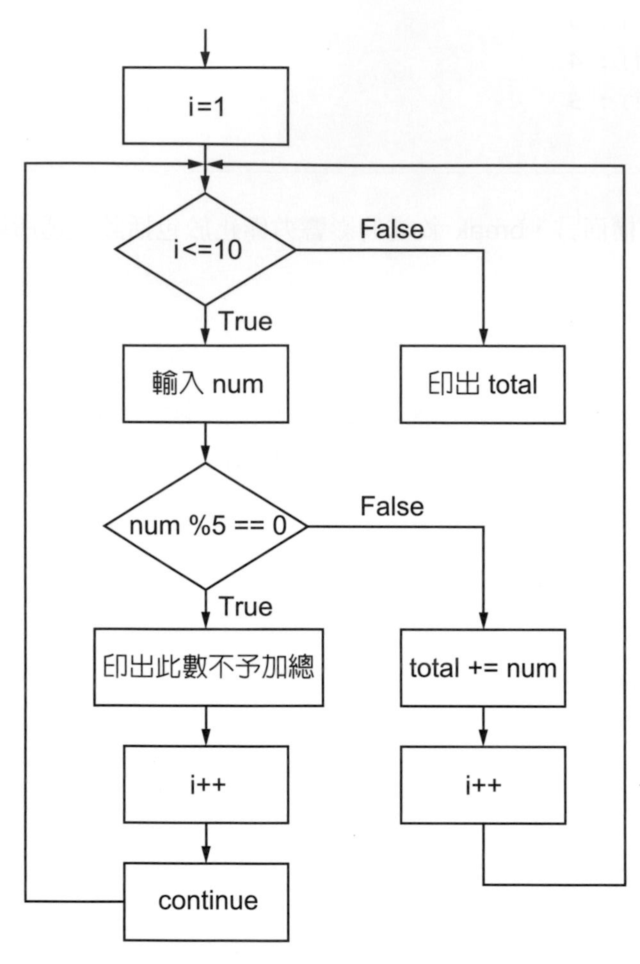

圖 6-7　範例程式 continue.cpp 流程圖

```
輸入 5 的倍數將不予以加總: 1
輸入 5 的倍數將不予以加總: 3
輸入 5 的倍數將不予以加總: 5
    此數不予以加總
輸入 5 的倍數將不予以加總: 7
輸入 5 的倍數將不予以加總: 9
輸入 5 的倍數將不予以加總: 2
輸入 5 的倍數將不予以加總: 4
輸入 5 的倍數將不予以加總: 6
輸入 5 的倍數將不予以加總: 8
輸入 5 的倍數將不予以加總: 10
    此數不予以加總
total = 40
```

本章習題

選擇題

1. 有一片段程式如下：

```
int i=1, total = 0;
while (i<=100) {
    total += i;
    i++;
}
cout << total << endl;
```

試問其輸出結果爲何？

(A) 5049　(B) 5050　(C)5151　(D) 5150。

2. 有一片段程式如下：

```
int i=1, total = 0;
while (i<=100) {
    i++;
    total += i;
}
cout << total << endl;
```

試問其輸出結果爲何？

(A) 5049　(B) 5050　(C)5151　(D) 5150。

3. 有一片段程式如下：

```
int i=0, total = 0;
while (i<100) {
    i++;
    total += i;
}
cout << total << endl;
```

試問其輸出結果爲何？

(A) 5049　(B) 5050　(C)5151　(D) 5150。

4. 有一片段程式如下：

```
int i, total = 0;
for (i=2; i<100; i++) {
    total += i;
}
cout << total << endl;
```

試問其輸出結果爲何？

(A) 5049　(B) 5050　(C)4950　(D) 4949。

5. 有一片段程式如下：

```
int i, total = 0;
for (i=1; i<=100; i+=2) {
    total += i;
}
cout << total << endl;
```

試問其輸出結果爲何？

(A) 2500 (B) 5050 (C)2550 (D) 2551。

6. 有一片段程式如下：

```
int i=2, total = 0;
do {
    total += i;
    i += 2;
} while (i<=100);
cout << total << endl;
```

試問其輸出結果爲何？

(A) 2500 (B) 5050 (C)2550 (D) 2551。

上機練習

一、請自行練習本章的範例程式。

二、試問下列程式的輸出結果。

1.

```
//practice6-1.cpp
#include <iostream>
#include <iomanip>
using namespace std;

int main()
{
    char i;
    for (i = 'a'; i <= 'g'; i++)
        cout << setw(2) << i;
    cout << endl;

    return 0;
}
```

2.

```
//practice6-2.cpp
#include <iostream>
#include <iomanip>
using namespace std;

int main()
{
    char i = 'a';
    for (; i <= 'g'; i++)
        cout << setw(2) << i;
    cout << endl;

    return 0;
}
```

3.

```
//practice6-3.cpp
#include <iostream>
#include <iomanip>
using namespace std;

int main()
{
    char i = 'a';
    for (; i <= 'g';) {
        cout << setw(2) << i;
        i++;
    }

    cout << endl;

    return 0;
}
```

4.

```
//practice6-4.cpp
#include <iostream>
using namespace std;
```

```
int main()
{
    int i, total = 0;
    for (i = 1; i++ <=100;)
        total += i;
    cout << "total = " << total << ", i = " << i << endl;;

    return 0;
}
```

5.

```
//practice6-5.cpp
#include <iostream>
using namespace std;

int main()
{
    int i, total = 0;
    for (i = 1; ++i <=100;)
        total += i;
    cout << "total = " << total << ", i = " << i << endl;;

    return 0;
}
```

6.

```
//practice6-6.cpp
#include <iostream>
using namespace std;

int main()
{
    int i, num;
    for (i = 1; i <= 6; i++)  {
        cout << "#" << i << ": Please input a number: ";
        cin >> num;
        if (num < 0)
            continue;
```

```
        cout << "i = " << i << ", num = " << num << endl << endl;
    }

    return 0;
}
```

7.

```
//practice6-7.cpp
#include <iostream>
using namespace std;

int main()
{
    int i, num;
    for (i = 1; i <= 6; i++)  {
        cout << "#" << i << ": Please input a number: ";
        cin >> num;
        if (num < 0)
            break;
        cout << "i = " << i << ", num = " << num << endl << endl;
    }

    return 0;
}
```

8.

```
//practice6-8.cpp
#include <iostream>
#include <iomanip>
using namespace std;

int main()
{
    char row, column;

    for (row='A'; row <='G'; row++) {
        for (column='G'; column >= row; column--)
            cout << setw(2) << column;
        cout << endl;
```

```
    }
    return 0;
}
```

9.

```
//practice6-9.cpp
#include <iostream>
using namespace std;

#define MAX 6
int main()
{
    int i;
    i = 0;
    while (++i < MAX)
        cout << i << " " << endl;
    return 0;
}
```

10.

```
//practice6-10.cpp
#include <iostream>
#define MAX 6
using namespace std;

int main()
{
    int i;
    i = 0;
    while (i < MAX) {
        i++;
        cout << i << " " << endl;
    }
    return 0;
}
```

11.

```
//practice6-11.cpp
#include <iostream>
#include <iomanip>
#define MAX 6
using namespace std;

int main()
{
    int i;
    i = 0;
    while (i++ < MAX){
        cout << i << endl;
    }

    return 0;
}
```

除錯題

試修正下列的程式，並輸出其結果。

1.

```
//loopDebug6-1.cpp
#include <iostream>
using namespace std;

int main()
{
    cout << "印出整數1~10:" << endl;
    For (int i=1: i<=10: i++)
        cout << i << endl;

    return 0;
}
```

2.

```
// loopDebug6-2.cpp
#include <iostream>
using namespace std;

int main()
{
    int i;
    for (i=1; i<=5; i+1)
        cout << " 小明正在跑步 ..." << endl;
        cout << " 小明跑完了第 " << i << " 圈 " << endl;
    cout << " 小明跑完了 !!!" << endl;

    return 0;
}
```

3.

```
//loopDebug6-3.cpp
#include <iostream>
using namespace std;

int main()
{
    int i, total;
    for (i=1; i<100; i++)
        total + i;
    cout << "1 加到 100 的總和爲 " << total << endl;

    return 0;
}
```

4.

```
//loopDebug6-4.cpp
#include <iostream>
using namespace std;

int main()
{
    int i = 1, total = 0;
```

```
    while (i <= 100)
        i++;
        total += i;
    cout << " 整數 1~100 的總和為 " << total << endl;

    return 0;
}
```

5.

```
//loopDebug6-5.cpp
#include <iostream>
using namespace std;

int main()
{
    int i = 1, total = 0;
    do {
        total += ++i;
    } while(i <= 100)
    cout << "1 加到 100 的總和為 " << total << endl;

    return 0;
}
```

6.

```
//loopDebug6-6.cpp
#include <iostream>
using namespace std;

int main()
{
    int i, j;
    cout << " 九九乘法表 :" << endl;
    for (i=1; i<=9; i++)
        for (j=1; j<=9; j++)
            cout << j << "*" << i << "=" << setw(2) << i*j;
        cout << endl;

    return 0;
}
```

程式設計

1. 試設計下列二個九九乘法表，其輸出格式如下 (1)、(2) 所示：

   (1)

```
1*1= 1 1*2= 2 1*3= 3 1*4= 4 1*5= 5 1*6= 6 1*7= 7 1*8= 8 1*9= 9
2*1= 2 2*2= 4 2*3= 6 2*4= 8 2*5=10 2*6=12 2*7=14 2*8=16 2*9=18
3*1= 3 3*2= 6 3*3= 9 3*4=12 3*5=15 3*6=18 3*7=21 3*8=24 3*9=27
4*1= 4 4*2= 8 4*3=12 4*4=16 4*5=20 4*6=24 4*7=28 4*8=32 4*9=36
5*1= 5 5*2=10 5*3=15 5*4=20 5*5=25 5*6=30 5*7=35 5*8=40 5*9=45
6*1= 6 6*2=12 6*3=18 6*4=24 6*5=30 6*6=36 6*7=42 6*8=48 6*9=54
7*1= 7 7*2=14 7*3=21 7*4=28 7*5=35 7*6=42 7*7=49 7*8=56 7*9=63
8*1= 8 8*2=16 8*3=24 8*4=32 8*5=40 8*6=48 8*7=56 8*8=64 8*9=72
9*1= 9 9*2=18 9*3=27 9*4=36 9*5=45 9*6=54 9*7=63 9*8=72 9*9=81
```

   (2)

```
1*1= 1 2*1= 2 3*1= 3 4*1= 4 5*1= 5 6*1= 6 7*1= 7 8*1= 8 9*1= 9
1*2= 2 2*2= 4 3*2= 6 4*2= 8 5*2=10 6*2=12 7*2=14 8*2=16 9*2=18
1*3= 3 2*3= 6 3*3= 9 4*3=12 5*3=15 6*3=18 7*3=21 8*3=24 9*3=27
1*4= 4 2*4= 8 3*4=12 4*4=16 5*4=20 6*4=24 7*4=28 8*4=32 9*4=36
1*5= 5 2*5=10 3*5=15 4*5=20 5*5=25 6*5=30 7*5=35 8*5=40 9*5=45
1*6= 6 2*6=12 3*6=18 4*6=24 5*6=30 6*6=36 7*6=42 8*6=48 9*6=54
1*7= 7 2*7=14 3*7=21 4*7=28 5*7=35 6*7=42 7*7=49 8*7=56 9*7=63
1*8= 8 2*8=16 3*8=24 4*8=32 5*8=40 6*8=48 7*8=56 8*8=64 9*8=72
1*9= 9 2*9=18 3*9=27 4*9=36 5*9=45 6*9=54 7*9=63 8*9=72 9*9=81
```

2. 試撰寫一程式輸出下列圖形

   (1)　　　　　　　　(2)

```
*                    *****
**                   ****
***                  ***
****                 **
*****                *
****                 **
***                  ***
**                   ****
*                    *****
```

3. 利用 while、do...while 以及 for 迴圈，計算 1+2+3+...+100。
4. 利用某一迴圈敘述輸入 20 個整數，計算輸入的整數中有多少個奇數，有多少個偶數。
5. 利用 for 迴圈和 continue 敘述由 1 執行到 100，將偶數的數字相加，並輸出其結果。
6. 試撰寫一程式，判斷輸入的整數是否為質數（prime number），並利用迴圈輸入多個整數。

Chapter 7

函式

本章綱要

我們幾乎可以說 C++ 程式是由函式建構而成的，在前面的章節中，每個程式內似乎都僅有一個 main() 函式，而在 main() 之中則用到許多 C++ 函式庫（library）提供的函式，像是 cout、cin、setw()，以及 setprecision() 等等，這些函式會負責某些特定的工作，本章我們將告訴您如何建構自己的函式，同時也將對函式的重要觀念做一番探討。

7-1 函式的基本觀念

函式（function）或函數乃是 C++ 語言中爲完成特定工作的獨立單位，它和其他語言的副程式（subprogram）以及程序（procedure）等都扮演著類似的角色。C++ 語言的函式更具一般性，它可能僅僅處理一些特定的動作，也可能回傳適當的資料以供程式利用，大多數的函式均能引發動作並回傳數值。

首先我們要介紹幾個使用函式的好理由：

- 函式可避免重複動作的設計，如果程式中常常執行某些類似的動作，那麼只要提供一份適當的函式就夠了。
- 函式可使程式更加模組化（modularity），讓程式較爲易讀。
- 函式就如同是個「黑盒子」。我們所關心的是函式可能引發的動作，以及它可能回傳的反應，函式內部的細節並非我們所關心，除非自己要設計這個函式。
- 函式能使程式的管理與維護更有效率。每當設計好一個小函式時，可以馬上對其加以測試，由於處理的動作較爲單純，偵錯起來當然比較方便。另一方面，往後若是對程式的作法不甚滿意時，也只要修改相關的函式就可以了，不至於牽扯到整體程式的架構。

以上都是一些原則性的說明，您慢慢就能體會它們的涵義。爲了讓函式充分幫助我們程式的設計工作，最基本的還是要知道 C++ 語言的函式究竟是什麼樣子，函式該如何定義、函式該如何宣告、函式又該如何呼叫？底下就以實際的程式範例來說明。

首先要看看一個不使用函式的例子：

範例

```
1   //title1.cpp
2   #include <iostream>
3   using namespace std;
4
5   int main()
6   {
7       char ch;
8
9       cout << "     ====MENU====\n";
10      cout << " [1] one    [2] two\n";
```

```
11      cout << " [3] three  [4] four\n";
12
13      cout << "\n    Choose ===> ";
14      cin >> ch;
15      cout << "\n    Echo : ";
16      switch (ch) {
17          case '1' :  cout << "ONE";
18                      break;
19          case '2' :  cout << "TWO";
20                      break;
21          case '3' :  cout << "THREE";
22                      break;
23          case '4' :  cout << "FOUR";
24      }
25
26      cout << endl << endl;
27      cout << "    ====MENU====\n";
28      cout << " [1] one    [2] two\n";
29      cout << " [3] three  [4] four\n";
30
31      cout << "\n    Choose ===> ";
32      cin >> ch;
33      cout << "\n    Echo : ";
34      switch (ch) {
35          case '1':  cout << "ONE";
36                      break;
37          case '2':  cout << "TWO";
38                      break;
39          case '3':  cout << "THREE";
40                      break;
41          case '4':  cout << "FOUR";
42      }
43      cout << endl;
44
45      return 0;
46  }
```

所有動作都集中於 main() 函式內部，不難看出程式中有重複的動作，像是列印功能表（menu）的部分就出現了兩次，接下來對輸入字元的判定工作也有雷同。其輸出結果如下所示（執行兩次）：

```
   ====MENU====
[1] one    [2] two
[3] three  [4] four

   Choose ===> 1

   Echo : ONE

  ====MENU====
[1] one    [2] two
[3] three  [4] four

   Choose ===> 3

   Echo : THREE
```

我們當然不能以此滿足，首先就針對功能表的列印稍做一番修飾，也就是把這部分的程式碼獨立出來，程式中只要保留一份就已足夠，想要使用時僅需透過簡單的函式呼叫（function call）即可。

範例

```
1   //title2.cpp
2   #include <iostream>
3   void title(void);
4   using namespace std;
5
6   int main()
7   {
8       char ch;
9
10      title();
11      cout << "\n    Choose ===> ";
12      cin >> ch;
13      cout << "\n    Echo : ";
14      switch (ch) {
15          case '1':  cout << "ONE";
16                        break;
17          case '2':  cout << "TWO";
18                        break;
19          case '3':  cout << "THREE";
20                        break;
21          case '4':  cout << "FOUR";
22      }
23
24      cout << endl << endl;
25      title();
```

```
26      cout << "\n    Choose ===> ";
27      cin >> ch;
28      cout << "\n    Echo : ";
29      switch (ch) {
30          case '1':  cout << "ONE";
31                     break;
32          case '2':  cout << "TWO";
33                     break;
34          case '3':  cout << "THREE";
35                     break;
36          case '4':  cout << "FOUR";
37      }
38      cout << endl;
39
40      return 0;
41  }
42
43  void title(void)
44  {
45      cout << "    ====MENU====\n";
46      cout << " [1] one    [2] two\n";
47      cout << " [3] three  [4] four\n";
48  }
```

我們自行定義一個函式 title()，程式中主要有三個地方出現，最簡單的莫過於函式裡的呼叫，例如第一列的

```
title();
```

這時候的程式控制權將移轉到 title() 函式的實際程式碼位置，然後執行其中的命令，由於該函式不需要參數，所以小括弧內是空的。但特別要注意，即使不需要參數，小括弧也不能省略。當 title() 的實際動作完成後，程式主控權又回到當初呼叫 title() 函式的下一條敘述。

title() 函式定義乃位於程式中最後的部分，它有如下的外觀：

```
void title(void)
{
        ...
}
```

第一個 void 表示函式 title() 不會有任何回傳值，小括弧內的 void 則代表此函式不需要任何參數，此處的 void 可以省略。接下來的大括號內部即為函式 title() 真正處理的事。

另外一個出現 title() 名稱的地方則位於 main() 函式之前：

```
void title(void);
```

這是函式宣告的一個範例，它通知編譯程式說程式中有個 title() 函式，此函式的宣告表示無需參數，也不會有回傳值，由於這是宣告的部分，所以不要忘記最後要加上分號；至於前面提到的 title() 本體，則為函式的「定義」（define）部分，在這種情形下，小括弧後面就不能加上分號了。

看看這樣的作法能否運作：

```
    ====MENU====
 [1] one    [2] two
 [3] three  [4] four

    Choose ===> 2

    Echo : TWO

    ====MENU====
 [1] one    [2] two
 [3] three  [4] four

    Choose ===> 4

    Echo : FOUR
```

C++ 程式的流程就是藉由函式的呼叫與返回而運作，為了讓您更有印象，我們把前面的程式再加以整理：

範例

```
1   //title3.cpp
2   #include <iostream>
3   void title();
4   void choose(char);
5   using namespace std;
6
7   int main()
8   {
9       char ch;
10
11      title();
12      cout << "\n    Choose ===> ";
13      cin >> ch;
14      cout << "\n    Echo : ";
15      choose(ch);
16      cout << endl;
17
```

```
18      title();
19      cout << "\n    Choose ===> ";
20      cin >> ch;
21      cout << "\n    Echo : ";
22      choose(ch);
23      cout << endl;
24
25      return 0;
26  }
27
28  void title()
29  {
30      cout << "    ====MENU====\n";
31      cout << " [1] one    [2] two\n";
32      cout << " [3] three  [4] four\n";
33  }
34
35  void choose(char ch)
36  {
37      switch (ch) {
38          case '1':  cout << "ONE";
39                     break;
40          case '2':  cout << "TWO";
41                     break;
42          case '3':  cout << "THREE";
43                     break;
44          case '4':  cout << "FOUR";
45      }
46      cout << endl;
47  }
```

這一次我們又獨立出 choose() 函式，它仍然沒有回傳值，不過卻有一個參數，所以我們把它宣告成

```
void choose(char);
```

而在實際呼叫時就必須於小括弧內給定一個 char 型態的參數，有關函式參數的進一步觀念，我們會於下一節說明。

在前面的函式中，main() 內部的程式碼仍然頗為瑣碎，底下就再將其簡化：

範例

```
1   //title4.cpp
2   #include <iostream>
3   void title();
4   void choose(char);
5   char getData();
6   using namespace std;
7
8   int main()
9   {
10      char ch2;
11      title();
12      ch2 = getData();
13      choose(ch2);
14      cout << endl;
15
16      title();
17      ch2 = getData();
18      choose(ch2);
19      cout << endl;
20
21      return 0;
22  }
23
24  void title()
25  {
26      cout << "    ====MENU====\n";
27      cout << " [1] one    [2] two\n";
28      cout << " [3] three  [4] four\n";
29  }
30
31  void choose(char ch)
32  {
33      switch (ch) {
34          case '1':  cout << "ONE";
35                     break;
36          case '2':  cout << "TWO";
37                     break;
38          case '3':  cout << "THREE";
39                     break;
40          case '4':  cout << "FOUR";
```

```
41      }
42      cout << endl;
43  }
44
45  char getData()
46  {
47      char ch;
48      cout << "\n    Choose ===> ";
49      cin >> ch;
50      cout << "\n    Echo : ";
51      return ch;
52  }
```

您只要記得：當程式遇到函式呼叫時，程式流程便會移轉到實際的程式碼所在，直到該函式返回後，才能接下去繼續執行，您可以自行追蹤多層式呼叫的情形。也可以利用不定數迴圈將 main() 函式的敘述包裝起來，如以下範例程式所示：

範例

```
1   //title5.cpp
2   #include <iostream>
3   void title();
4   void choose(char);
5   char getData();
6   using namespace std;
7
8   int main()
9   {
10      char ch2;
11      title();
12      ch2 = getData();
13      while (ch2 != 'Q' and ch2 != 'q') {
14          choose(ch2);
15          cout << endl;
16          title();
17          ch2 = getData();
18      }
19
20      return 0;
21  }
22
23  void title()
24  {
```

```
25      cout << "     ====MENU====\n";
26      cout << " [1] one     [2] two\n";
27      cout << " [3] three   [4] four\n";
28  }
29
30  void choose(char ch)
31  {
32      cout << "\n    Echo : ";
33      switch (ch) {
34          case '1':  cout << "ONE";
35                     break;
36          case '2':  cout << "TWO";
37                     break;
38          case '3':  cout << "THREE";
39                     break;
40          case '4':  cout << "FOUR";
41                     break;
42          default:  cout << "Invalid character";
43      }
44      cout << endl;
45  }
46
47  char getData()
48  {
49      char ch;
50      cout << "\n    Choose ===> ";
51      cin >> ch;
52
53      return ch;
54  }
```

```
   ====MENU====
[1] one    [2] two
[3] three  [4] four

   Choose ===> 1

   Echo : ONE

   ====MENU====
[1] one    [2] two
[3] three  [4] four

   Choose ===> 2

   Echo : TWO
```

```
    ====MENU====
[1] one    [2] two
[3] three  [4] four

    Choose ===> 4

    Echo : FOUR

    ====MENU====
[1] one    [2] two
[3] three  [4] four

    Choose ===> 5

    Echo : Invalid character

    ====MENU====
[1] one    [2] two
[3] three  [4] four

    Choose ===> q
```

此程式已經將原有的程式加以模組化，日後可便於維護。

7-2 函式參數

前一節已經看過函式 choose(ch) 中參數 ch 的使用情形。現在我們必須關心如何處理函式的參數。首先提出一個簡單的例子，從這個例子裡，可以看到不少觀念：

範例

```
1   //parameter.cpp
2   #include <iostream>
3   using namespace std;
4
5   void list(char, int);
6   int main()
7   {
8       int i;
9
10      list ('*', 10);
11      list('#', 15);
12
13      i = 20;
14      list ('A', i);
15
16      return 0;
17  }
```

```
18
19 void list(char ch, int count)
20 {
21     int i;
22
23     for(i=1; i<=count; i++)
24         cout << ch;
25     cout << endl;
26 }
```

函式 list() 接收兩個參數：

```
void list(char ch, int count)
```

一個是 char 型態，另一個爲 int 型態，函式仍然沒有回傳值。在程式一開始的宣告部分

```
void list(char, int);
```

小括弧內說明此函式需要二個參數：一爲 char，二爲 int 的資料型態。函式宣告最主要的目的，就是告知編譯程式該函式的回傳值型態，以及需要參數的個數與其資料型態。參數的個數與資料型態稱之爲函式簽名（function signature）。

函式 list() 的功能爲連續印出 count 個 ch 字元，所以在呼叫 list() 時必須提供兩個參數：實際出現的字元，以及重複的次數，譬如第一次的呼叫：

```
list('*', 10);
```

這裡的參數 '*' 和 10 稱之爲「實際參數」（actual parameter），它可以是常數、變數或是複雜的運算式，至於函式定義部分

```
void list(char ch, int count)
{
  ...
}
```

此處的 ch 與 count 則爲「形式參數」（formal parameter）。當函式呼叫發生時，實際參數的值便會複製給相對應的形式參數，本例中即爲

```
ch ← '*'
count ← 10
```

於是 list() 函式本體內部便可使用這些變數的值。我們先來看看執行結果：

```
**********
###############
AAAAAAAAAAAAAAAAAAAA
```

程式中另外有個重點值得注意：您是否觀察到 main() 與 list() 函式本體內各宣告了一個 int 變數 i；事實上，它們是完全不同的兩個變數。宣告於函式內部的參數若是沒有特別指明，那麼它們將完全私屬於該函式本身，外界看不到它們，也無從使用它們，即使兩個函式宣告了同名的變數，它們也不至於彼此混淆，而都能各自保有原來的資料。

譬如本例中在 list() 的 for 迴圈內雖然把 i 值重設爲 0，並以遞增運算作用其上，但 main() 函式內部的變數 i 始終保持數值 20，這類私有（private）於函式的變數即爲「區域變數」（local variable）。

7-3 具有回傳值的函式

每個函式也有資料型態，代表它會回傳該型態的值；即使沒有回傳值（return value），在宣告時也該加以表明爲 void。

函式應該以適當的型態先行宣告，一個具有回傳值的函式，應該加以宣告與回傳值相同的資料型態，至於沒有回傳值的函式，則必須宣告成 void 型態。

具有回傳值的函式在返回後，可將這個回傳值指定給其他變數，或是運用於其他運算式中；

接下來，我們將示範如何設計具有回傳值的函式，最主要的關鍵字就是 return：

範例

```
1   //returnValue1.cpp
2   #include <iostream>
3   using namespace std;
4
5   int findMax(int, int);
6
7   int main()
8   {
9       int a, b;
10      int max;
11
12      cout << "Input two integer: ";cin >> a;
13      cin >> b;
14
15      max = findMax(a, b);
16      cout << "MAX(" << a << ", " << b << ") is " << max << endl;
17
18      return 0;
19  }
20
```

```
21 int findMax(int x, int y)
22 {
23     if (x > y)
24         return(x);
25     else
26         return(y);
27 }
```

本例中出現 findMax() 函式：

```
int findMax(int x, int y)
{
    if(x > y)
       return(x);
    else
       return(y);
}
```

最開始的關鍵字 int，說明了函式 findMax() 應該要回傳 int 型態的數值，變數 x 與 y 都是形式參數，它們將從實際參數取得數值。如果 x 大於 y，便會執行

```
return(x);
```

這條敘述也可以省略小括弧而寫成

```
return x;
```

其作用在於結束該函式，並把變數 x 的值回傳。特別要注意：當程式看到 return 敘述時，不論後面是否還有程式碼，函式的執行將立即停止，控制權馬上交回原來呼叫該函式的地方，所以前面的程式片段也可以改爲

```
if(x > y)
    return(x);
return(y);
```

兩個 return 不可能都被執行；倘若接下來還有某些敘述，那麼根據程式的流程，這些敘述都不會有任何作用。

如果還記得條件運算子，那麼還可簡化成

```
int findMax(int x, int y)
{
    return (x > y) ? x : y;
}
```

對於那些宣告爲 void 型態的函式，也可以利用單純的 return 敘述強迫函式結束：

```
return;
```

以下是此範例程式的輸出結果：

```
Input two integer: 1000 20
MAX(1000, 20) is 1000
```

7-4 函式原型

我們再舉一個例子，其回傳值爲非 int 型態的函式，程式如下所示：

範例

```
1  //prototype.cpp
2  #include <iostream>
3  #include <iomanip>
4  using namespace std;
5  double getScore(void);
6  char level(double, double, double);
7
8  int main()
9  {
10     double s1, s2, s3;
11     char grade;
12
13     s1 = getScore();
14     s2 = getScore();
15     s3 = getScore();
16
17     grade = level(s1, s2, s3);
18     cout << "\nYour score grade is " << grade << endl;
19
20     return 0;
21 }
22
23 double getScore(void)
24 {
25     double temp;
26
27     cout << "Input your score: ";
28     cin >> temp;
29     return temp;
30 }
```

```
31
32 char level(double a1, double a2, double a3)
33 {
34     double avg;
35     cout << fixed << setprecision(2);
36     cout << "\n  Score: " << a1 << ", " << a2 << ", " << a3 << endl;
37     avg = (a1 + a2 + a3) / 3;
38     cout << "  Average: " << avg << endl;
39     if(avg >= 90)
40         return ('A');
41     if(avg >= 80)
42         return ('B');
43     if(avg >= 70)
44         return ('C');
45     if(avg >= 60)
46         return ('D');
47     return('E');
48 }
```

函式的原型宣告如下：

```
char level(float, float, float);
```

除了函式的回傳值外，同時也指明了參數的個數與型態。在宣告函式原型時，參數的名稱可有可無，也就是說

```
char level(double b1, double b2, double b3);
```

此種型態也被允許，不過，這種參數名稱並沒有實際的作用，故都省略之。

```
Input your score: 80
Input your score: 90
Input your score: 100

  Score: 80.00, 90.00, 100.00
  Average: 90.00

Your score grade is A
```

函式原型可讓系統在編譯時期（compile time）便可檢查出參數個數或型態不相吻合的情況，不必等到執行時期（run time）才知道。

7-5 遞迴函式

C++ 語言中，所有的函式都是平等的，除了 main() 是較爲特殊的一個，它會是第一個執行的函式，但 main() 的權力也不過如此而已，它可以呼叫別的函式。

C++ 允許函式呼叫自己本身，這種情形稱爲遞迴呼叫（recursive call）。在計算機科學中，遞迴是個強有力的技巧，但不是所有的問題皆適用，所以要慎選。要注意的是：如何讓遞迴程序能夠終止，因爲呼叫自己的函式很有可能無窮盡遞迴下去，直到系統資源耗盡爲止。

首先來看個簡單的例子：

範例

```
1  //recursive.cpp
2  #include <iostream>
3  using namespace std;
4  void recur(int);
5
6  int main()
7  {
8      cout << "Recursive call..." << endl << endl;
9      recur(4);
10
11     return 0;
12 }
13
14 void recur(int level)
15 {
16     cout << "    BEFORE level ===> " << level << endl;
17     if(level > 0)
18         recur(level-1);
19     cout << "    AFTER level ===> " << level << endl;
20 }
```

在函式 recur() 內又呼叫 recur()，這就是遞迴呼叫；先看看輸出結果吧：

```
Recursive call...

    BEFORE level ===> 4
    BEFORE level ===> 3
    BEFORE level ===> 2
    BEFORE level ===> 1
    BEFORE level ===> 0
```

```
AFTER level ===> 0
AFTER level ===> 1
AFTER level ===> 2
AFTER level ===> 3
AFTER level ===> 4
```

必須先記得一點：函式內部的參數與變數都是區域性的，即使具有相同的名稱，它們也不會互相混淆。

讓我們慢慢追蹤程式：首先是主程式 main() 中的函式呼叫

```
recur(4);
```

此時的實際參數 4 將指定給形式參數 level，首先印出 level 等於 4 的訊息，由於 level 大於 0，所以接著執行

```
recur(level-1);
```

亦即

```
recur(3);
```

這是另一層的函式呼叫，形式參數 level 被設爲 3，但必須弄清楚，會將 level 爲 4 的

```
cout << "   AFTER level ===> " << level << endl;
```

此一敘述加入堆疊。

遞迴過程依序印出 4, 3, 2, 1, 0 等 level 值，並依序將 level 等於 3, 2, 1, 0 加入堆疊。直到 level 小於等於 0 時，if 測試才無法成立，於是將執行接下來的 cout 敘述而印出

```
After LEVEL ===> 0
```

的訊息。重點發生於現在，當目前這一層的 recur() 返回時，並不會直接回到 main() 函式，而是前往上一次 recur() 呼叫的下一條敘述。當時是因呼叫

```
recur(level-1);
```

亦即 recur(0);

而進入目前的狀況，所以會執行堆疊的 cout 敘述。特別注意到：這時候堆疊的敘述將印出

```
AFTER level ===> 1
```

遞迴函式不斷地返回，因而再彈出堆疊接下來的敘述，直到 level 值等於 4 的那一層函式呼叫結束後，才眞正回到 main() 函式。

追蹤遞迴程式是個極費力的過程，您必須在設計遞迴程式前就把問題思考清楚，最重要的還是確定遞迴呼叫眞正能夠終止。

底下我們就示範一個實際的應用，如何計算階乘值（factorial）。階乘的定義乃爲 1 到某整數間所有整數的連階乘：

```
n!=n *(n-1)*(n-2)*・・・* 2 * 1
```

若是表示成遞迴函數則爲

```
n!=n * (n-1)!
0!=1
```

其中的 (0 != 1) 雖然沒有意義，但卻絕對必要，唯有如此，遞迴過程才可能終止。對於這麼一個深具遞迴特性的問題，當然是利用遞迴程式比較清楚：

範例

```
1   //factorial.cpp
2   #include <iostream>
3   #include <iomanip>
4   using namespace std;
5   unsigned int fact(int);
6
7   int main()
8   {
9       int i;
10
11      cout << "Factorial..." << endl << endl;
12      for(i=0; i<=17; i++)
13          cout << "    " << setw(3) << i << "! = "
14               << fact(i) << endl;
15
16      return 0;
17  }
18
19  unsigned int fact(int num)
20  {
21      if (num == 0)
22          return(1);
23      return (num * fact (num-1));
24  }
```

遞迴終止條件就是當參數 num 等於 0 時，此刻要立即返回，並回傳數值 1，否則的話便執行以下的 return 敘述：

```
return (num*fact(num-1));
```

我們不再追蹤程式的流程，如果您有興趣，可以用很小的數值來測試。來看看執行結果：

```
Factorial...

     0! = 1
     1! = 1
     2! = 2
     3! = 6
     4! = 24
     5! = 120
     6! = 720
     7! = 5040
     8! = 40320
     9! = 362880
    10! = 3628800
    11! = 39916800
    12! = 479001600
    13! = 1932053504
    14! = 1278945280
    15! = 2004310016
    16! = 2004189184
    17! = 4006445056
```

此處僅測試到 17 的階乘，再大一點的數值就會超出 unsigned int 型態所能容忍的範圍了。

遞迴程式比起一般的程式來說，執行速度將比較慢，而且也會佔用較多的記憶空間，這是因爲系統內部必須處理堆疊的緣故。在某些時候，遞迴的確是個很好用的技巧，尤其是在資料結構或演算法的某些主題上，都會採取遞迴的觀念。

7-6 變數的種類

7-6-1 區域變數與全域變數

預設的情況下，宣告於函式內部的變數都屬於區域變數或稱之爲內部變數，而宣告在函式外部的稱之爲全域變數（global variable）或外部變數，如下所示：

```
int m;
int main()
{
    int i, j, k;
    ...
}
```

區域變數可避免其他函式對它造成不當的影響，因爲區域變數的有效範圍僅限於定義它的函式，也只有定義該變數的函式才能存取這類變數。換句話說，不同函式中若是使用了同名的一般變數，它們之間並不會有任何關聯。而全域變數是對在它下面定義的其他函式也是有效的。

當函式被呼叫的期間，區域變數才會存在。一旦函式完成工作而返回後，此變數就會立刻消失，並釋放原來佔用的空間以作爲其他用途。而全域變數會等到程式結束時才會被回收。

還有一點不同的是，全域變數若沒有給予初值時，它會自動設爲 0。區域變數若沒有初始值時，則會是垃圾值。

7-6-2 static 變數

靜態變數（static variable）若只私屬於單一的函式，則稱爲靜態區域變數。當函式返回時，靜態區域變數並不會消失，它仍然存在，若是再一次呼叫該函式，則不必爲靜態區域變數做初始化的動作。

看看一個簡單的例子：

範例

```
1   //static.cpp
2   #include <iostream>
3   using namespace std;
4   void test(void);
5
6   int main()
7   {
8       int i;
9
10      cout << "static variable testing ...\n\n";
11      for (i=0; i<5; i++) {
12          cout << "  Iteration " << i+1 << ": ";
13          test();
14      }
15
16      return 0;
17  }
18
19  void test(void)
20  {
21
22      int auto_var = 1;
23      static int static_var = 1;
24
```

```
25     cout << " auto_var = " << auto_var++
26          << ", static_var = " << static_var++ << endl;
27  }
```

函式 test() 中共有兩個 int 變數，一個是預設的 auto 變數：

```
int auto_var = 1;
```

另一個則宣告爲靜態區域變數：

```
static int static_var = 1;
```

二者都以初始化的方式設定其值爲 1。在函式 test() 內部，分別把 auto_var 和 static_var 的值印出來，再把它們加 1，至於在主程式 main() 中，則重複呼叫函式 test()。

我們來看看執行結果

```
static variable testing ...

  Iteration 1:  auto_var = 1, static_var = 1
  Iteration 2:  auto_var = 1, static_var = 2
  Iteration 3:  auto_var = 1, static_var = 3
  Iteration 4:  auto_var = 1, static_var = 4
  Iteration 5:  auto_var = 1, static_var = 5
```

首先看到變數 auto_var，每當進入函式 test() 時該變數才會存在，而且每次都重新設定初始值爲 1。雖然我們在 test() 中都會把 auto_var 加 1，但是該函式結束後，所有自動變數都將消失不見。

至於靜態區域變數 static_var 則不會這樣，程式總是能夠記住該變數的值，即使函式結束，靜態區域變數也不會消失。特別要注意一點：靜態區域變數僅被初始化一次。也就是說，只有在第一次呼叫 test() 時，才會感覺初始化的存在。另一方面，如果沒有明確給予靜態區域變數初值，那麼它的預設值將會是 0，這方面與自動變數也有所不同。假使自動變數沒有採用任何初始化技巧時，該變數的內容將是一垃圾值（garbage value）。

7-6-3 extern 變數

上述曾提及宣告於任何函式之外的變數，可稱爲全域變數或外部變數（external variable）。外部變數並不屬於任何函式，而且位於變數宣告之後的所有函式都能引用它。爲了明確指出函式內使用的變數是外部變數，可以在函式內部以 extern 關鍵字加以表明。

底下來看個例子：

範例

```
1  //extern.cpp
2  #include <iostream>
3  using namespace std;
4  #define SIZE 5
5
6  void extern_fun(void);
7  void void_fun(void);
8  void default_fun(void);
9
10 int ary[SIZE] = {1, 2, 3, 4, 5};
11
12 int main()
13 {
14     cout << "extern variable testing ...\n\n";
15     extern_fun();
16     void_fun();
17     default_fun();
18
19     return 0;
20 }
21
22 void extern_fun(void)
23 {
24     extern int ary[SIZE];
25     int i;
26
27     cout << "    In extern_fun() :\n\n";
28     for (i=0; i<SIZE; i++)
29         cout << "    ary[" << i << "] = " << ary[i] << endl;
30     cout << endl << endl;
31 }
32
33 void void_fun(void)
34 {
35     int i;
36     cout << "    In void_fun() :\n\n";
37     for (i=0; i<SIZE; i++)
38         cout << "    ary[" << i << "] = " << ary[i] << endl;
39     cout << endl << endl;
40 }
```

```
41
42  void default_fun(void)
43  {
44      int ary[SIZE];
45      int i;
46
47      cout << "    In default_fun() :\n\n";
48      for (i=0; i<SIZE; i++)
49          cout << "    ary[" << i << "] = " << ary[i] << endl;
50      cout << endl << endl;
51  }
```

程式在 main() 之前宣告了一個外部陣列 ary[]，並以初始值設定之：

```
int ary[SIZE] = {1, 2, 3, 4, 5};
int main()
{
    ...
}
```

如果沒有給予外部變數任何初始值，那麼系統將自動把變數內容全部清除爲 0。程式中共有三個函式，爲了測試外部變數的影響，我們分別用 extern 以及預設條件等情況來做一比較。

首先來看看執行的結果：

```
extern variable testing ...

    In extern_fun() :

    ary[0] = 1
    ary[1] = 2
    ary[2] = 3
    ary[3] = 4
    ary[4] = 5


    In void_fun() :

    ary[0] = 1
    ary[1] = 2
    ary[2] = 3
    ary[3] = 4
    ary[4] = 5
```

```
In default_fun() :

ary[0] = -1253996688
ary[1] = 32767
ary[2] = -1253996688
ary[3] = 32767
ary[4] = -1253996688
```

第一個和第二個函式則參考到外部陣列。函式 extern_fun() 內部明確地以 extern 關鍵字指出陣列 ary 的實際所在：

```
void extern_fun(void)
{
    extern int ary[SIZE];
    ...
}
```

其中：extern int ary[SIZE]；敘述可以省略。因為 ary 陣列為外部陣列，所以可以分享給 extern_fun(void) 的函式。但當某一檔案使用到另一檔案的外部變數時，則 extern 的宣告是必要的。

如果函式中沒有宣告任何 ary[] 陣列，例如：函式 void_fun() 的作法，因為外部變數可以被使用於 void_fun() 函式的內部！對於具有整體性的資料而言，外部變數似乎是個方便的選擇，不過您必須考慮隨時都有可能發生的副作用，常常在某個函式內部不小心就會更動重要的資料。

如果函式中宣告了 ary[]，但卻沒有指明其為 extern，那麼系統將假設其為內部的區域變數；如同函式 default_fun() 的行為，印出來的資料仍然是垃圾值。

外部變數僅能初始化一次，而且必須是在定義的時候。首先要澄清一點：以往我們都以「宣告」（declaration）泛指所有變數的描述，包括變數型態與名稱。其實較精確地說起來，應該區分為「定義性宣告」（definitive declaration）以及「參考性宣告」（referencing declaration）。

唯有定義性宣告才能為變數配置空間，譬如本例中，外部陣列 ary[] 就是變數宣告的例子；至於函式內部的 extern 關鍵字則是參考性宣告，它指出程式某個地方必須出現真正的變數定義。

在函式內部，不能再為 extern 變數設定初始值，譬如：底下的敘述就是非法的：

```
void extern_fun(void)
{
    extern int ary[] = {10, 20, 30, 40, 50};
    /＊錯誤＊/
    ...
}
```

希望您不要被上述的文字內容所混淆，我們只要在觀念上知道各種變數的行為就行了，至於字面上的意義並非那麼重要，或者還是泛稱「宣告」會來得清楚一些。

7-7 前端處理程式

前端處理程式（preprocessor）並非 C++ 語言的一部分，因此我們統稱這類的命令為「指令」（directive）。前置處理程式會在編譯動作開始之前，根據各種指令的要求，以實際的 C++ 語言命令取代程式中的縮寫符號或者是引入其他的檔案，也可以更改編譯的條件。本節將要討論兩個重要的指令：#define 以及 #include，讀者對它們應該不會感到陌生。

7-7-1 #define 指令

所有的前置處理程式指令都是由「#」記號開始，而且同一列上僅允許出現一條指令。指令的效力成立於定義開始之初，直到檔案結束為止，它可以出現在檔案中的任何地方。

我們以前常常利用 #define 來定義常數：

```
#define PI 3.14
```

往後程式中遇到 PI 的地方，都會用 3.14 加以取代，這個動作會在編譯程式啓動前完成，所以 #define 命令不過是種字串取代的工作，它本身不會執行任何運算或判斷。

除了定義常數之外，#define 指令還有更重要的用途，那就是定義巨集（marco）指令。

每個 #define 指令可分為三大部分：

第一部分就是 #define 命令本身；接下來則是一個巨集名稱，這類名稱謂之為別名（alias），巨集名稱中不可以出現任何空白，名稱規則與 C++ 語言變數名稱具有同樣的標準；第三部分則為巨集本體（body），當程式中發現巨集名稱時，立刻會以巨集本體加以取代，這又稱為巨集展開（expansion）。巨集命令中仍然可以使用 C++ 語言的註解，前置處理程式將忽略它們，此外，如因巨集定義太長，也可以用反斜線（\）把定義延伸到下一列。巨集指令並不需要以分號結束。

底下就來看一個巨集展開的例子：

範例

```
1   //macro.cpp
2   #include <iostream>
3   #include <iomanip>
4   using namespace std;
5   #define MSG "macro message!\n"
6   #define PI 3.14
7   #define RADIUS 10
8   #define AREA PI*RADIUS*RADIUS
```

```
9
10 int main()
11 {
12     cout << "MACRO MSG: " << MSG;
13     cout << "Area of circle with radius 10 is " << AREA << endl;
14
15     return 0;
16 }
```

首先看到 cout 敘述：

```
cout << "MACRO MSG:" << MSG;
```

您認爲輸出會是如何呢？

```
MACRO MSG: macro message!
Area of circle with radius 10 is 314
```

我們可以看到，位於雙引號內的字串常數 “MACRO MSG: ” 並不會受巨集指令的影響；但是接下來的參數 MSG 則會被展開而成 “marco message!\n”。

另外一個巨集名稱是 AREA，首先根據巨集的定義先展開成

```
PI*RADIUS*RADIUS
```

到目前爲止，巨集展開的過程並未結束，由於上述命令中仍然還有待展開的巨集，所以前置處理程式將繼續運作，進一步再變化爲

```
3.14*10*10
```

於是 cout 敘述在編譯之前會先變成

```
cout << "Area of circle with radius 10 is " << 3.14*10*10;
```

特別注意到：前置處理程式並不會去計算實際的數值，只不過忠實地完成一些字串取代的工作而已，眞正的運算式簡化則要留待編譯過程間才加以解決。

巨集指令不僅可以處理簡單的代換工作，它也能藉由參數的使用，而建立出類似函式的巨集，我們一般稱之爲「巨集函式」（macro function）。

範例

```
1   //mac_fun.cpp
2   #include <iostream>
3   using namespace std;
4   #define SQUARE(n) n*n
5
6   int main()
```

```
7  {
8      int num1, num2;
9      num1 = SQUARE(3);
10     cout << "num1 = " << num1 << endl;
11     num2 = SQUARE(10);
12     cout << "num2 = " << num2 << endl;
13
14     return 0;
15 }
```

程式中有個巨集定義：

```
#define  SQUARE(x)  x*x
```

樣子很像函式，參數同樣是寫在小括弧裡面。當我們寫出下列式子時，

```
SQUARE(3)
```

實際就會被

```
3*3
```

所取代，所以巨集也可以當作函式來使用。我們來看看輸出結果：

```
num1 = 9
num2 = 100
```

巨集非常好用，它可以忽略參數的實際型態，譬如說

```
#define MAX(x, y) ((x) > (y) ? (x) : (y))
```

就可以求出 x 與 y 最大值，而且任何型態的資料都能透過同名的巨集來展開，這不像一般的函式，對於不同型態的資料，可能會需要不同的函式版本。

巨集雖然好用，但仍有許多必須特別小心的地方。拿前面的 SQUARE(x) 巨集來說：

```
y = 3;
num = SQUARE(y+2);
```

變數 num 會有什麼結果，乍看之下應該是 25 吧（(3+2) 的平方值），但實際上卻會根據下列流程

```
num = SQUARE(y+2);
```

展開爲

```
num = y+2*y+2
```

依照優先序的求值規則

```
num = y+(2*y)+2
    = y+6+2
    = 11
```

這種結果完全導因於前置處理程式所能處理的不過是字串而已，它對於數值形式的字串僅僅加以替換罷了。爲了避免這種情形，我們最好盡量以小括弧把可能導致混淆的地方標示清楚，譬如將 SQUARE(x) ((x)*(x))

雖然這麼做可以避免許多不正常的情形，但是類似底下的命令

```
SQUARE(++x)
```

仍然可能造成混淆

```
((++x)*(++x))
```

避免這些問題最好的辦法，就是不要在巨集本體內使用任何的遞增或遞減運算。

巨集與函式十分相似，使用時該如何取捨呢？一般來說，巨集的使用可加快執行的速度，因爲它不是眞正的函式，所以不需要處理控制權移轉的額外動作。另一方面，由於巨集展開將使原始程式碼加長，所以檔案空間的考量也是取捨的標準。

7-7-2 #include 指令

#include 指令後面一般都會跟著一個檔案名稱，當前置處理程式發現 #include 指令時，它便會把後面指定的檔案內容引進目前的檔案中，這個動作就好像是在 #include 出現的地方鍵入載入檔內容一般。#include 指令共有兩種用法：

```
#include <iostream>    /* 角括號 */
#include "header.hpp"   /* 雙引號 */
```

C++ 通常載入檔的檔名多會以 .hpp 結尾，但這並非絕對的要求，任何文字檔都可以用這種方法加以引進，.hpp 的附加檔名僅在於提醒程式設計師的注意。

當我們使用角括號的格式時，將告知前置處理程式直接到標準系統目錄下（大多是存在 INCLUDE 的子目錄下）尋找該檔案，這些載入檔大多爲系統提供的標頭檔案：

```
#include <iostream>
#include <iomanip>
```

至於雙引號的表示法，則會讓前置處理程式先到目前工作目錄下尋找（或是檔名中已指定明確的路徑），然後才到標準 INCLUDE 目錄下尋找：

```
#include "header.hpp"
```

這種表示法多用於自行定義的標頭檔。

本章習題

選擇題

1. 有一程式如下：

```
#include <iostream>
using namespace std;
int sum();

int main()
{
    int total = 0;
    for (int i=1; i<=10; i++) {
        total += sum();
    }
    cout << total << endl;
    return 0;
}

int sum()
{
    static int x=0;
    x++;
    return x;
}
```

試問其輸出結果爲何？

(A) 10 (B) 30 (C) 65 (D) 55。

2. 有一程式如下：

```
#include <iostream>
using namespace std;
int sum();

int main()
{
    int total = 0;
    for (int i=1; i<=10; i++) {
        total += sum();
    }
    cout << total << endl;
    return 0;
}

int sum()
{
    int x=0;
    x++;
```

```
    return x;
}
```

試問其輸出結果爲何？

(A) 10　(B) 30　(C) 65　(D) 55。

3. 有一程式如下：

```
#include <iostream>
using namespace std;
int total();

int x = 1;
int main()
{
    int x = 2, total = 0;
    for (int i=1; i<=10; i++) {
        total += i;
    }
    cout << total+x << endl;
    return 0;
}
```

試問其輸出結果爲何？

(A) 55　(B) 56　(C) 57　(D) 58。

有一程式 function.cpp 如下，請回答 4~6 題。

```
//function.cpp
#include <iostream>
using namespace std;
double (1);

int main()
{
    double cel, fah;
    cout << "請輸入華氏溫度: ";
    cin >> fah;
    cel = fahToCel( (2) );

    cout << "相當於攝氏溫度爲 " << cel << endl;
    return 0;
}

double fahToCel(double fahTemp)
{
    double temp = (3) * 5/9;
    return temp;
}
```

4. 請回答 funtion.cpp 的 (1) 的項目爲何？

   (A) fahToCel(double)

   (B) fahToCel()

   (C) fahToCel(int)

   (D) FahToCel(double)。

5. 請回答 funtion.cpp 的 (2) 的項目爲何？

   (A) fahToCel

   (B) fah

   (C) Cel

   (D) fahTemp。

6. 請回答 funtion.cpp 的 (3) 的項目爲何？

   (A) fahTemp - 32

   (B) (fahTemp + 32)

   (C) (fah - 32)

   (D) (fahTemp - 32)。

上機實作

一、請自行練習本章的範例程式。

二、試問下列程式的輸出結果。

1.

```
//practice7-1.cpp
#include <iostream>
using namespace std;
void print_star(int);

int main()
{
    int i;
    cout << "How many stars do you want ? ";
    cin >> i;
    cout << endl;
    print_star(i);
    cout << "Learning C++ now!" << endl;
```

```
    print_star(i);

    return 0;
}

void print_star(int k)
{
    int i;
    for(i = 1; i <= k; i++)
        cout << "*";
    cout << endl;
}
```

2.

```
//practice7-2.cpp
#include <iostream>
using namespace std;
int funcAdd(int, int);

int main()
{
    int a = 88, b = 99;
    cout << "a = " << a << ", b = " << b << endl;
    funcAdd(a, b);
    return 0;
}

int funcAdd(int a, int b)
{
    int c;
    c = a + b;
    cout << "a + b = " << c << endl;
    return c;
}
```

3.

```
//practice7-3.cpp
#include <iostream>
using namespace std;
```

```
long fibonacci(long);

int main()
{
    long n, ans;
    cout << "Calculate Fibonacci number" << endl;
    cout << "Enter a number(n >= 0): ";
    cin >> n;
    if (n < 0)
        cout << "Number must be > 0" << endl;
    else {
        ans = fibonacci(n);
        cout << "Fibonacci(" << n << ") = " << ans << endl;
    }

    return 0;
}

long fibonacci(long n)
{
    if (n == 0)
        return 0;
    else if (n == 1)
        return 1;
    else
        return(fibonacci(n - 1) + fibonacci(n - 2));
}
```

4.

```
//practice7-4.cpp
#include <iostream>
using namespace std;
void stat_ai();

int main()
{
    int i;
    for(i = 1; i <= 5; i++)
```

```
        stat_ai();

    return 0;
}

void stat_ai()
{
    int ai = 1;
    static int si = 1;
    cout << "ai = " << ai++ << endl;
    cout << "si = " << si++ << endl << endl;
}
```

除錯題

試修正下列的程式，並輸出其結果。

1.

```
//funDebug7-1.cpp
#include <iostream>
using namespace std;
void walking()

int main()
{
    walking();

    return 0;
}

void walking();
{
    printf(" 小明正在走路 ...\n");
}
```

2.

```
//funDebug7-2.cpp
#include <iostream>
using namespace std;
void sum(double, double);
int main()
{
    int a = 5, b = 6, total;
    total = sum(a, b);
    cout << " " << a  << " + " << b << " = " << total << endl;
    return 0;
}

int sum(int a, int b)
{
    return a + b;
}
```

3.

```
//funDebug7-3.cpp
#include <iostream>
using namespace std;

int main()
{
    int num = 5;
    cout << num << " 的平方爲 " << square(num) << endl;

    return 0;
}

void square(int num)
{
    return num * num
}
```

4.

```
//funDebug7-4.cpp
#include <iostream>
```

```
using namespace std;
int number = 0;
void count();

int main()
{
    while (number++ < 10) {
        count();
        cout << " 這是第 " << number << " 次呼叫 count()" << endl;
    }

    return 0;
}

void count()
{
    number++;
}
```

5.

```
//funDebug7-5.cpp
#include <iostream>
using namespace std;
int count = 0;
void run();

int main()
{
    run();

    return 0;
}

void run()
{
    // 想辦法讓小明停下來並剛好跑完 10 圈
    cout << " 小明正在跑操場 ..." << endl;
    cout << " 小明跑完了第 " << ++count << " 圈 " << endl << endl;
    run();
}
```

程式設計

1. 輸入一整數，判斷它是否爲質數，若不爲質數，則列印出其因數，請利用函數處理之。
2. 輸入一些數字，並撰寫下列函數執行之。
   (1) 檢查每一個數字是否爲 7 或 11 或 13 的倍數，以 multiple() 函數執行之。
   (2) 求每一個數的平方根，以 square() 函數執行之。
3. 撰寫一程式，輸入 x 和 n，然後以遞迴的方式計算 x^n(x^n = x*x*x*...*x，共有n個x相乘)。
4. 河內塔（Hanoi tower），其遊戲規則如下：
   (1) 每次只能移動一個盤子。
   (2) 大盤子不可以在小盤子的上面。

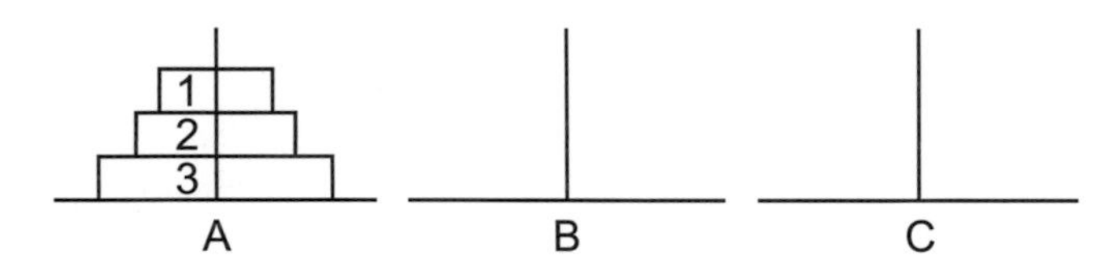

   將 A 柱的盤子，藉助 B 柱，搬到 C 柱。
5. 輸入 x, y，求 F 函式的值。
   F(x, y) = x-y; if x < 0 或 y < 0
   F(x, y) = F(x-1, y)+F(x, y-1); others
6. 試舉一範例說明 extern 的用法。

Chapter 8

陣列

本章綱要

- ◆8-1 陣列宣告與表示法
- ◆8-2 陣列的初始化方式
- ◆8-3 二維陣列與多維陣列
- ◆8-4 應用範例

大量資料的處理也是電腦必須具備的另一項能力，而程式語言也該有種方式足以表達大量的資料，陣列（array）正是最基本且最重要的資料結構。本章將探討 C++ 語言陣列的使用方法，包括宣告、初始化以及符號表示等等基本知識，同時也會介紹幾個實際的應用範例。

8-1 陣列宣告與表示法

試著想想底下的問題：假設全班共有 50 個學生，而我們想要記錄每個學生的成績，這需要 50 個不同的變數：

```
int stud1, stud2, ..., stud50;
```

單就宣告就會花上很大的功夫，如果還要對這些資料進行處理，程式必定非常複雜，而且這種作法非常不具彈性。如果學生人數增加到 60 人，是否意味著要再宣告另外 10 個變數，然後把程式大肆修改一番？

在 C++ 語言裡，上述問題正可由本章的主題「陣列（array）」加以克服，多數語言中都提供有類似的資料型式，譬如 FORTRAN 裡的 DIM，或是 Pascal 的 array 等。

C++ 語言的陣列比較具有一般性，它並非基本的資料型態，而是一種衍生的資料結構。陣列的宣告方式基本上是這樣的：

```
type name[size];
```

陣列必須由一序列相同資料型態的元素組成，我們可以藉由宣告而向系統要求一個陣列結構。當我們做出宣告時，必須提供有關陣列的資訊：包括陣列中包含多少個元素，以及每個元素的型態。

在前面的陣列一般式中，type 即為每個元素的基本型態，譬如 int、char、long... 等等；name 則是該陣列的名稱，陣列名稱的選取方式正如一般的簡單變數，最好能充分表達該陣列的實際用途；接下來是一對中括號，中括號的目的即在於指出 name 是個陣列結構，小括弧和大括號都沒有這種功能；中括號裡面的 size 則表示該陣列中擁有多少個元素。

拿最先提出的例子而言，若想保存 60 個學生的成績，便可以這麼宣告：

```
int student[60];
```

當然了，若成績為浮點數資料，則要寫成：

```
double student[60];
```

編譯系統有了足夠的資訊後，便會為該陣列配置適當的空間。必須注意的是：一維陣列必定位於連續的記憶體，譬如底下的例子：

```
char alpha[26];
int week[7];
double man[3];
```

上述三個陣列的目的大概是保存 26 個英文字母、關於某星期的 7 天，以及三個男人的體重等等相關資料，在記憶體內的情形可能是這樣的：

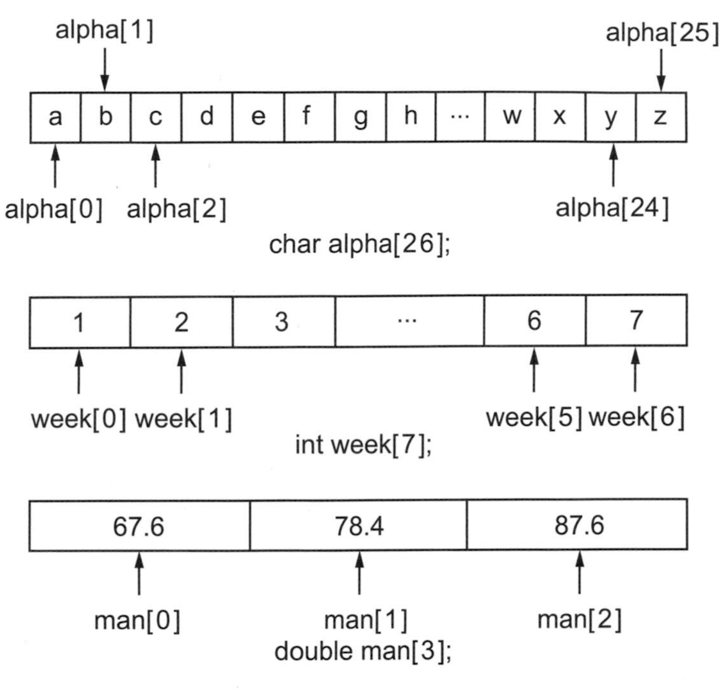

圖 8-1　三個不同型態的陣列

這三個陣列並不一定會連接在一起，但每個單一陣列必是位於連續的記憶體空間。從上圖中，我們還可以看到另一項重要的資訊，那就是陣列中單一元素的表示法：

```
alpha[0], alpha[1], ..., alpha[25]
week[0], week[1], ..., week[6]
man[0], man[1], man[2]
```

爲了存取陣列中的個別元素，我們可藉由索引（index）或註標（subscript）來指明。您一定要記得一點：所有陣列的索引都是由 0 開始，name[0] 乃是該陣列的第一個元素，name[1] 爲第二個，...，由於上述的 size 代表的是陣列的元素個數，所以該陣列最後一個元素就應該爲 name[size-1]。

至於 name[size] 則可能已經指向其他的資料，C++ 語言不會自行檢查陣列的註標是否已超出應用的界限，所以您應該特別小心，不要寫出類似 name[size] 或 name[-1] 等等沒有意義的表示法。

陣列的索引可以是常數、變數或複雜的運算式，但一定要爲整數型態，這種特性使我們很容易利用一些程式技巧（譬如迴圈），來完美地處理陣列。例如：計算 50 個學生的成績總和：

```
int student[50];
int i, total = 0;
for (i=0; i<50; i++)
    total += student[i];
```

當然了，這個程式片段並不完全。譬如：每個學生的成績必須先行存在，這方面可利用另一個迴圈加以處理。有了索引表示法，每個陣列的元素就如同一般的變數，可以用來運算、當作參數，或是重新設定新值。

還是看個實際的例子來驗證一番：

範例

```
1   //array.cpp
2   #include <iostream>
3   #include <iomanip>
4   using namespace std;
5
6   int main()
7   {
8       int even[5];
9       int odd[5];
10      int sum[5];
11      int i;
12
13      for (i=0; i<5; i++) {
14          even[i] = 2 * i;
15          odd[i] = 2 * i + 1;
16      }
17
18      cout <<"    Array even[0..19]" << endl;
19      for (i=0; i<5; i++) {
20          cout << setw(5) << even[i];
21      }
22      cout << endl << endl;
23
24      cout <<"    Array odd[0..19]" << endl;
25      for (i=0; i<5; i++) {
26          cout << setw(5) << odd[i];
27      }
28      cout << endl << endl;
29
30      //array addition
31      for (i=0; i<5; i++)
32          sum[i] = even[i] + odd[i];
33
34      cout <<"    Array sum[0..19]" << endl;
35      for (i=0; i<5; i++) {
```

```
36          cout << setw(5) << sum[i];
37      }
38      cout << endl << endl;
39
40      return 0;
41  }
```

陣列中宣告了三個陣列：

```
int even[5], odd[5], sum[5];
```

它們分別儲存偶數、奇數，以及前兩個陣列的向量和。程式開始之前，陣列中的資料都是垃圾值，所以我們必須採取某些策略給予它們適當的值：

```
for(i=0; i<5; i++) {
    even[i] = 2 * i;
    odd[i] = 2 * i + 1;
}
```

特別要小心註標值的範圍。此處的註標變數爲 i，它必須從 0 開始，因爲陣列中第一個元素的註標值爲 0；最後的註標值是 4（因爲陣列內擁有 20 個元素），所以 for 迴圈的測試條件必須寫成

```
i < 20;
```

或

```
i <= 19;
```

而不能是

```
i <= 20;
```

程式 array.cpp 接下來用兩個 for 迴圈分別把陣列 even[] 與 odd[] 的內容印出來，先來看看執行結果：

```
Array even[0..19]
0    2    4    6    8

Array odd[0..19]
1    3    5    7    9

Array sum[0..19]
1    5    9   13   17
```

最後的陣列 sum[] 則是經由下列 for 迴圈而形成：

```
for(i = 0; i < 5; i++)
    sum[i] = even[i] + odd[i];
```

有了陣列的結構，大量資料的處理將變得十分容易，在此先做個小小的摘要：陣列結構主要是由中括號的出現所指明，我們必須提供陣列的名稱、陣列中元素的個數，以及元素的型態等基本資訊。陣列第一個元素的註標值是 0，所以第 n 個元素的註標值便為 (n-1)，C++ 語言並不會檢查陣列註標的範圍，而且在宣告時，也不會自行將陣列內容清除為 0，關於這一點，我們將於下一節中討論陣列初始化的方式。

8-2 陣列的初始化方式

正如普通的變數，陣列在宣告期間也可順便將其初始化，一般形式為

```
type name[size] = {item1, item2, ..., itemsize};
```

size 項

我們清楚地看到，使用由逗號分隔的資料串列，再利用一對大括號圍起來，便可將陣列初始化，其中每一個資料項都必須為 type 型態，而且資料項的個數最好與陣列所宣告的大小彼此吻合。在上面的形式下，size 個資料項分別與陣列的元素一一對應：

```
name[0] = item1;
name[1] = item2;
 .
 .
name[size-1] = itemsize;
```

馬上來看個簡單的例子：

範例

```
1  //init1.cpp
2  #include <iostream>
3  using namespace std;
4  #define SIZE 10
5
6  int main()
7  {
8      int init1[SIZE] = {10, 20, 30, 40, 50, 60, 70, 80, 90, 100};
9      int i;
10
11     cout << "Array init1 :\n\n";
```

```
12      for (i=0; i<SIZE; i++)
13          cout << " init1[" << i << "] ===> " << init1[i] << endl;
14
15      return 0;
16  }
```

程式中以 #define 指令定義一個常數 SIZE，這個常數用來做陣列的大小，同時也使用於 for 迴圈內，此種風格將有助於程式的維護，若是將來想把陣列變大或縮小，那麼只要更改 SIZE 的定義值就行了，不必再擔心陣列宣告或處理時有關註標值的細節問題。

還是回來研究本節的重點，陣列 init1[] 總共擁有 10 個 int 元素，所以大括號內部剛好出現 10 個數值，利用這種方式，便可將陣列的元素一一初始化，底下就印出結果來證明：

```
Array init1 :

 init1[0] ===> 10
 init1[1] ===> 20
 init1[2] ===> 30
 init1[3] ===> 40
 init1[4] ===> 50
 init1[5] ===> 60
 init1[6] ===> 70
 init1[7] ===> 80
 init1[8] ===> 90
 init1[9] ===> 100
```

果然能夠處理得很好。但是立刻可以想到另外一問題：如果數值串列的個數與陣列的大小不吻合時，又會發生什麼事情呢？試試下面的範例：

範例

```
1   //init2.cpp
2   #include <iostream>
3   using namespace std;
4   #define SIZE 10
5
6   int main()
7   {
8       int init2[SIZE] = {10, 20, 30, 40, 50, 60, 70};
9       int i;
10
11      cout << "Array init2 :\n\n";
12      for (i=0; i<SIZE; i++)
```

```
13          cout << " init2[" << i << "] ===> " << init2[i] << endl;
14
15      return 0;
16  }
```

這一次大括號內僅有 7 項資料，編譯過程十分順利，還是看看結果：

```
Array init2 :

 init2[0] ===> 10
 init2[1] ===> 20
 init2[2] ===> 30
 init2[3] ===> 40
 init2[4] ===> 50
 init2[5] ===> 60
 init2[6] ===> 70
 init2[7] ===> 0
 init2[8] ===> 0
 init2[9] ===> 0
```

前面 7 個元素都對應到適當的資料，至於後面三個元素卻都變成 0。當我們初始化陣列元素時，出現的數值串列將從陣列前面的元素一一對應，直到數值串列用盡爲止，剩下的元素則一律清除爲 0。有一點必須澄清：如果沒有採取任何初始化的技巧，陣列的元素並不會擁有任何特定值，確實的數值則視當時殘留於記憶體的內容而定。

初始數值串列比陣列宣告的個數少，並不會引起太大的問題，但若初始數值串列多於陣列宣告的數量則會產生錯誤，在編譯過程間便會偵測出來。幸好 C++ 語言還提供一種技巧，可以自行計算陣列的實際個數。

範例

```
1   //init3.cpp
2   #include <iostream>
3   using namespace std;
4
5   int main()
6   {
7       int init3[] = {10, 20, 30, 40, 50, 60, 70, 80, 90, 100};
8       int i;
9
10      cout << "Array init3 :\n\n";
11      for (i=0; i<(sizeof(init3) / sizeof(int)); i++)
12          cout << " init3[" << i << "] ===> " << init3[i] << endl;
13
14      return 0;
15  }
```

程式中的陣列 init3[] 並沒有指定大小：

```
int init3[] = {10, 20, 30, 40, 50, 60, 70, 80, 90, 100};
```

中括號裡面的數字什麼也沒寫，但絕對不可因此而省略中括號。系統根據後面的資料項個數而為該陣列配置適當的空間。本例中共有 10 個 int 數值，所以整個 init3[] 共佔有 40 個位元組 (10x4) 的記憶體數量。

由於陣列的大小無法事先知道，所以在程式中就沒辦法使用特定的常數，來限制陣列的註標範圍，因此，我們在 for 迴圈內採取另一項技巧：

```
for (i=0; i < ( sizeof(init3) / sizeof(int)); i++)
     ...
```

整個陣列所佔的空間可用 sizeof 運算子加以取得：

```
sizeof (init3)
```

本例中該運算式將傳回 40（單位為位元組），把這個數除以 int 型態所佔空間後，便可以得到陣列的元素個數：

```
i < (sizeof (init3) / sizeof(int));
```

程式是否可以順利運作，讓我們來看看結果便能知道：

```
Array init3 :

 init3[0] ===> 10
 init3[1] ===> 20
 init3[2] ===> 30
 init3[3] ===> 40
 init3[4] ===> 50
 init3[5] ===> 60
 init3[6] ===> 70
 init3[7] ===> 80
 init3[8] ===> 90
 init3[9] ===> 100
```

最後要提出的是：除了採行陣列初始化的技巧外，陣列的元素內容都必須個別加以設定，而不能在程式敘述中寫出，如下一個敘述。

```
array[3] = {1, 2, 3};            /* 不合法 */
```

假使有一片段程式如下：

```
int array1[3] = {1, 2, 3};       /* 合法 */
int array2[3];
```

```
array2 = array1;                    /* 不合法 */
array2[2] = array1[2];              /* 合法 */
```

試著想把陣列 array1 的元素都拷貝給陣列 array2 是不合法的，最後敘述雖然是合法的，但它的實際作用僅是將陣列 array1 的最後一個元素 (array1[2]) ，指定給陣列 array2 的最後一個元素，至於陣列 array2 的前面兩個元素仍然未經定義。

8-3 二維陣列與多維陣列

日常生活中常常面臨許多表格式的結構。譬如：一年中每日的降雨量，當然可以用一個擁有 365 個元素的陣列來表達。但是，若能以月份作爲單位，而每個月均爲包含 31 個元素的陣列，那麼處理起來似乎更爲方便。這類結構需要以 C++ 語言的二維陣列來表示：

```
double rain[12][31];
```

宣告時共出現兩組中括號，前者 [] 內的數值代表的是 12 個月份，後面 [] 的 31 則爲每月的日數，當然，許多日期是不必要的。二維陣列的宣告形式爲：

```
type arrayName[i][j];
```

共有兩個註標，我們可以把二維陣列視爲它是由多個一維陣列所組成。就前面的宣告而言，可以把 arrayName[][] 看作一個擁有 i 一維陣列，而每個一維陣列包含 j 個 type 資料型態的元素。若把二維陣列想像成數學中的矩陣（matrix），那就容易多了。其中第一個註標可視爲列（row）座標，第二個註標則爲行（column）座標。

二維陣列在觀念上雖然是一種矩陣形式，但儲存於記憶體內部時，仍然會以線性方式加以存放，就底下的宣告而言：

```
int two[2][4];
```

在記憶體內部應該是

two[0]				two[1]			
two[0][0]	two[0][1]	two[0][2]	two[0][3]	two[1][0]	two[1][1]	two[1][2]	two[1][3]

int two[2][4];

註標都是從 0 開始，首先固定第一個註標，接著將第二個註標從 0 變動到最大值，然後才改變第一個註標，並重複同樣的過程。若以矩陣形式來表示則較爲清楚：

(列) ↓	(行) →			
two[0]	two[0][0]	two[0][1]	two[0][2]	two[0][3]
two[1]	two[1][0]	two[1][1]	two[1][2]	two[1][3]

可以再觀察出來，若僅變動第一個註標，陣列將沿著同一行的各列移動；相反地，改變第二個註標則能依水平方向運行。矩陣的觀念僅僅存在我們腦中，整個陣列在記憶體內仍然存放於連續的位置，並依線性方式排列。

若想表示二維陣列中的單一元素，最簡單的方法就是使用兩個註標，譬如陣列 rain[][] 中第 i 列第 j 行的元素就可以表示為

```
rain[i-1][j-1];
```

這裡之所以要減 1，導因於陣列註標都是從 0 開始。

底下就來看一個實際的例子；我們依序輸入矩陣中各元素的值，然後將其轉置（transpose），譬如說有個 2x4 的矩陣：

$$\begin{bmatrix} a11 & a12 & a13 & a14 \\ a21 & a22 & a23 & a24 \end{bmatrix}$$

轉置後的矩陣便成為 4x2：

$$\begin{bmatrix} a11 & a21 \\ a12 & a22 \\ a13 & a23 \\ a14 & a24 \end{bmatrix}$$

這兩個矩陣雖然擁有相同個數的元素，但在結構上卻大不相同，所以在程式中必須宣告兩個不同的陣列：

範例

```
1   //matrix.cpp
2   #include <iostream>
3   #include <iomanip>
4   using namespace std;
5
6   #define ROW 3
7   #define COLUMN 5
8
9   int main()
10  {
11      int matrix[ROW][COLUMN];
12      int trans[COLUMN][ROW];
```

```
13      int i, j;
14
15      cout << "Input source matrix 3*5 :" << endl;
16      for (i=0; i<ROW; i++) {
17          for (j=0; j<COLUMN; j++) {
18              cout << " matrix[" << i << "][" << j << "] ===> ";
19              cin >> matrix[i][j];
20          }
21          printf("\n");
22      }
23
24      //Matrix Transpose
25      for (i=0; i<ROW; i++)
26          for (j=0; j<COLUMN; j++)
27              trans[j][i] = matrix[i][j];
28
29      cout << "Source matrix :" << endl;
30      for (i=0; i<ROW; i++) {
31          for (j=0; j<COLUMN; j++)
32              cout << setw(5) << matrix[i][j];
33          printf("\n");
34      }
35
36      cout << "\nAfter transposing ..." << endl;
37
38      cout << "\nTransposed matrix :\n";
39      for (i=0; i<COLUMN; i++) {
40          for (j=0; j<ROW; j++)
41              cout << setw(5) << trans[i][j];
42          cout << endl;
43      }
44
45      return 0;
46  }
```

利用常數性的宣告將有助於程式的設計與維護，程式中定義了兩個陣列：

```
int matrix[ROW][COLUMN];
int trans[COLUMN][ROW];
```

可以注意到它們的行列註標範圍剛好顛倒過來。接下來的工作就是為原始矩陣 matrix[][] 讀取資料，最自然的方式便是利用巢狀結構的 for 迴圈：

```
for (i=0; i<ROW; i++)
    for (j=0; j<COLUMN; j++)
...
```

外層的 for 迴圈負責每一列的處理，所以變數 i 的範圍將從 0 到 (ROW-1)，而且它必須代表第一個註標值；內層的 for 迴圈則針對每列中的個別元素，因此變數 j 將從 0 變化到 (COLUMN-1)，而且出現於第二個中括號內。

取得原始矩陣的資料後，接著就要處理轉置的工作，原理很簡單，只要把原始矩陣第 i 列、第 j 行的元素，指定給轉置陣列中第 j 列、第 i 行的元素就可以了，同樣必須採行巢狀式的迴圈結構：

```
for (i=0; i<ROW; i++)
    for (j=0; j<COLUMN; j++)
        trans[j][i] = matrix[i][j];
```

或者是反過來表示也可以：

```
for (i=0; i<COLUMN; i++)
    for (j=0; j<ROW; j++)
        trans[i][j] = matrix[j][i];
```

雖然個別元素在設定時的先後順序不一樣，但最後的結果將是相同的。程式最後分別把兩個矩陣顯示出來，您必須小心註標值的範圍與使用時機。

我們來看看執行結果：

```
Input source matrix 3*5 :
 matrix[0][0] ===> 28
 matrix[0][1] ===> 62
 matrix[0][2] ===> 50
 matrix[0][3] ===> 60
 matrix[0][4] ===> 76

 matrix[1][0] ===> 80
 matrix[1][1] ===> 3
 matrix[1][2] ===> 91
 matrix[1][3] ===> 95
 matrix[1][4] ===> 72

 matrix[2][0] ===> 77
 matrix[2][1] ===> 26
 matrix[2][2] ===> 2
 matrix[2][3] ===> 58
 matrix[2][4] ===> 120
```

```
Source matrix :
   28   62   50   60   76
   80    3   91   95   72
   77   26    2   58  120

After transposing ...

Transposed matrix :
   28   80   77
   62    3   26
   50   91    2
   60   95   58
   76   72  120
```

二維陣列和一維陣列相同，都可以用初始化的技巧預設陣列的資料，我們來看看幾種不同的方式：

範例

```
1   //init_2d.cpp
2   #include <iostream>
3   #include <iomanip>
4   using namespace std;
5
6   int main()
7   {
8       int aaa[2][4] = {{1,2,3,4},{5,6,7,8}};
9       int bbb[2][4] = {1,2,3,4,5,6};
10      int ccc[2][4] = {{1,2,3},{4,5,6}};
11      int ddd[][4] = {1,2,3,4,5,6,7,8};
12      int i,j;
13      cout << "Array aaa[2][4]:" << endl;
14      for (i=0; i<2; i++) {
15          for (j=0; j<4; j++)
16              cout << setw(5) << aaa[i][j];
17          cout << endl;
18      }
19
20      cout << endl;
21      cout << "Array bbb[2][4]:" << endl;
22      for (i=0; i<2; i++) {
23          for (j=0; j<4; j++)
```

```
24              cout << setw(5) << bbb[i][j];
25          cout << endl;
26      }
27
28      cout << endl;
29      cout << "Array ccc[2][4]:" << endl;
30      for (i=0; i<2; i++) {
31          for (j=0; j<4; j++)
32              cout << setw(5) << ccc[i][j];
33          cout << endl;
34      }
35
36      cout << endl;
37      cout << "Array ddd[2][4]:" << endl;
38      for (i=0; i<2; i++) {
39          for (j=0; j<4; j++)
40              cout << setw(5) << ddd[i][j];
41          cout << endl;
42      }
43
44      return 0;
45  }
```

最標準的方式是第一種：

```
int aaa[2][4] = {{1, 2, 3, 4}}, {5, 6, 7, 8}};
```

第一個例子是資料項完全吻合的情形，如果出現數值串列太少時，又會有什麼結果呢？看看接下來的兩個例子：

```
int bbb[2][4] = {1, 2, 3, 4, 5, 6};
int ccc[2][4] = {{1, 2, 3}, {4, 5, 6}};
```

二者都只有提供 6 個元素，差別在於後者的初始化方式是採用二維陣列的觀點，而前者則利用一維陣列的初始化方式。這兩種方法所產生的效應大不相同，陣列 ccc[] 的結果比較容易理解，其中 {1, 2, 3} 對應於 ccc[0]，至於最後一個沒有初值的元素便設為 0，這與一維陣列的初始化規則互相一致，所以最後的結果將成為：

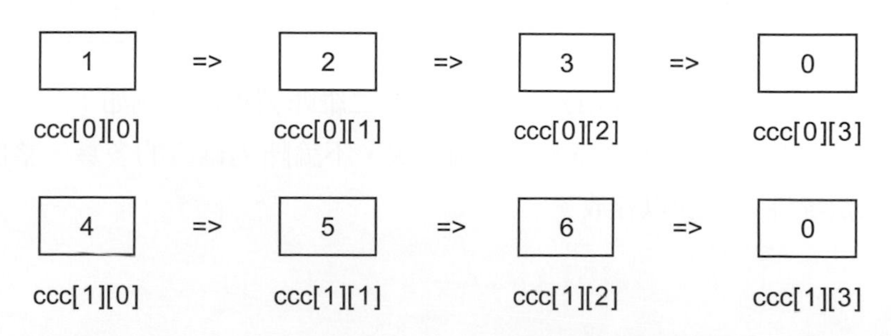

至於陣列 bbb[][] 就不是這樣了，由於 C++ 語言的陣列是採「以列為主」（row-major）的方式，也就是說，陣列的排序乃以各列作為單位，每列中另外還有自己的元素。所以在初始化時，單一大括號內的數值資料將一一填入某列中的所有元素，直到該列填滿後，才又前進到下一列，所以前面的陣列 bbb[][] 將有如下的結果：

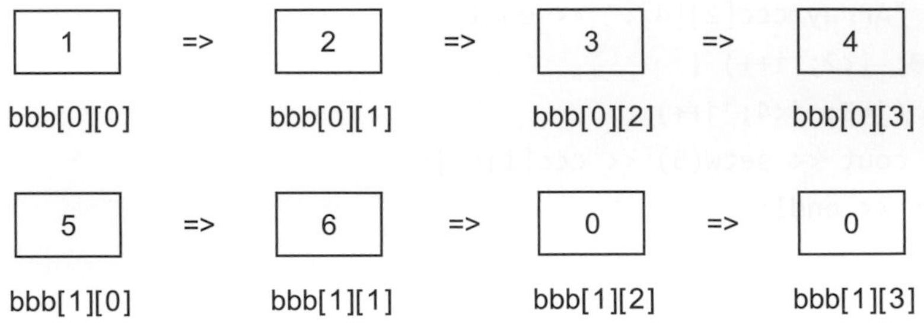

1	=>	2	=>	3	=>	4
bbb[0][0]		bbb[0][1]		bbb[0][2]		bbb[0][3]
5	=>	6	=>	0	=>	0
bbb[1][0]		bbb[1][1]		bbb[1][2]		bbb[1][3]

我們也可以讓系統自行配置所需的空間，例如最後一個陣列 ddd[][]：

```
int ddd[][4] = {1, 2, 3, 4, 5, 6, 7, 8};
```

第一個中括號內沒有任何數值，確實的大小乃由系統依照後面的數值串列個數來決定；但是第二個中括號內卻不可以留白，因為系統必須知道究竟每列擁有多少個元素，才有辦法決定陣列的確實結構，也因為有了這項重要資訊，二維陣列的表示法才有意義。

底下是程式 init_2d.cpp 的執行結果：

```
Array aaa[2][4]:
   1    2    3    4
   5    6    7    8

Array bbb[2][4]:
   1    2    3    4
   5    6    0    0

Array ccc[2][4]:
   1    2    3    0
   4    5    6    0

Array ddd[2][4]:
   1    2    3    4
   5    6    7    8
```

多維陣列（multi-dimensional array）的觀念上與二維陣列相同，例如：三維陣列就該擁有三個註標值，四維陣列有四個註標值等等。再強調一次，不論陣列維數的多寡，整個陣列必定完整地連接在一起，並依線性方式加以存放。

當我們要初始化多維陣列時，若想讓系統自行計算資料項的個數，那麼在書寫時僅能空下最左邊的那一對中括號，其他的中括號內都必須明確給定數值；譬如：

```
int three[][2][3] = {1, 2, 3, 4, 5, 6, 7, 8, 9, 10, 11, 12};
```

一般來說，我們最多只使用到三維陣列，再多維的陣列就比較難以理解了，不過在觀念上，任何維數的陣列都擁有相同的一致性。

8-4 應用範例

8-4-1 插入排序法

「排序」（sorting）是電腦最常處理的動作，所謂排序就是把一群資料依照順序排列完成，最簡單的莫過於依循遞增或遞減的規則。排序的方法有很多，這裡將介紹非常容易理解的一種——插入排序法（insertion sort）。它的動作就像在玩撲克牌時，每拿到一張新牌，便把它放到適當的位置，於是當整副牌發完後，手中的牌也已經按照某種規則排好了。

插入排序法若以陣列來實作，將會非常簡單與清楚，譬如底下的情況：原本有五個整數已經依遞增順序排列好，現在想插進第 6 個資料：

1	4	9	13	17

5

最後的結果將造成擁有 6 個元素的陣列。

一開始我們先拿 5 與 17（最後一個元素）來比較，由於 5 比較小，所以 17 將被擠向後一個元素：

1	4	9	13		17

5

然後 5 又比 13 小，因此 13 也被往後推，於是有接下來的連串過程：

1	4	9		13	17

5

1	4		9	13	17

5

當數值 5 拿來與下一項元素相比時，將發現原本的數值 4 比 5 小，它應該保留原來的位置，然後把 5 放在空出來的地方就可以了：

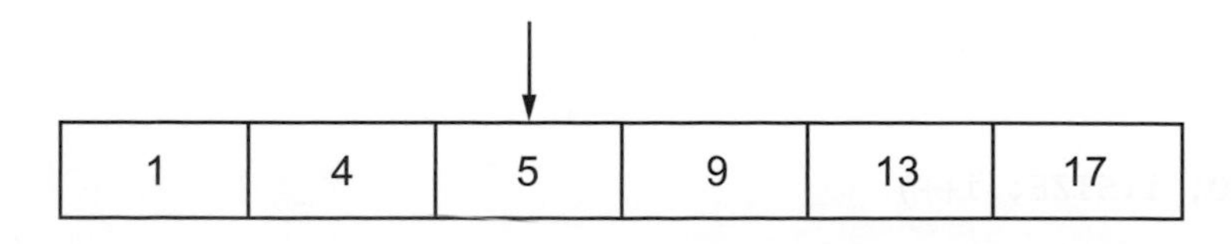

整個陣列仍然維持遞增的順序，當第 7 項資料進來時，重複上述的過程即可。對一個擁有 N 項資料而有待排序的陣列而言，只要從第 2 個元素開始直到最後一個爲止，都執行上述的步驟，那麼整個陣列便能排序完成。很直覺地，這是 for 迴圈的工作：

```
for (i=1; i<N; i++)
    // 找到適當的位置插入 ;
```

此處的 insert() 乃代表眞正執行插入的工作。作法很簡單，我們先把等待要插入的資料項記錄下來，然後再以另一個 for 迴圈從陣列後方開始向前找，若是原始陣列的元素比較大，就將它往後挪一格；這個過程一直持續到發現待插入資料，已經比原始陣列中的元素還大時才停止，這時候只要把待插入資料放入適當的位置就可以了。這些步驟可用下面的程式片段加以表示（ary[] 爲原始陣列）：

```
// 插入排序的過程
for (i=1; i<N; i++) {
    temp = ary[i];                          /* ary[i] 爲欲插入的元素 */
    for (j=i; ary[j-1]>=temp; j--)
         ary[j] = ary[j-1];                 /* 往後移 */
    ary[j] = temp;                          /* 插入正確的位址 */
}
```

注意到內層 for 迴圈的控制變數 j 乃是遞減的，它的初始值爲外層迴圈的變數 i，也就是待插入的那項資料，關於程式片段執行的細部情形可和前面的文字說明與圖例互相對照。

我們把實際的程式列出來：

範例

```
1   //insertionSort.cpp
2   #include <iostream>
3   #include <iomanip>
4   #include <cstdlib>
5   #include <ctime>
6   using namespace std;
7   #define SIZE 10
8
9   int main()
10  {
11      int ary[SIZE];
12      int i,j;
13      int temp;
14
15      srand(1);
16      for (i=0; i<SIZE; i++)
```

```
17          ary[i] = rand() % 100 + 1;
18
19      cout << "Original Array ..." << endl;
20      for (i=0; i<SIZE; i++) {
21          cout << setw(4) << ary[i];
22      }
23      cout << endl << endl;
24
25      //Insertion Sorting
26      cout << "sorting..." << endl;
27      for (i=1; i<SIZE; i++) {
28          temp = ary[i];
29          for (j=i; ary[j-1]>=temp; j--)
30              ary[j] = ary[j-1];
31          ary[j] = temp;
32
33          //印出每一步驟
34          cout << "#" << i << " step: ";
35          for (int k=0; k<=i; k++) {
36              cout << setw(4) << ary[k];
37          }
38          cout << endl;
39      }
40
41      cout << "\nSorted Array ..." << endl;
42      for (i=0; i<SIZE; i++) {
43          cout << setw(4) << ary[i];
44      }
45      cout << endl;
46
47      return 0;
48  }
```

此範例我們以 C++ 所提供的函式 rand() 來設定陣列 ary[] 的初值：

```
for (i=0; i<SIZE; i++)
    ary[i] = rand() % 100 + 1;
```

函式 rand() 乃定義於 cstdlib 標頭檔案中，所以必須將此標頭檔載入。函式 rand() % x 將傳回介於 0 到 (x-1) 之間的亂數值（random number）。

最後藉由插入排序，將 ary 陣列的資料由小至大排序，還是把程式執行看看：

```
Original Array ...
   8  50  74  59  31  73  45  79  24  10

sorting...
#1 step:    8  50
#2 step:    8  50  74
#3 step:    8  50  59  74
#4 step:    8  31  50  59  74
#5 step:    8  31  50  59  73  74
#6 step:    8  31  45  50  59  73  74
#7 step:    8  31  45  50  59  73  74  79
#8 step:    8  24  31  45  50  59  73  74  79
#9 step:    8  10  24  31  45  50  59  73  74  79

Sorted Array ...
   8  10  24  31  45  50  59  73  74  79
```

首先看到的是函式 rand() 所產生的亂數，並指定給 ary 陣列，接著呼叫插入排序，我們特地將排序的過程加以顯現，讓您更能體會此排序的運作原理。從輸出結果看到資料是由小至大排序的，所以可證明我們所用的方法是對的。

8-4-2 二元搜尋法

二元搜尋法（binary search），這種演算法在搜尋過程中，每次都會刪掉一大半不可能的資料，所以搜尋的速度非常快。

對一個含有 N 個元素的資料而言，若想尋找某個特定元素，線性搜尋（linear search）平均要花上 N / 2 次的比較工作；最差的情況則需要 N 個步驟。但以二元搜尋法來實作，最多僅需 $\log_2 N$ 的時間（在此的對數記號均以 2 爲底數）。所以拿 1024 個資料項而言，線性搜尋平均要花 512 次的比較動作，而二元搜尋法最多僅需 10 次（$\log_2 1024 = 10$）就足夠了，這項差距在 N 值逐漸增大時將更爲顯著。

採取二元搜尋法的基本條件是原始的陣列要先行排序完成，關於這一點，前一節曾介紹過插入排序法，陣列的排序將不成問題，接下就是如何以陣列實作二元搜尋法：

範例

```
1   //binarySearch.cpp
2   #include <iostream>
3   #include <iomanip>
4   using namespace std;
5   #define SIZE 10
6
7   int main()
8   {
9       int ary[SIZE];
10      int i, j, temp, key;
11      int left, right, mid;
```

```
12
13      srand(1);
14      for (i=0; i<SIZE; i++)
15          ary[i] = rand() % 100 + 1;
16
17      cout << "Source Array ..." << endl;
18      for (i=0; i<SIZE; i++) {
19           cout << setw(4) << ary[i];
20      }
21
22      //Insertion Sorting
23      for (i=1; i<SIZE; i++) {
24          temp = ary[i];
25          for (j=i; ary[j-1]>=temp; j--)
26              ary[j] = ary[j-1];
27          ary[j] = temp;
28      }
29
30      cout << "\nSorted Array ...\n";
31      for (i=0; i<SIZE; i++) {
32          cout << setw(4) << ary[i];
33      }
34
35      //binary search
36      cout << "\n\n 請輸入欲搜尋的數值 : ";
37      cin >> key;
38      while (true) {
39          left = 0;
40          right = SIZE-1;
41          while (left <= right) {
42              mid = (left + right) / 2;
43              if (key == ary[mid])
44                  break;
45              if (key < ary[mid])
46                  right = mid -1;
47              else
48                  left = mid + 1;
49          }
50
51          if (ary[mid] == key) {
52              cout << " Finding " << key << " in index " << mid << endl;
53          }
```

```
54          else if (key == -999) {
55              cout << " 結束執行 " << endl;
56              break;
57          }
58          else {
59              cout << " Sorry, not found !\n";
60          }
61          cout << "\n 請輸入欲搜尋的數值 : ";
62          cin >> key;
63      }
64  
65      return 0;
66  }
```

二元搜尋法的觀念非常簡單，首先拿中間元素與搜尋值相比較，若是相等，則代表已經找到了。若是中間元素比較大，則代表右半部的元素一定不可能含有待尋找的數值，如此便能刪除大半的元素。同樣地，若中間值較小，那麼只好保留右半邊的元素。這種過程一直持續到被分割的陣列已經不含有元素或是找不到適當的元素為止。假設有一陣列 ary 的大小為 100，第一個元素假設為 1，其不是我們所想要找的資料。首先設定 left=1，right=100，則 mid=(left+right)/2 = 50。

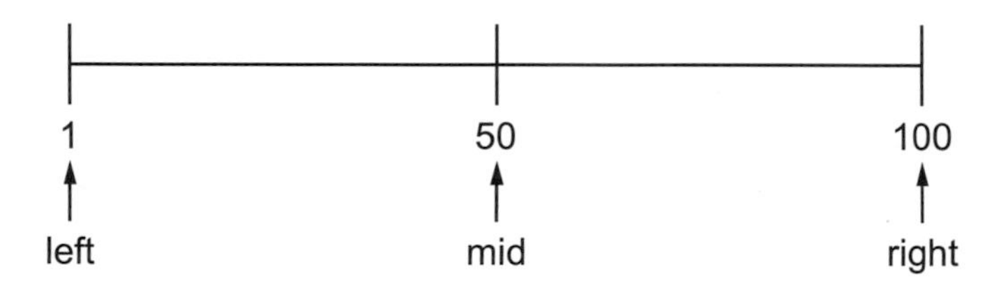

若欲搜尋值 key 比 ary[50] 的值大，則搜尋值一定落在 mid 的右邊，故將 left=mid+1，right 不變；

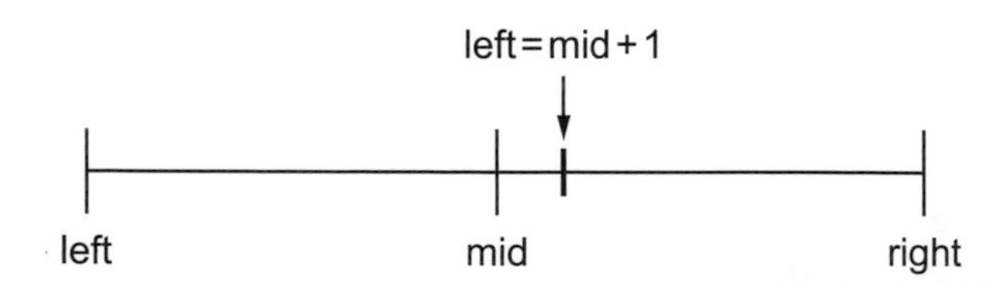

反之，若搜尋值 key 比 ary[50] 的值小，則搜尋值一定落在 mid 的左方，故將 right=mid-1，left 不變，再繼續計算 mid。從這裡的敘述可得知，為什麼二元搜尋法事先要將資料排序好的原因。您可以自行驗證 binarySearch.cpp 中的該段程式碼。

底下是執行的結果：

```
Source Array ...
   8  50  74  59  31  73  45  79  24  10
Sorted Array ...
   8  10  24  31  45  50  59  73  74  79

請輸入欲搜尋的數值： 8
 Finding 8 in index 0

請輸入欲搜尋的數值： 45
 Finding 45 in index 4

請輸入欲搜尋的數值： 79
 Finding 79 in index 9

請輸入欲搜尋的數值： 100
 Sorry, not found !

請輸入欲搜尋的數值： -999
結束執行
```

看過兩個實際的應用，您是否發覺整個程式的架構並非那麼明確，所有的程式都集中於 main() 中，之所以沒有採取較具模組化的函式設計技巧，其實是因爲處理陣列的函式大多牽涉到指標（pointer）的觀念，我們將在下一章以完整的篇幅來討論指標與陣列的關係。

本章習題

選擇題

1. 有兩個有關於陣列的敘述

```
int data[5] = {10, 20, 30, 40};
int data2[5] = {10, 20, 30, 40, 50, 60};
```

試問下列哪一項爲眞？（複選）

(A) data 陣列的第五個元素可以 data[5] 表示之

(B) data2 陣列是不合法的，因爲定義只有五個元素，但給了六個元素

(C) data[1] 是 10

(D) data[4] 是 0。

2. 有一個程式如下：

```
#include <iostream>
using namespace std;
int main()
{
    int data[5] = {10, 20, 30, 40, 50};
    int total = 0;
    for (int i=1; i<5; i+=2) {
        total += data[i];
    }
    cout << total << endl;
    return 0;
}
```

試問其輸出結果爲何？

(A) 90　(B) 80　(C) 60　(D) 70。

3. 有一程式如下：

```
#include <iostream>
using namespace std;

int main()
{
    int data2[4][5];
    int total = 0;
    for (int i=0; i<4; i++) {
        for (int j=0; j<5; j++) {
            data2[i][j] = i*j;
        }
    }
    cout << data2[3][3] << endl;

    return 0;
}
```

試問其輸出結果爲何？

(A) 9　(B) 6　(C) 3　(D) 12。

4. 試問下列何者敘述爲眞？（複選）

   (A) 二元搜尋法先決條件是要資料排序好

   (B) 二元搜尋法（binary search）比循序搜尋（sequential search）來得快

   (C) 陣列的用意是將資料聚集在一容器，比較好處理

   (D) 一維陣列好比是一直線，二維陣列好比是一表格的概念。

5. 有一個程式如下：

```
#include <iostream>
using namespace std;

int main()
{
    int num[] = {1, 2, 3, 4, 5};
    int size;
    size = sizeof(num) / sizeof(int);
    cout << size << endl;

    return 0;
}
```

   試問其輸出結果爲何？

   (A) 3　(B) 4　(C) 5　(D) 6。

上機練習

一、請自行練習本章的範例程式。

二、試問下列程式的輸出結果。

1.

```
//practice8-1.cpp
#include <iostream>
using namespace std;

int main()
{
    int num[10], index = 0, i;
    do {
        cout << "Enter a number (enter 0 to exit): ";
```

```
        cin >> num[index++];
    } while(num[index-1] != 0 && index < 10);

    for (i = 0; i < index-1; i++)
        cout << num[i] << " ";
    cout << endl;

    return 0;
}
```

2.

```
//practice8-2
#include <iostream>
using namespace std;

int main( )
{
    int score[2][3] = {{10, 20}, {30, 40, 50}};
    int i, j;
    for (i = 0; i < 2; i++)
        for (j = 0; j < 3; j++)
            cout << "score[" << i << "][" << j
                 << "] = " << score[i][j] << endl;
    cout << endl;
    return 0;
}
```

3.

```
//practice8-3.cpp
#include <iostream>
using namespace std;
void selectionSort(int[], int);

int main()
{
    int data[6] = {22, 9, 28, 36, 17, 6};
    int i;
    cout << "Original data: ";
    for (i = 0; i < 5; i++)
        cout << data[i] << " ";
```

```
    cout << endl;

    cout << "Sorting.... " << endl << endl;
    selectionSort(data, 5);
    cout << "\nSorted data: ";
    for (i=0; i<5; i++)
        cout << data[i] << " ";

    cout << endl;
    return 0;
}

void selectionSort(int data[], int n)
{
    int i, j, k, min, temp;
    for (i = 0; i < n-1; i++)  {
        min = i;
        for (j = i+1; j < n; j++)
            if (data[j] < data[min])
                min = j;
        temp = data[min];
        data[min] = data[i];
        data[i] = temp;
        cout << "step " << i+1 << ": ";
        for (k = 0; k < n; k++)
            cout << data[k] << " ";
        cout << endl;
    }
}
```

4.

```
//practice8-4.cpp
#include <iostream>
using namespace std;

int main()
{
    int data[6] = {26, 38, 15, 8, 25, 98};
    int i, input;
```

```
    cout << "Data: ";
    for (i=0; i<6; i++)
        cout << data[i] << " ";
    cout << endl;
    cout << "Enter a number to search: ";
    cin >> input;
    cout << "\nSearch....." << endl;
    for (i = 0; i < 6; i++)  {
        cout << "searching " << i+1 << " time(s) is " << data[i] << endl;
        if (input == data[i])
            break;
    }
    if (i < 6)
        cout << "Found, " << input << " is the " << i+1
             << "th record in data" << endl;
    else
        cout << input << " is not found! " << endl;

    return 0;
}
```

除錯題

試修正下列的程式，並輸出其結果。

1.

```
//arrDebug1.cpp
#include <iostream>
using namespace std;

int main()
{
    int arr[4] = [10, 20, 30, 40, 50];
    int i;
    cout << "印出所有陣列元素：";
    for (i=0; i<=5; i++)
        cout << arr[i];
    cout << endl;

    return 0;
}
```

2.

```
//arrDebug2.cpp
#include <iostream>
using namespace std;

int main()
{
    int[] arr = {1, 2, 3, 4, 5, 6, 7};
    int arrLength = sizeof(arr);
    cout << " 此陣列的長度爲 " << arrLength << endl;

    return 0;
}
```

3.

```
//arrDebug3.cpp
#include <iostream>
using namespace std;

int main()
{
    int num[2][3];
    int i, j;
    for (i=0; i<3; i++)
        for (j=0; j<2; j++)
            cout << " 請輸入 num[" << i << "][" << j << "]: " << num[i][j];
            cin >> num[i][j];
    cout << "\n 印出陣列 num 的所有元素 \n";
    for (i=0; i<3; i++)
        for (j=0; j<2; j++)
            cout << " 請輸入 num[" << i << "][" << j << "]: " << num[i][j];

    return 0;
}
```

4.

```
//arrDebug4.cpp
#include <iostream>
using namespace std;

int main()
{
    int arr[10] = {1, 2, 3, 4, 5, 6, 7, 8, 9, 10};
    int i, total;
    for (i=1; i<10; i++)
        total =+ arr[i];
    cout << "陣列的總和爲 " << total << endl;

    return 0;
}
```

5.

```
//arrDebug5.cpp
#include <iostream>
using namespace std;

void multiply(int);
int main()
{
    int num[5] = {1, 3, 5, 7, 9};
    int i;
    multiply(num);
    cout << "將每個元素乘以 10 後" << endl;
    for (i=0; i<5; i++)
        cout << "num[" << i << "]=" << num[i] << endl;
    return 0;
}

void multiply(int[] arr)
{
    int i;
    for (i=0; i<5; i++)
        num[i] *= 10;
}
```

程式設計

1. 氣泡排序（bubble sort）是將相鄰的資料兩兩相比，請將下列資料由小至大排序，假設有五個資料分別為 18、2、20、34、12，其氣泡排序運作過程如下，試撰寫一程式執行之。

第一次掃描	18	2	20	34	12	
	2	18	20	34	12	4次比較
	2	18	20	34	12	
	2	18	20	34	12	
結果	2	18	20	12	(34)	
第二次掃描	2	18	20	12		
	2	18	20	12		3次比較
	2	18	12	20		
結果	2	18	12	(20)		
第三次掃描	2	18	12			
	2	18	12			2次比較
結果	2	12	(18)			
第四次掃描	2	12				
結果	2	(12)				1次比較

2. 輸入學生 C++ 期中考選擇題的答案，並與標準答案對照，計算答對和答錯的題數，試撰寫一程式執行之。
3. 撰寫一程式，輸入二個 3*3 的矩陣，然後，將其相加後，輸出 3*3 的矩陣。其運作過程如下：

$$\begin{bmatrix} 1 & 2 & 3 \\ 4 & 5 & 6 \\ 7 & 8 & 9 \end{bmatrix} + \begin{bmatrix} 11 & 12 & 13 \\ 14 & 15 & 16 \\ 17 & 18 & 19 \end{bmatrix} = \begin{bmatrix} 1+11 & 2+12 & 3+13 \\ 4+14 & 5+15 & 6+16 \\ 7+17 & 8+18 & 9+19 \end{bmatrix} = \begin{bmatrix} 12 & 14 & 16 \\ 18 & 20 & 22 \\ 24 & 26 & 28 \end{bmatrix}$$

4. 撰寫一程式，輸入一個 2*3 的矩陣和一個 3*2 的矩陣，然後，將其相乘後，輸出 2*2 的矩陣。其運作過程如下：

$$\begin{bmatrix} 2 & 1 & -3 \\ -2 & 2 & 4 \end{bmatrix} * \begin{bmatrix} -1 & 2 \\ 0 & -3 \\ 2 & 1 \end{bmatrix} = \begin{bmatrix} 2(-1)+1(0)+(-3)+2 & 2(2)+1(-3)+(-3)1 \\ (-2)(-1)+2(0)+4(2) & (-2)2+2(-3)+4(1) \end{bmatrix}$$

$$= \begin{bmatrix} -8 & -2 \\ 10 & -6 \end{bmatrix}$$

5. 請撰寫一程式，隨機產生 6 個大樂透號碼，試試您的手氣。

學習心得

Chapter 9

指標

本章綱要

- ◆9-1 指標的觀念
- ◆9-2 指標變數
- ◆9-3 指標的用途
- ◆9-4 陣列與指標
- ◆9-5 於函式間傳遞陣列
- ◆9-6 應用範例：選擇排序法

指標（pointer）為 C++ 語言裡極為重要的主題，透過指標，我們可以深入記憶體內部，並做出一般高階語言無法辦到的事。藉由指標，我們可以隨時撰寫許多有關資料結構與演算法的程式。此外，指標與陣列也有相當密切的關聯。我們將在這一章先介紹指標的基本觀念，然後舉出指標的實際用途，並說明指標與陣列的互通性。

9-1 指標的觀念

開宗明義地說：指標就是記憶體「位址」（address）。大多數高階語言都把記憶體位址的管理視為系統內部的事，不容許程式設計師輕易接觸，這種設計當然有它的好處，至少可以避免使用者破壞系統的資料或程式。C 語言提供了指標的觀念，讓使用者能充分掌握系統的資源，雖然有些不可預期的危險，但它展現的威力卻不容忽視。

「指標就是位址」，而「位址」又是什麼呢？原來電腦內部的每個記憶單位都有特定的符號加以識別，一般來說，都是以位元組（byte）作為基本的單位。記憶體位址就好像門牌號碼，每一家都擁有一個唯一的編號。

當我們宣告一個普通的變數時：

```
int num;
```

系統便會保留一塊適當的記憶體空間，這塊空間中第一個位元組的位址便是該變數的位址。對程式設計者而言，我們只注意到變數的名稱（name）與它擁有的值（value），這個名稱僅對我們有意義。經過編譯程式轉換後，所有的變數名稱都會轉換為它們在記憶體內的位址，這個過程是我們看不到的，但在 C++ 語言裡，卻可經由 & 運算子取得該變數的位址。

舉例來說，假設變數 num 位於記憶體編號 0012FF7C 的地方，這表示從記憶體位址 0012FF7C 開始的連續四個位元組將分配給 num 使用，因為 num 為 int 型態，而 int 型態系統將配置四個位元組給它：

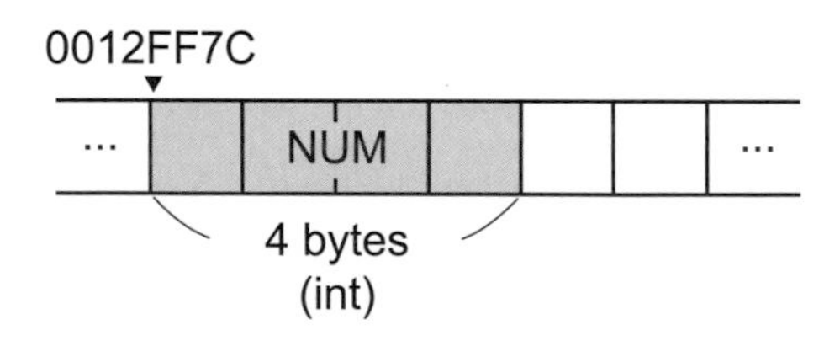

若是指定某個數值給 num：

```
num = 10;
```

0012FF7C

...		10				...

於是以後當我們提及 num 時，從該處取得的記憶體內容便是 10，這也就是使用者於外界看到的變數值。

前面說過，若想知道變數 num 的位址，可以用 & 運算子輔助之，本例中得到的結果便爲 0012FF7C：

```
num == 10（值）
&num == 0012FF7C（位址）
```

9-2 指標變數

透過 & 運算子即可取得變數的位址，這個位址可以說是指標常數，其爲固定的值。我們是否也能宣告一個指標變數，而使其保存任意的位址呢？答案是可以的，但該如何宣告呢？

也許您認爲是底下這樣：

```
pointer ptr;
```

於是便能宣告 ptr 爲一指標變數，事實上這是不夠的，系統除了要知道 ptr 爲一指標外，還必須了解 ptr 所指向的究竟是哪一種資料型態。C++ 語言裡正確的指標變數宣告方式是這樣的：

```
type *ptr;
```

type 爲該指標所指物件（object）的型態，譬如 int、char、float 等等，然後以一個星號（*）代表後面的名稱爲指標變數，下面的宣告都是合法的：

```
int *ptr1;             /* 指向 int 的指標 */
char *ptr2;            /* 指向 char 的指標 */
float *ptr3;           /* 指向 float 的指標 */
```

指標變數本身仍然存放於固定的地方（就如普通的變數），但其內容則是某個記憶體的位址，我們可以透過 *（間接運算子）取得指標所指向的值。

&ptr 當然是個位址，而且固定不會改變；而 ptr 則是變數，它所儲存的內容爲記憶體位址，我們可以設定不同變數的位址給它；至於 *ptr 則是 ptr 所指向位址的內含值。由於我們已經宣告了指標變數的型態，所以系統才有辦法知道如何解釋 ptr 所指向區域的內容。

運算子 * 和 & 大致上可說是互補的，譬如有個簡單的宣告：

```
int num;
```

&num 即爲該變數的位址，若以 * 運算子作用於前者，即 *(&num)，那麼應該能取得該位址所指的值，這個值實際上也就是 num，所以我們可以說：

```
*(&num) == num
```

底下有個小小的範例：

範例

```
1  //ptrToaVar.cpp
2  #include <iostream>
3  using namespace std;
4
5  int main()
6  {
7      int num = 10;
8      int *ptr_num;
9
10     cout << "num = " << num << ", &num = " << &num << endl;
11
12     ptr_num = &num;
13     cout << "*ptr_num = " << *ptr_num << endl;
14     cout << "ptr_num = " << ptr_num << endl;
15     cout << "&ptr_num = " << &ptr_num << endl;
16
17     return 0;
18 }
```

```
num = 10, &num = 0x7ffeefbff4d8

*ptr_num = 10
ptr_num = 0x7ffeefbff4d8
&ptr_num = 0x7ffeefbff4d0
```

開始的時候，變數 num 位於 0x7ffeefbff4d8 的地方，而其內含值爲 10，至於此時的指標變數 ptr_num ，位於 0x7ffeefbff4d0 的地方，而其內容則是未定義的：

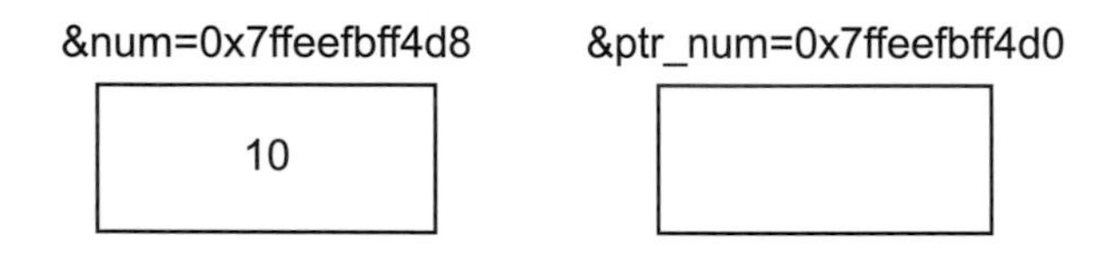

程式中有條極爲重要的敘述：

```
ptr_num = &num;
```

於是會造成底下的結果：

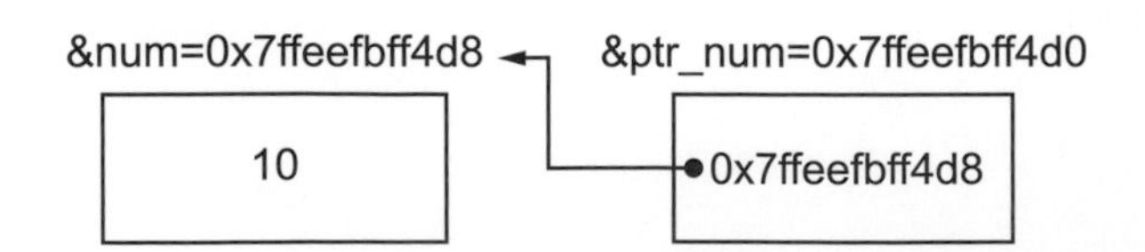

當我們以 * 運算子作用於 ptr_num 之上時，正如同取得了 num 的值，所以上面的敘述就好像是

```
*ptr_num = num;
```

如果您認爲這樣沒有問題，那您就錯了，因爲在宣告之初，我們並沒有給予 ptr_num 任何初始值，所以 ptr_num 的內容爲垃圾值。當我們直接把 num 值設定給 ptr_num 時，可能當時的 ptr_num 正好指向程式或資料區的部分，往往這種作法將導致系統當機。我們必須強調，任何指標變數在使用前，一定要先有個具有意義的設定（譬如特定的硬體位址或是前面例子中某個變數的位址等），然後才能以 * 得到此變數的內含值。

指標是 C 語言最具有特色的主題，若您沒學好指標，等於沒學過 C 語言一般。而 C++ 的重點不是指標，但會利用指標來解決問題，您也是要了解的。本章往後的主題皆會與指標有密切的關係，請讀者多花一點心思，仔細地研究一下。

9-3 指標的用途

本節將介紹指標所提供的用途之一：如何透過函式呼叫，而把兩個實際參數的值互相置換過來，這種動作常常發生，有必要詳細討論。底下有個簡單的作法：

範例

```
1   //swap1.cpp
2   #include <iostream>
3   using namespace std;
4
5   void swap(int, int);
6   int main()
7   {
8       int x = 66, y = 88;
9
10      cout << "Initial ..." << endl;
11      cout << "  x = " << x << ", y = " << y << endl;
12      swap(x, y);
13      cout << "\nAfter swapping ..." << endl;
14      cout << "  x = " << x << ", y = " << y << endl;
15
16      return 0;
17  }
18
19  void swap(int a, int b)
20  {
```

```
21    int temp;
22
23    temp = a;
24    a = b;
25    b = temp;
26 }
```

變數 x 與 y 的初值分別是 66 和 88，我們希望透過函式呼叫

```
swap(x, y);
```

之後，而使 x, y 的值互相調換。換句話說，x 變成 88，而 y 則爲 66。可想而知，程式的重點當然在於函式 swap() 的作法：

```
void swap(int a, int b)
{
    int temp;
    temp = a;
    a = b;
    b = temp;
}
```

注意，變數 a 與 b 分別是形式參數，互換的動作並非如下敘述那麼簡單：

```
a = b;
b = a;
```

這兩條敘述並無法將 a、b 的資料互相交換，因爲當我們拿 a 值設定給 b 之前，a 的值已經被設定爲 b 值了，最後的結果將使 a 與 b 這兩個變數都擁有原始的 b 值。

正確的方式是另外建立一個暫時變數 temp，先把 a 值儲存於 temp，然後把 b 值設定給變數 a，最後才拿暫存變數值 temp 指定給變數 b。可參閱下圖：

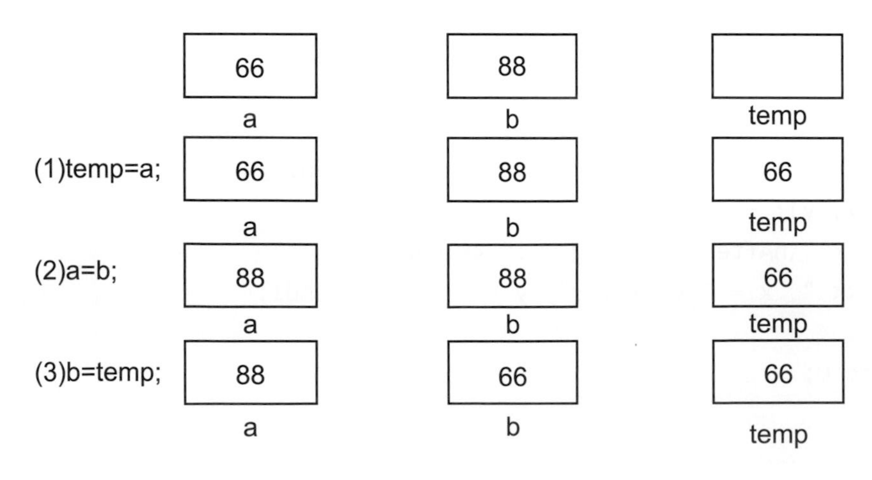

函式 swap() 的處理方式應該沒有問題，我們把執行結果列示出來看看能否成功：

```
Initial ...
  x = 66, y = 88

After swapping ...
  x = 66, y = 88
```

奇怪！兩個變數 x 和 y 的數值竟然沒有互換，到底哪裡出了問題？我們用底下的程式加以檢驗：

範例

```
1   //swap2.cpp
2   #include <iostream>
3   using namespace std;
4
5   void swap(int, int);
6   int main()
7   {
8       int x = 66, y = 88;
9
10      cout << "Initial ..." << endl;
11      cout << "  x = " << x << ", y = " << y << endl;
12      swap(x, y);
13      cout << "\nAfter swapping ..." << endl;
14      cout << "  x = " << x << ", y = " << y << endl;
15
16      return 0;
17  }
18
19  void swap(int a, int b)
20  {
21      int temp;
22
23      cout << "\nIn swap() ..." << endl;
24      cout << "  a = " << a << ", b = " << b << endl;
25      temp = a;
26      a = b;
27      b = temp;
28      cout << "End swap() ..." << endl;
29      cout << "  a = " << a << ", b = " << b << endl;
30  }
```

程式中以 cout 印出各個變數的值，藉以追蹤程式的流程，輸出是這樣的：

```
Initial ...
  x = 66, y = 88

In swap() ...
  a = 66, b = 88
End swap() ...
  a = 88, b = 66

After swapping ...
  x = 66, y = 88
```

在函式 swap() 內部，形式參數 a 與 b 的值的確已經互換，可見得我們採用的方法並沒有錯誤，但回到主程式時，實際參數 x，y 卻不受影響。原來 C++ 語言裡函式參數的傳遞方式是採取所謂「以值呼叫」（call by value）的技巧，也就是說，函式被呼叫時，形式參數僅會接受到實際參數的拷貝值，不論在函式中對形式參數做出任何動作，實際參數都不受其影響。

或許利用 return 敘述可以解決部分的問題，但是每個函式最多僅能傳回一個值，而本例卻想更改兩個變數的值，所以 return 敘述無法解決我們的困境。

正確的作法是採取「以址呼叫」（call by address）的參數傳遞方式。換句話說，我們把變數 x 與 y 的位址（亦即指標）傳進函式 swap()。在 swap() 內部，就讓所需的運算發生於實際參數的位址上，如此一來，當控制權回到 main() 時，變數 x 和 y 的值就能改變了。

有了這些觀念，我們該來想想程式要如何設計。首先是函式呼叫應該變成：

```
swap(&x, &y);
```

我們把 x 與 y 的位址傳進函式 swap()。由於該參數乃指向 int 型態的指標，所以 swap() 定義宣告部分的形式參數也必須修改：

```
void swap(int *, int *);
```

函式原形指出函式 swap() 將接受兩個參數，它們都是指向 int 的指標，而 swap() 的函式本體也需要改寫：

```
void swap(int *a, int *b)
{
    int temp;
    temp = *a;
    *a = *b;
    *b = temp;
}
```

還記得吧，a 與 b 都是指標變數，可接受任何指向 int 型態的位址，而 *a 和 *b 則爲指標所指之處的內含值。底下是完整的程式：

範例

```
1  //swap3.cpp
2  #include <iostream>
3  using namespace std;
4
5  void swap(int *, int *);
6  int main()
7  {
8      int x = 66, y = 88;
9
10     cout << "Initial ..." << endl;
11     cout << "  x = " << x << ", y = " << y << endl;
12     swap(&x, &y);
13     cout << "\nAfter swapping ..." << endl;
14     cout << "  x = " << x << ", y = " << y << endl;
15
16     return 0;
17 }
18
19 void swap(int *a, int *b)
20 {
21     int temp;
22
23     cout << "\nIn swap() ..." << endl;
24     cout << "  *a = " << *a << ", *b = " << *b << endl;
25     temp = *a;
26     *a = *b;
27     *b = temp;
28     cout << "End swap() ..." << endl;
29     cout << "  *a = " << *a << ", *b = " << *b << endl;
30 }
```

如此一來，變數 x 與 y 便可互換了：

```
Initial ...
  x = 66, y = 88

In swap() ...
  *a = 66, *b = 88
```

```
End swap() ...
  *a = 88, *b = 66

After swapping ...
  x = 88, y = 66
```

以址呼叫的技巧威力頗大，但它也有某些缺點，濫用的結果可能導致不少副作用（side-effect），而意外地把實際參數改變了，以值呼叫就不會有這種效應。大都是使用以值呼叫，除非有實際需要才採取以址呼叫，而且在使用時也必須認清眞正的目的與可能發生的影響。

9-4 陣列與指標

陣列與指標究竟有什麼關係呢？

事實上，陣列的名稱即爲該陣列第一個元素的位址，所以陣列的名稱也是指標。例如有個簡單的整數陣列：

```
int ary[5];
```

陣列名稱 ary 即等價於 ary[0] 的位址，也就是說：

```
ary == &ary[0]
```

它們都是固定的位址，一旦確認之後就不會任意變動。系統有了 ary 的位址，再配合陣列元素的型態與元素的註標值，便可求出特定元素的位址：

&ary[0]	&ary[1]	&ary[2]	&ary[3]	&ary[4]
ary[0]	ary[1]	ary[2]	ary[3]	ary[4]

先來看看一個簡單的測試：

範例

```
1   //array&Pointer.cpp
2   #include <iostream>
3   using namespace std;
4
5   int main()
6   {
7       int a[6] = {1, 2, 3, 4, 5, 6};
8       double b[6] = {1.1, 2.2, 3.3, 4.4, 5.5, 6.6};
9       int i;
10
```

```
11      for (i=0; i<6; i++)
12           cout << "&a[" << i << "]=" << &a[i]
13                << ", a+" << i << "=" << (a+i) << endl;
14      cout << endl;
15      for (i=0; i<6; i++)
16           cout << "&b[" << i << "]=" << &b[i]
17                << ", b+" << i << "=" << (b+i) << endl;
18
19      return 0;
20  }
```

程式中共有兩個陣列：

```
int a[6];
double b[6];
```

我們要觀察的是：當我們把固定常數加諸於陣列名稱時，將會發生什麼事。以下就是執行的結果：

```
&a[0]=0x7ffeefbff4f0, a+0=0x7ffeefbff4f0
&a[1]=0x7ffeefbff4f4, a+1=0x7ffeefbff4f4
&a[2]=0x7ffeefbff4f8, a+2=0x7ffeefbff4f8
&a[3]=0x7ffeefbff4fc, a+3=0x7ffeefbff4fc
&a[4]=0x7ffeefbff500, a+4=0x7ffeefbff500
&a[5]=0x7ffeefbff504, a+5=0x7ffeefbff504

&b[0]=0x7ffeefbff4c0, b+0=0x7ffeefbff4c0
&b[1]=0x7ffeefbff4c8, b+1=0x7ffeefbff4c8
&b[2]=0x7ffeefbff4d0, b+2=0x7ffeefbff4d0
&b[3]=0x7ffeefbff4d8, b+3=0x7ffeefbff4d8
&b[4]=0x7ffeefbff4e0, b+4=0x7ffeefbff4e0
&b[5]=0x7ffeefbff4e8, b+5=0x7ffeefbff4e8
```

先觀察陣列 a[]，位址常數 a 的位址比 (a+1) 的位址少了 4。根據結果顯示，陣列名稱 a 每增加 1，位址都會多出 4。至於陣列 b[] 的情形也頗雷同，只不過它每次會增加 8。

其實在 C++ 語言裡，把指標值加 1 並不意味著到下一個位元組位址，真正的涵義是「指向下一個物件」。譬如陣列 a[]，在此所謂的物件就是 int 型態，於是當我們把 a 加 1 時，將使指標指到下一個元素的位址，這個位址與 a 的位址剛好相差 4，因爲 int 型態佔用四個位元組。同樣的道理，陣列 b 是 double 型態，所以指標 b 每增加 1，便會造成位址增加 8。注意！您不必在意輸出結果的位址數字，因爲您執行的結果會和我不一樣。

下圖將提供一個很好的說明：

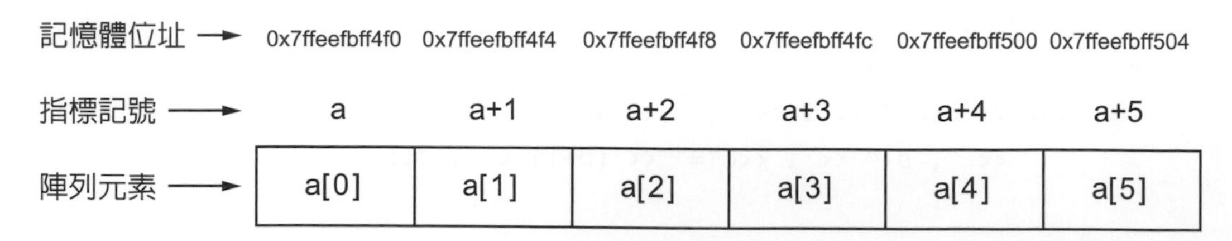

有了指標增減的觀念，我們可以再導出另一層關係：拿指標 (a+2) 來說，它是指向 int 的位址。我們若以 * 運算子作用其上，應該可以得到它所指位址的內含值，而這個值若以陣列記號來表示恰巧為 a[2]，所以底下的關係是成立的：

```
*(a+2) == a[2]
```

若將其一般化，則可導出下列關係：

```
(a+i) == &a[i];
*(a+i) == a[i];
```

從這裡便可看出陣列與指標的緊密關係，兩種形式都是允許的。

順便提出一點，*(a+i) 和 *a+i 意義上完全不同的，由於 * 擁有比 + 還高的優先順序，所以後者的實際效果是 (*a)+i；亦即先取得陣列元素 a[0] 的值，然後才將該值加上 i，這與前者代表的元素 a[i] 大不相同。我們來看下面一個範例：

範例

```
1   //array&Pointer2.cpp
2   #include <iostream>
3   using namespace std;
4
5   int main()
6   {
7       int i;
8       int a[] = {10, 20, 30, 40, 50};
9       int *ptr=a;
10
11      for (i=0; i<sizeof(a)/sizeof(int); i++) {
12          cout << " a[" << i << "] = " << a[i] << endl;
13          cout << " *(ptr+" << i << ") = " << *(ptr+i) << endl << endl;
14      }
15
16      return 0;
17  }
```

以下就是執行的結果：

```
a[0] = 10
*(ptr+0) = 10

a[1] = 20
*(ptr+1) = 20

a[2] = 30
*(ptr+2) = 30

a[3] = 40
*(ptr+3) = 40

a[4] = 50
*(ptr+4) = 50
```

程式中

```
int *ptr = a;
```

表示

```
int *ptr;
ptr = a;
```

亦即 ptr 指向陣列第一個元素的位址，接下來利用指標 ptr 擷取陣列中的每一個元素之值。當然，ptr 一開始並不一定是要指向陣列中的第一個元素位址，任何一個元素的位址皆可，如

```
ptr = a+2;
```

則 ptr 指向陣列的第三個元素的位址，此時

```
*ptr == 30
*(ptr+1) == 40
*(ptr+2) == 50
```

而

```
*(ptr-1) == 20
*(ptr-2) == 10
```

從上一例題得知：陣列名稱 a 是指標，因爲它表示陣列第一個元素的位址，而此範例的 ptr 也是指標，因爲它定義爲 int *，所以這二個名稱是互通的。如 *a 和 *ptr 是一樣，a[0] 和 ptr[0] 皆可得到 a[0]，以此類推

```
*(a+i) == *(ptr + i) == a[i]
```

唯一不同的是：陣列名稱 a 是指標常數（pointer constant）；ptr 是指標變數（pointer variable），因此，ptr 可以使用前置加（減）和後繼加（減），但陣列名稱不可以使用之。

接下來將討論二維陣列元素與指標的關係。二維陣列通常需以兩個註標值來表示擷取某一元素的值，根據前述的 a[i] 等於 *(a+i) 觀念，我們可以導出下列關係：

```
ary[i][j] == (ary[i])[j]
          == *(ary[i]+j)
          == *(*(ary+i)+j)
```

這個結果就是程式中存取元素的方法。若想以指標方法表達二維陣列，必須透過兩次 * 運算子的作用；三維指標則需作用三次 * 運算；多維陣列的觀念可依同理衍生。

```
int ary[3][4] = {{1,2,3,4},{5,6,7,8},{9,10,11,12}};
```

也可以定義爲另一種表示方式

```
int ary[3][4] = {{1,2,3,4}, {5,6,7,8},{9,10,11,12}};
int *ptr[3] = {ary[0], ary[1], ary[2]};
```

如以下範例所示：

範例

```
1   //array&Pointer3.cpp
2   #include <iostream>
3   using namespace std;
4
5   int main()
6   {
7       int ary[3][4] = {{1,2,3,4}, {5,6,7,8},{9,10,11,12}};
8       int *ptr[3] = {ary[0], ary[1], ary[2]};
9       int i;
10
11      printf("\n");
12      for (i=0; i<3; i++)
13          cout << "ptr[" << i << "]=" << *ptr[i]
14               << ", **(ptr+" << i << ")=" << **(ptr+i) << endl;
15
16      return 0;
17  }
```

```
*ptr[0]=1, **(ptr+0)=1
*ptr[1]=5, **(ptr+1)=5
*ptr[2]=9, **(ptr+2)=9
```

程式中

```
int *ptr[3]
```

由於 [] 比 * 的運算優先順序來得高，因此 ptr[3] 是一個陣列，此陣列有 3 個元素，每一個元素都是指向 int 的指標。

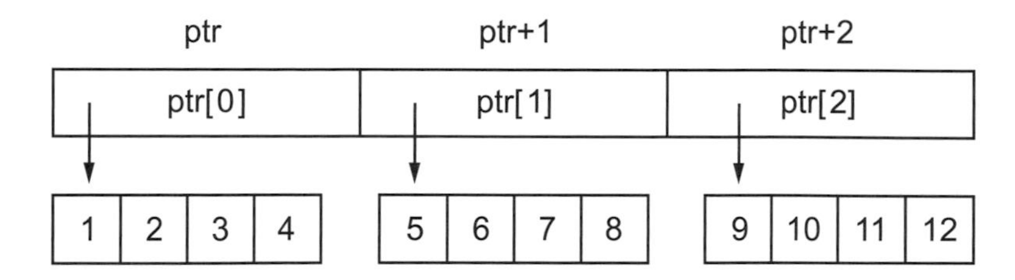

此時我們可以經由

```
*ptr[0] == **ptr == 1
*ptr[1] == **(ptr+1) == 5
*ptr[2] == **(ptr+2) == 9
```

同理

```
*(ptr[0]+3) == *(*ptr+3) == 4
*(ptr[1]+3) == *(*(ptr+1)+3) == 8
*(ptr[2]+3) == *(*(ptr+2)+3) == 12
```

我們再來看一範例

範例

```
1   //twoPointers.cpp
2   #include <iostream>
3   using namespace std;
4
5   int main( )
6   {
7       int a[] = {0, 1, 2, 3, 4};
8       int *p[] = {a, a+1, a+2, a+3, a+4};
9       int **pp = p;
10
11      cout << "*p[2] = " << *p[2] << endl;
12      cout << "**pp = " << **pp << endl;
13      cout << "**(pp+2) = " << **(pp+2) << endl;
14      cout << "*(*(pp+2)+2) = " << *(*(pp+2)+2) << endl;
15
16      return 0;
17  }
```

```
*p[2] = 2
**pp = 0
**(pp+2) = 2
*(*(pp+2)+2) = 4
```

程式中前三個敘述可以圖形表示如下：

```
int a[] = {0, 1, 2, 3, 4};
```

a	a+1	a+2	a+3	a+4
0	1	2	3	4

```
int *p[] = {a, a+1, a+2, a+3, a+4};
```

p[0]	p[1]	p[2]	p[3]	p[4]
↓	↓	↓	↓	↓
a	a+1	a+2	a+3	a+4
0	1	2	3	4

```
int **PP = p;
```

pp 是指向指標的指標，此敘述的圖形表示如下：

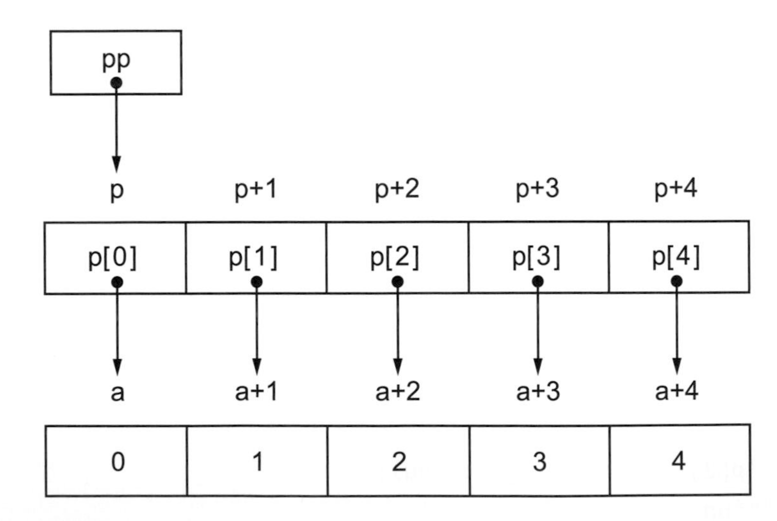

此時我們可從圖形得知，

```
    pp == p;
    *pp == p[0] == a
∴  **pp == *a == 0
```

而

```
pp+2 == p+2
*(pp+2) == p[2] == a+2
*(pp+2)+2 == (a+2)+2 == a+4
```

∴ `*(*(pp+2)+2) == 4`

9-5 於函式間傳遞陣列

如何把陣列當作參數於函式間傳遞？聰明的您想一想，便可發覺拷貝陣列所有的元素將是一件極不明智的舉動，不僅浪費時間，而且程式也會沒有彈性。比較好的方法則是傳遞與陣列有關的重要資訊，像是陣列的起始位址、陣列元素的型態、或是陣列的大小等等。有了這些資訊，函式內部便能針對原始陣列做出一番處理。

底下是一個完整的例子，示範了陣列參數的宣告方式以及陣列與指標的相互關係：

範例

```
1  //array&Function.cpp
2  #include <iostream>
3  #include <iomanip>
4  using namespace std;
5
6  #define SIZE 10
7  void list(int *, int);
8  void add_20(int *, int);
9  void minus_1(int *, int);
10 int sum(int *, int);
11
12 int main()
13 {
14     int array[SIZE] = {1,2,3,4,5,6,7,8,9,10};
15     cout << "The source array: ";
16     list(array, SIZE);
17
18     add_20(array, SIZE);
19     cout << "\nAfter adding 20: ";
20     list(array, SIZE);
21
22     minus_1(array, SIZE);
23     cout << "\nThen minus 1: ";
24     list(array, SIZE);
```

```
25
26      cout << "\nSum of the elements : " << sum(array, SIZE);
27      cout << endl;
28
29      return 0;
30  }
31
32  void list(int ary1[], int size)
33  {
34      int i;
35      cout << endl;
36         for (i=0; i<size; i++) {
37             cout << setw(5) << ary1[i];
38             if (((i+1) % 5) == 0)
39                 cout << endl;
40         }
41  }
42
43  void add_20(int *ary2, int size)
44  {
45      int i;
46
47      for (i=0; i<size; i++)
48          *(ary2+i) += 20;
49  }
50
51  void minus_1(int *ary3, int size)
52  {
53      int i;
54
55      for (i=0; i<size; i++)
56          --(*ary3++);
57  }
58
59  int sum(int *ary4, int size)
60  {
61      int i, total=0;
62
63      for (i=0; i<size; i++)
64          total += ary4[i];
65      return(total);
66  }
```

程式中我們提供了四個函式的原型來處理它：

```
void list(int *, int);          /* 列印陣列 */
void add_20(int *, int);        /* 把每個元素加 20*/
void minus_1(int *, int);       /* 把每個元素減 1*/
int sum(int *, int);            /* 計算元素的總和 */
```

從函式原形看來，每個函式都需要兩個參數，最重要的當然是指向 int 的指標變數，這個變數將接受主程式傳來的陣列起始位址。另一個參數則爲陣列元素的個數，函式唯一能知道陣列實際大小的條件，就是由外界告知，當然您也可以用一數字表示而免除該項參數，但這麼做畢竟降低了函式的彈性。

呼叫各個函式時，實際參數分別爲 array 陣列與常數 SIZE，陣列名稱 array 便是陣列的第一個元素的位址，所以這是以址呼叫的例子，因此原始陣列經過函式作用後，可能會有所改變。

先來看函式 list()：

```
void list(int ary1[], int size)
{
    ....
    cout << setw(5) << ary1[i];
    ....
}
```

形式參數 ary1 採用陣列符號，中括號內部是空的，即使寫上任何數值，也不會有任何作用。這個參數所宣告的意思是 ary1 乃爲一個指標變數，它與接下來的函式

```
void add_20(int *ary2, int size)
{
    for (i=0, i<size; int *ary2)
        *(ary2+1) += 20;
}
```

在參數宣告上完全一致，幾乎可以這麼說：int ary[]; 與 int *ary; 具有相同的涵義，而且不論採用何種方法，函式中都可以用陣列記號或指標觀念來存取任何一個元素。

函式 minus_1 內有條複雜的式子：

```
--(*ary3++);
```

我們先從小括號內部看起：

```
*ary3++;
```

* 和 ++ 擁有相同的優先序，但其關聯性爲由右到左，所以確實的結合關係爲

```
*(ary3++);
```

換句話說，遞增運算子 ++ 所作用的對象是指標變數 ary3，而非指標 ary3 所指的內容 *ary3。由於遞增運算子採取後繼形式，所以這條敘述的意思是說先取得 ary3 所指的 int 數值，然後用 ++ 運算使 ary3 指向下一個元素；因此經過了 for 迴圈的循環，整個陣列的元素都將完全掃瞄。最後再加上前置形式的遞減運算子 --，可使陣列中每一個元素都減 1。

我們來看看執行結果：

```
The source array:
    1    2    3    4    5
    6    7    8    9   10

After adding 20:
   21   22   23   24   25
   26   27   28   29   30

Then minus 1:
   20   21   22   23   24
   25   26   27   28   29

Sum of the elements : 245
```

由於採取以址呼叫的方式，所以原始陣列已被破壞，幸好這正是我們的目的。

最後提出一點：我們在函式 minus_1() 中之所以可以做出 ary3++ 之類的動作，原因在於 ary3 是個指標「變數」；至於主程式中的陣列 array[] 就不能出現下列式子：

```
array++;        /* 錯誤 */
array--;        /* 錯誤 */
```

理由很簡單，陣列的名稱乃該陣列第一個元素的位址，它是個「指標常數」啊！

二維陣列作爲參數傳遞時，也是利用位址傳遞的觀念。譬如有個函式呼叫：

```
int ary[2][4];
call(ary);
```

函式 call() 可宣告爲

```
void call(int a[][4]);
```

或者是

```
void call(int (*a)[4]);
```

不論如何，中括號的數值 4 絕對不能遺漏，就如同討論二維陣列初始化規則時所做的解釋，系統必須根據第二對中括號內的數值，來判定陣列的確實結構。同理可推得多維陣列的參數宣告。總而言之，只有最左邊那一對中括號允許是空的，或是將其轉換爲指標，其餘的維數都必須明確標示出來。

由於運算子優先順序的影響，若採用指標形式的宣告方式，有必要借助小括號的幫忙：

```
int (*a)[4];
```

它代表有個指標變數 a，它所指的元件爲含有 4 個 int 元素的陣列，這正是我們所要的意義。如果省略小括號，再加上 [] 的優先序高於 *，所以結果會是

```
int *(a[4]);
```

這個宣告的意思卻成爲存在一個含有 4 個元素的陣列，而每個元素都是指向 int 的指標，也就是總共會有 4 個指標，這並非我們想要的結果。參閱下圖就清楚多了：

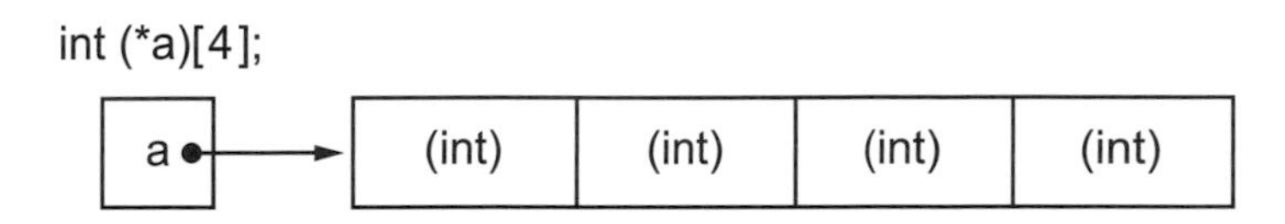

而 int *a[4]；或是 int *(a[4]) 其圖形如下：

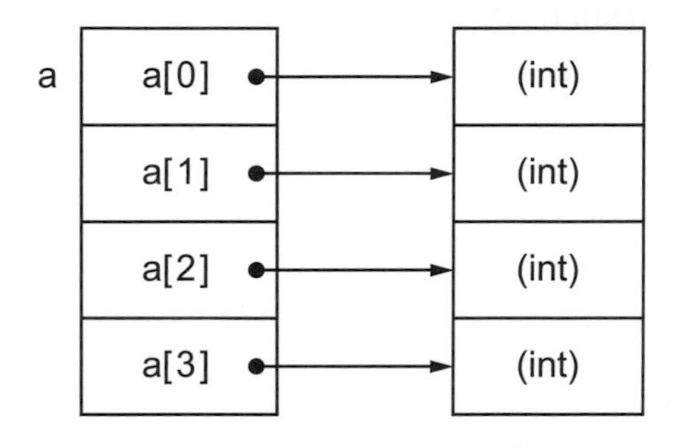

9-6 應用範例：選擇排序法

了解了陣列與指標的觀念，並知道如何交換兩數值，也清楚怎樣讓陣列於函式間傳遞。本節將介紹另外一種排序法：選擇排序法（Selection Sort）。我們在程式設計技巧上將採取模組化的觀念：

模組一、資料交換

模組二、選擇排序法

模組三、印出陣列內容

選擇排序法的觀念非常簡單，首先找出串列中最小的元素，然後把它放到一個位置（也就是和第一個元素互換），接著就其他剩餘的元素，再找出最小的與第二個元素互換，這種過程一直持續到剩下一個元素爲止。很直覺地，這大概又是巢狀 for 迴圈的應用時機。請參閱範例程式 selectionSort.cpp。

範例

```
1  //selectionSort.cpp
2  #include <iostream>
3  #include <iomanip>
4  using namespace std;
5  
6  #define N 10
7  void list(int *);
8  void swap(int *, int *);
9  void selectionSort(int *);
10 
11 int main()
12 {
13     int i,arr[N];
14     srand(unsigned(time(NULL)));
15     for (i=0; i<N; i++)
16         arr[i] = rand() % 100 + 1;
17 
18     cout << "\nSource array ...\n";
19     list(arr);
20 
21     selectionSort(arr);
22     cout << "Sorting ...\n";
23     list(arr);
24 
25     return 0;
26 }
27 
28 void list(int *array)
29 {
30     int i;
31 
32     for (i=0; i<N; i++) {
33         cout << setw(5) << array[i];
34         if (((i+1) % 5) == 0)
35             cout << endl;
36     }
37     cout << endl;
38 }
39 
40 void swap(int *i, int *j)
```

```
41 {
42     int temp;
43 
44     temp = *i;
45     *i = *j;
46     *j = temp;
47 }
48 
49 void selectionSort(int *arr2)
50 {
51     int i, j, min;
52 
53     for (i=0; i<N; i++) {
54         min = i;
55         for (j=i; j<N; j++)
56             if (arr2[j] < arr2[min])
57                 min = j;
58         swap(&arr2[min], &arr2[i]);
59     }
60 }
```

重點自然是函式 selectionSort( )：

```
void selectionSort(int *array)
{
    int i, j, min;

    for (i=0; i<N; i++) {
        min = i;
        for (j=i; j<N; j++)
            if (array[j] < array[min])
                min = j;
        swap(&array[min], &array[i]);
    }
}
```

外層迴圈表示目前該填入適當數值的陣列位置，這個位置將從 0 增加到 (N-1) 爲止；內層 for 迴圈則負責找出陣列中剩餘的最小元素，然後拿它與目前位置的元素交換（目前位置所指的即爲註標 i 的位置）。

一開始我們便假設目前位置的元素是最小的，當後面的元素比它還小時，我們並非立刻與之交換，而且利用另一個變數 min 暫時把目前最小元素的註標值記錄下來，往後的比較對象都變成 array[min]，其實我們在 for 迴圈開始時便把 i 設定給 min。等到內層迴圈完全循環並確定最小元素的位置後，才眞正拿它與 array[i] 互換。這種技巧將可節省很多不必要的交換動作。

我們來看看執行情形：

```
Source array ...
   59   80   37   48   58   63   75   78    1   50
Sorting ...
    1   37   48   50   58   59   63   75   78   80
```

本章習題

選擇題

1. 有一片段程式如下：

```
int x = 100;
int *ptr = &x;
```

試問下列哪一項爲僞？

(A) ptr 是一指標變數（pointer variable），裡面的資料是 x 變數的記憶體位址

(B) *ptr 的值是 100 與 x 的值是一樣的

(C) ptr 與 &x 是相同的，皆爲位址

(D) 第二條敘述是將 &x 指定給 *ptr。

有一片段程式如下，請回答第 2~3 題。

```
int arr[] = {10, 20, 30, 40, 50};
int *ptr = arr+1;
```

2. 試問 *(ptr+2) 的值爲何？

(A) 20　(B) 30　(C) 40　(D) 50。

3. 試問 *ptr+1 的值爲何？

(A) 20　(B) 21　(C) 41　(D) 51。

有一片段程式如下，請回答第 4~5 題。

```
int a[] = {10, 20, 30, 40, 50};
int *pa[] = {a+1, a, a+2, a+4, a+3};
int **pp = pa+1;
```

4. 試問 **pp 的值爲何？

(A) 10　(B) 20　(C) 30　(D) 40。

5. 試問 *(*(pp+2)) 的值爲何？

(A) 20　(B) 30　(C) 40　(D) 50。

上機實作

一、請自行練習本章的範例程式。

二、試問下列程式的輸出結果。

1.

```
//practice9-1
#include <iostream>
using namespace std;

int main()
{
    int num = 10;
    int *ptr_num = &num;

    cout << "num = " << num << ", &num = " << &num << endl;

    cout << "&ptr_num = " << &ptr_num
          << ", ptr_num = " << ptr_num << endl;

    cout << "*ptr_num = " << *ptr_num << endl;

    *ptr_num =20;
    cout << "num = " << num << ", *ptr_num = " << *ptr_num << endl;

    return 0;
}
```

2.

```
//practice9-2.coo
#include <iostream>
using namespace std;

int main()
{
    int a[] = {1, 2, 3, 4, 5};
    int *ptr = a;
    cout << "ptr[0] = " << ptr[0] << endl;
    cout << "ptr[-1] = " << ptr[-1] << endl;
    cout << "ptr[1] = " << ptr[1] << endl << endl;
```

```
    ptr = a + 1;
    cout << "ptr[0] = " << ptr[0] << endl;
    cout << "ptr[-1] = " << ptr[-1] << endl;
    cout << "ptr[1] = " << ptr[1] << endl << endl;

    return 0;
}
```

3.

```
//practice9-3.coo
#include <iostream>
using namespace std;

int main( )
{
    int a[] = {10, 11, 12, 13, 14};
    int *p[] = {a+1, a, a+2, a+4, a+3};
    int **pp = p;
    cout << "*p[2] = " << *p[2] << endl;
    cout << "**pp = " << **pp << endl;
    cout << "*(*(pp+2)+2) = " << *(*(pp+2)+2) << endl;

    return 0;
}
```

除錯題

試修正下列的程式，並輸出其結果。

1.

```
//ptrDebug1.cpp
#include <iostream>
using namespace std;

int main()
{
    int num = 30;
    int *ptr;
    ptr = num;
    cout << "num 的內容爲 " << num << endl;
```

```
    cout << " 透過 ptr 取得 num 的值爲 " << ptr << endl;

    return 0;
}
```

2.

```
//ptrDebug2.cpp
#include <iostream>
using namespace std;
int main()
{
    int num = 30;
    int *ptr = num;
    cout << "num 的值爲 " << num << endl;
    cout << " 透過 ptr 指標對 num 加上 20" << endl;
    ptr += 20;
    cout << "num 的值爲 " << num << endl;

    return 0;
}
```

3.

```
//ptrDebug3.cpp
#include <iostream>
using namespace std;
#define SIZE 5

int main()
{
    int arr[5] = {1, 3, 5, 7, 9};
    int arrLen = 5;
    int *ptr = arr;
    int i;
    cout << " 原陣列 : ";
    for (i=0; i<SIZE; i++)
        cout << *ptr + i;
    cout << endl;
    cout << " 將所有陣列元素乘以 10 後 : ";
    for (i=0; i<SIZE; i++) {
```

```
            *ptr+i *= 10;
            cout << *ptr+i;
        }
        cout << endl;

        return 0;
    }
```

4.

```
//ptrDebug4.cpp
#include <iostream>
using namespace std;

void swap(int, int);
int main()
{
    int a = 10, b = 20;
    cout << "a=" << a << ", b=" << b << endl;
    cout << "調換 a 變數和 b 變數的內容後...";
    swap(a, b);
    cout << "a=" << a << ", b=" << b << endl;

    return 0;
}

void swap(int a, int b)
{
    int temp;
    temp = a;
    a = b;
    b = temp;
}
```

5.

```
//ptrDebug5.cpp
#include <iostream>
using namespace std;
#define SIZE 5
```

```
int sum(int, int);
int main()
{
    int arr[SIZE] = {100, 110, 120, 130, 140};
    cout << "陣列的總和爲 " << sum(arr, SIZE);

    return 0;
}

int sum(int arr, int n)
{
    int total;
    int i;
    for (i=0; i<n; i++)
        total += arr[i];
    return total;
}
```

6.

```
//ptrDebug6.cpp
#include <iostream>
using namespace std;

int sum(int *[], int, int);
int main()
{
    int arr2[2][3] = {{10, 20, 30}, {40, 50, 60}};
    cout << "將二維陣列 arr 加總後爲：" << sum(arr2, 2, 3) << endl;

    return 0;
}

int sum(int *arr2[], int row, int col)
{
    int i, j, total = 0;
    for (i=0; i<row; i++)
        for (j=0; j<col; j++)
            total += arr2[i][j];
    return total;
}
```

程式設計

1. 將第 8 章 8-4 節的應用範例，插入排序改以函式呼叫的方式撰寫之，我們可以將欲排序陣列送到 insertionSort() 的函式，此函式的任務與本章的選擇排序 selectionSort() 函式類似。
2. 撰寫一程式，將一 3*3 的陣列送到 add() 函式，此 add() 函式乃是將每一元素皆加 1，之後從主程式中印出原先的陣列和加 1 後的陣列。

Chapter 10

字串與字元

本章綱要

字串和字元在程式中也會經常出現，也是很重要的一個主題，所以我們將它獨立的一個章節來說明。先來討論字串。

10-1 字串的表示法

字串（string）是由字元（character）所組成的集合。所以字串是字元的陣列，如下所示：

```
char str[10];
```

表示 str 是一字元陣列，共有 10 個字元。注意，此陣列您只能給予它 9 個字元，因為要有一空間存放空字元 '\0'。空字元的功能是判斷字串的結束點。

您可以定義一字元陣列時，給予初值，如下所示：

```
char str[10] = " Computer";
```

上述表示，您給予的初值 computer 只有八個字，所以是可以的。接著後面存放兩個 '\0' 的空字元。如圖 10-1 所示：

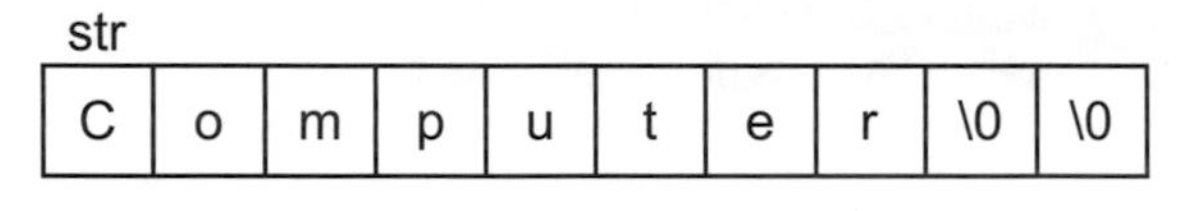

圖 10-1　字串的示意圖

另一種是以 string 類別加以定義的，如下所示：

```
string str2 = " C++ is fun";
```

此表示 str2 是一屬於 string 類別的物件，其初始值為 C++ is fun。

接下來，我們以此範例程式來加以討論。

範例

```
1   //string10.cpp
2   #include <iostream>
3   using namespace std;
4
5   int main()
6   {
7       char name[20] = "Bright";
8       char pname[20];
9       cout << " 請輸入一姓名：";
10      cin >> pname;
11
12      cout << name << " 的好朋友是 " << pname << endl;
13      return 0;
14  }
```

```
請輸入一姓名：Linda
Bright 的好朋友是 Linda
```

程式中的 name 陣列有給予初值，而 pname 陣列沒有給予初值，此時也可以使用 cin 函式讀取資料。除了上述以字元陣列定義的字串方式外，還可以使用 string 類別的型態加以處理。請參閱以下範例程式：

範例

```
1   //string20.cpp
2   #include <iostream>
3   using namespace std;
4
5   int main()
6   {
7       string pname2;
8       cout << "請輸入您的英文名字：";
9       cin >> pname2;
10      cout << "Hi, " << pname2 << endl;
11      return 0;
12  }
```

```
請輸入您的英文名字: Bright
Hi, Bright
```

C++ 字串的連接是以 + 運算子即可完成。請參閱以下範例程式。

範例

```
1   //stringConcate.cpp
2   #include <iostream>
3   using namespace std;
4
5   int main()
6   {
7       string str1 = "Hello, ";
8       string str2 = "world";
9       string str3 = str1 + str2;
10      cout << "str3: " << str3 << endl;
11      return 0;
12  }
```

```
str3: Hello, world
```

兩個 string 類別的物件可以使用 + 將字串物件相連接，但不可以將兩個字串的型態相連接，例如

```
"C++ " + "is fun"
```

是不對的，至少要有一 string 物件，所以將上述的某一個轉型爲 string 物件即可。如下所示：

```
string{"C++ "} + "is fun"
```

10-2 字串庫存函式

C++ 的 string 類別提供很豐富的成員函式，如表 10-1 所示，這些對於撰寫其相關字串的議題很有幫助。

表 10-1 string 類別的成員函式

成員函式	功能
length()	計算字串的長度。
append(str)	將 str 字串附加於觸發 append() 成員函式的字串。（詳見範例程式 stringAppend.cpp）。
insert(fromIndex, str)	將 str 字串插入於觸發 insert() 成員函式的字串，從索引 fromIndex 開始插入。（詳見範例程式 stringInsert.cpp）。
compare(str)	將 str 字串與觸發 append() 成員函式的字串相比較。（詳見範例程式 stringCompare.cpp）。
substr(fromIndex, num)	表示觸發 substr() 成員函式的字串，從索引 fromIndex 開始 num 個字元的子字串。（詳見範例程式 stringCompare.cpp）。
find(strOrChr, 0)	從觸發 find 成員函式的字串，由左至右找尋子字串或字元 strOrChr 所在的索引。基本上，此成員函式的第 2 個參數是 0，常常予以省略。（詳見範例程式 stringFind.cpp）。
rfind(strOrChr)	從觸發 find 成員函式的字串，由右至左找尋子字串或字元 strOrChr 所在的索引。（詳見範例程式 stringFind.cpp）。
assign(str, fromIndex, num)	從 str 字串的 fromIndex 索引，共 num 字元指定給觸發 assign 成員函式的字串。num 若省略表示到 str 的尾端。（詳見範例程式 stringAssign.cpp）。
replace(fromIndex, num, str)	將觸發 replace() 成員函式的字串，從 fromIndex 開始共 num 個字元，以 str 取代之。（詳見範例程式 stringReplace.cpp）。
at(Index)	擷取觸發 at 成員函式的字串之索引為 index 的字元。

當您呼叫以上的字串庫存函式時，記得將 string 標頭當載入到程式中。以下將以範例程式來解說字串庫存函式的功能及其用法。

10-2-1 計算字串的長度

首先從計算字串的長度說起。字串的長度表示此陣列包含的字元數目，不包含空字元。如下範例程式所示：

範例

```
1   //stringLength.cpp
2   #include <iostream>
3   using namespace std;
4
5   int main()
6   {
7       string str = "C language";
8       //strlen 用以計算字串長度
9       unsigned long int size = str.length();
10      cout << "C language 的長度爲: ";
11      cout << size << endl;
12
13      return 0;
14  }
```

```
C language 的長度爲: 10
```

注意，雖然字串儲放於記憶體時有空字元，但計算其長度時空字元是不予計算的。

10-2-2 字串的連結

字串的連結可以使用 string 類別的 append() 成員函式來達成，我們來看範例程式。

範例

```
1   //stringAppend.cpp
2   #include <iostream>
3   using namespace std;
4
5   int main()
6   {
7       string str1 = "C++";
8       string str2 = "Welcome ";
9       str2.append(str1);
10      cout << "str2: " << str2 << endl;
11
12      string str3 = "Learning ";
```

```
13      str3 += "C++ now!";
14      cout << "str3: " << str3<< endl;
15
16      string str4 = "Porsche ";
17      str4.append("Cayenne Coupe", 7);
18      cout << "str4: " << str4 << endl;
19
20      string str5;
21      str5.append("Porsche Cayenne Coupe", 8, 7);
22      cout << "str5: " << str5 << endl;
23
24      str1.append(3, '!');
25      cout << "str1: " << str1 << endl;
26  }
```

```
str2: Welcome C++
str3: Learning C++ now!
str4: Porsche Cayenne
str5: Cayenne
str1: C++!!!
```

程式利用

```
str2.append(str1);
```

將 str1 字串連結到 str2 的尾端。若有兩個參數，則第 2 個參數表示多少個字元將被連結，如以下敘述

```
str4.append("Cayenne Coupe", 7);
```

表示將複製 "Cayenne Coupe" 前 7 個字元到觸發 append() 成員函式的 str4 字串。另一個 append() 成員函式有 3 個參數，第 1 個參數表示字串，第 2 個參數是從哪一個索引，第 3 個參數是要多少字元，如以下敘述：

```
str5.append("Porsche Cayenne Coupe", 8, 7);
```

表示將複製 "Porsche Cayenne Coupe" 從索引 8 的位置連結 7 個字元給觸發 append() 成員函式的 str5 字串，一開始 str5 是空的，所以結果是 Cayenne。最後一個版本的 append() 成員函式如下：

```
str1.append(3, '!');
```

第 1 個參數是數字，第 2 個是字串或字元，如上一敘述其表示附加 3 個 ! 字元。

除了 append() 成員函式外，也可以利用 string 類別的 insert() 成員函式。請參閱以下範例程式。

範例

```
1   //stringInsert.cpp
2   #include <iostream>
3   using namespace std;
4
5   int main()
6   {
7       string str1 = "C++";
8       string str2 = "Welcome ";
9       str2.insert(8, str1);
10      cout << "str2: " << str2 << endl;
11
12      string str3 = "Learning ";
13      string str4 = "C++ now!";
14      str3.insert(9, str4, 0, 7);
15      cout << "str3: " << str3 << endl;
16
17      string str5 = " is fun";
18      string str6 = "C++";
19      str6.insert(3, str5, 0);
20      cout << "str6: " << str6 << endl;
21
22      str6.insert(10, 2, '*');
23      cout << "str6: " << str6 << endl;
24
25      return 0;
26  }
```

```
str2: Welcome C++
str3: Learning C++ now
str6: C++ is fun
str6: C++ is fun**
```

程式利用

```
str2.insert(8, str1);
```

將觸發 insert() 的 str2 字串，從索引 8 的位置插入 str1 字串，結果爲 Welcome C++。另一個呼叫

```
str3.insert(9, str4, 0, 7);
```

表示將 str3 字串，從索引 9 的位置，插入 str4 從索引 0，共 7 個字元，其結果爲 Learning C++ now。若只有三個參數，如下所示：

```
str6.insert(3, str5, 0);
```

C++ is fun。最後一個是

```
str6.insert(10, 2, '*');
```

表示將 str6 字串從索引 10 的位置，插入 2 個星號（*）字元。

10-2-3 字串的比較

字串的比較可以使用 string 類別的 compare() 成員函式來達成，我們來看範例程式。

範例

```
1   //stringCompare.cpp
2   #include <iostream>
3   using namespace std;
4
5   int main()
6   {
7       string car1 = "Porsche Cayenne";
8       string car2 = "Porsche Macan";
9       string car3 = "BMW X6";
10      string car4 = "BMW X5";
11      int result;
12
13      result = car1.compare(car2);
14      cout << result << endl;
15
16      result = car3.compare(car4);
17      cout << result << endl;
18
19      result = car1.compare(0, 7, car2, 0, 7);
20      cout << result << endl;
21
22      cout << car1.substr(0, 7) << endl;
23      cout << car2.substr(0, 7) << endl;
24      result = car1.substr(0, 7) == car2.substr(0, 7);
```

```
25      cout << result << endl;
26
27      return 0;
28  }
```

```
-10
1
0
Porsche
Porsche
1
```

C++ 程式語言利用 compare() 函式，如下所示：

```
result = car1.compare(car2);
```

比較 car1 和 car2 字串的大小，比較的結果有三種可能結果，分別是大於 0、等於 0，或是小於 0。而大於 0，小於 0，大多少，小多少，則視兩個字串的 ASCII 碼相減的結果。如上一敘述，當比較到 car1 的 C 和 car2 的 M 時，就知道 car1 小於 car2，到底是多少，此時使用字元對應的 ASCII 碼相減，注意，是 car1 減去 car2 的字元。所以 ASCII('C') 減去 ASCII('M')，亦即 67 減去 77，答案是 -10。

同理

```
result = car3.compare(car4);
```

結果是 1。因爲 ASCII('6') 減去 ASCII('5')，亦即 54 減去 53，答案是 1。

也可以子字串來比較即可，如下所示：

```
result = car1.compare(0, 7, car2, 0, 7);
```

表示 car1 和 car2 皆從索引 0 的位置開始比較 7 個字元的子字串，其結果是 0，表示這兩個子字串是相等的。

一個字串的子字串可以使用 substr() 成員函式加以表示之。以上一敘述可以使用以下的敘述表示之。

```
car1.substr(0, 7)
```

和

```
car2.substr(0, 7)
```

表示 car1 和 car2 字串的子字串是從索引 0 開始 7 個字元，由於皆是 Porsche 所以使用 == 關係運算子是眞，所以結果是 1。

10-2-4 找尋某一子字串或字元出現的索引

您也可以在一字串中搜尋某一字串或字元出現於何處，可以使用 find() 函式來完成。如下範例程式所示：

範例

```
1  //stringFind.cpp
2  #include <iostream>
3  using namespace std;
4
5  int main()
6  {
7      string car= "Porsche Cayenne";
8      string toilet = "ToTo";
9      cout << car.find("Cayenne") << endl;
10     cout << car.find("Por") << endl;
11     cout << car.find('e') << endl;
12     cout << car.rfind('e') << endl;
13     cout << toilet.find("To") << endl;
14     cout << toilet.rfind("To") << endl;
15     return 0;
16 }
```

```
8
0
6
14
0
2
```

find() 和 rfind() 可以找尋某一子字串或字元出現在字串的索引，其差異是 find() 是由左至右搜尋，第一次出現欲找尋的子字串或字元的地方，而 rfind() 是由左至右搜尋，最後出現欲找尋的字串或字元之地方，也可以說由右至左第一個出現欲搜尋的字串或字元。

10-2-5 設定或指定某一字串

以下是討論有關設定或指定某一字串給一字串變數，請參閱以下範例程式。

範例

```
1   //stringCopyN.cpp
2   #include <iostream>
3   using namespace std;
4
5   #define N 7
6   int main()
7   {
8       string source = "Porsche Cayenne";
9       string dest{source, 0, 7};
10      string dest2{source, 8};
11      string dest3{source, 8, 7};
12      cout << source << endl;
13      cout << dest << endl;
14      cout << dest2 << endl;
15      cout << dest3 << endl;
16
17      return 0;
18  }
```

```
Porsche Cayenne
Porsche
Cayenne
Cayenne
```

程式中有一字串 source 如下：

```
string source = "Porsche Cayenne";
```

利用初值設定的方式

```
string dest{source, 0, 7};
```

從索引 0 的地方複製 7 個位元給 dest 字串。

```
string dest2{source, 8};
```

從索引 8 的地方，一直複製到 source 字串的尾端，這如同下列敘述

```
string dest3{source, 8, 7};
```

上述的做法也可以使用 string 類別的 assign() 成員函式來指定完成。如以下範例程式所示：

範例

```
1   //stringAssign.cpp
2   #include <iostream>
3   using namespace std;
4
5   #define N 7
6   int main()
7   {
8       string source = "Porsche Cayenne";
9       string dest;
10      string dest2;
11      string dest3;
12
13      dest.assign(source, 0, 7);
14      dest2.assign(source, 8);
15      dest3.assign(source, 8, 7);
16
17      cout << source << endl;
18      cout << dest << endl;
19      cout << dest2 << endl;
20      cout << dest3 << endl;
21
22      return 0;
23  }
```

```
Porsche Cayenne
Porsche
Cayenne
Cayenne
```

請參閱表 10-1 有關 assign() 的說明。

10-2-6 字串的取代

字串的取代可以使用 string 類別的 replace() 成員函式來完成。如以下範例程式所示：

範例

```
1   //stringReplace.cpp
2   #include <iostream>
3   using namespace std;
4
5   int main()
6   {
7       string fruit = "Kiwi Orange Banana ";
8       cout << fruit.replace(5, 6, "PineApple") << endl;
9       cout << fruit.replace(0, 4, "PineApple", 4, 5) << endl;
10
11      return 0;
12  }
```

```
Kiwi PineApple Banana
Apple PineApple Banana
```

程式第一個 replace() 成員函式為

```
fruit.replace(5, 6, "PineApple")
```

表示將 fruit 字串從索引 5 起共 6 個字元，以 "PineApple" 取代之，其結果為

```
Kiwi PineApple Banana
```

第二個 replace() 成員函式為

```
fruit.replace(0, 4, "PineApple", 4, 5)
```

這表示將目前的 fruit 字串，從索引 0 開始共 4 個字元，亦即 Kiwi，使用 "PineApple" 字串從索引 4 開始共 5 個字元，亦即 Apple 取代 Kiwi。所以結果為

```
Apple PineApple Banana
```

10-2-7 擷取字串的某一元素

您可以使用 [ ] 加上索引來擷取字串的某一元素，也可以使用 string 類別的 at() 成員函式來擷取。請參閱以下範例程式。

範例

```
1   //stringAtWhere.cpp
2   #include <iostream>
3   using namespace std;
4
5   int main()
```

```
6  {
7      string str = "C++ language";
8      cout << str[0] << endl;
9      cout << str.at(0) << endl;
10     cout << str.at(str.length()-1) << endl;
11     return 0;
12 }
```

```
C
C
e
```

程式中的 str[0] 相當於 str.at(0)。最後的 str.length()-1 表示字串最後元素的索引。所以 str.at(str.length()-1)，其結果是 e。

10-3 將字串轉換為整數或浮點數

有時您可能要將數字字串轉換為一整數值或浮點數值，這樣才能執行數學運算。以下我們以範例程式來加以說明。

範例

```
1  //atoiAndatof.cpp
2  #include <iostream>
3  using namespace std;
4
5  int main()
6  {
7      string inum = "123";
8      string fnum = "123.456";
9      int idata = stoi(inum);
10     double fdata = stof(fnum);
11     cout << "idata + 100 = " << idata+100 << endl;
12     cout << "fdata + 100 = " << fdata+100 << endl;
13
14     return 0;
15 }
```

```
idata + 100 = 223
fdata + 100 = 223.456
```

若要將數字字串 inum 轉換為一整數值 idata，則可利用

```
int idata = stoi(inum);
```

stoi(inum) 將字串 inum 轉換為整數，並將它指定給 idata。同樣的，若要將數字字串 fnum 轉換為 double 浮點數值 fdata，則可利用 stod() 函式，如以下敘述所示：

```
double fdata = stod(fnum);
```

將轉換後的結果指定給 fdata。若要將字串轉換為 float 型態的浮點數，則以 stof() 函式完成。

反之，若要將整數或浮點數的數值轉換為字串，則以 to_string() 函式來執行，請看以下範例程式。

範例

```
1   //intAndDoubleToString.cpp
2   #include <iostream>
3   using namespace std;
4
5   int main()
6   {
7       int inum = 11;
8       double fnum = 123.456;
9       string idata = to_string(inum);
10      string fdata = to_string(fnum);
11      cout << "iPhone" + idata << endl;
12      cout << fdata + " is double number" << endl;
13
14      return 0;
15  }
```

```
iPhone11
123.456000 is double number
```

10-4 字元庫存函式

看完了字串的庫存函式後，接下來討論 C++ 語言提供的字元庫存函式，如表 10-2 所示：

表 10-2 字元庫存函式

字元庫存函式	功能
isalpha(ch)	檢視 ch 是否為英文字母。
isdigit(ch)	檢視 ch 是否為阿拉伯數字。
isalnum(ch)	檢視 ch 是否為英文字母或數字。
isspace(ch)	檢視 ch 是否為空白。
isupper(ch)	檢視 ch 是否為大寫英文字母。
islower(ch)	檢視 ch 是否為小寫英文字母。
toupper(ch)	將 ch 字元轉換為大寫英文字母。
tolower(ch)	將 ch 字元轉換為小寫英文字母。

當您呼叫以上的字元庫存函式時，記得將 cctype 標頭當載入到程式中。以下我們將以範例程式來解說字元庫存函式的功能及用法。

10-4-1 檢視字元是否為英文字母

範例

```
1  //charIsalpha.cpp
2  #include <iostream>
3  using namespace std;
4  
5  int main()
6  {
7      string str = "BMW X6";
8      int ans;
9      int i;
10     cout << " 檢視字元是否爲英文字母 " << endl;
11     for (i=0; i<str.length(); i++) {
12         ans = isalpha(str[i]);
13         cout << str[i] << ": " << ans << endl;
14     }
15 
16     return 0;
17 }
```

```
檢視字元是否爲英文字母
B: 1
M: 1
W: 1
 : 0
X: 1
6: 0
```

程式利用 isalpha(str[i]) 檢視 str 陣列的字元是否爲英文字母，若是，則回傳 1，否則回傳 0。

10-4-2 檢視字母是否為數字

範例

```
1   //charIsDigit.cpp
2   #include <iostream>
3   using namespace std;
4
5   int main()
6   {
7       string str = "BMW X6";
8       int ans;
9       int i;
10      cout << " 檢視字元是否爲數字 " << endl;
11      for (i=0; i<str.length(); i++) {
12          ans = isdigit(str[i]);
13          cout << str[i] << ": " << ans << endl;
14      }
15
16      return 0;
17  }
```

```
檢視字元是否爲數字
B: 0
M: 0
W: 0
 : 0
X: 0
6: 1
```

程式利用 isdigit(str[i]) 檢視 str 陣列的字元是否爲數字，若是，則回傳 1，否則回傳 0。

10-4-3 檢視字元是否為英文字母或數字

範例

```
1   //charIsAlnum.cpp
2   #include <iostream>
3   using namespace std;
4
5   int main()
6   {
7       string str = "BMW X6";
8       int ans;
9       int i;
10      cout << "檢視字元是否爲英文字母或數字" << endl;
11      for (i=0; i<str.length(); i++) {
12          ans = isalnum(str[i]);
13          cout << str[i] << ": " << ans << endl;
14      }
15
16      return 0;
17  }
```

```
檢視字元是否爲英文字母或數字
B: 1
M: 1
W: 1
 : 0
X: 1
6: 1
```

程式利用 isalnum(str[i]) 檢視 str 陣列的字元是否爲英文字母或數字，若是，則回傳 1，否則回傳 0。

10-4-4 檢視字元是否為空白

範例

```
1   //charIsSpace.cpp
2   #include <iostream>
3   using namespace std;
4
5   int main()
6   {
```

```
7       string str = "BMW X6";
8       int ans;
9       int i;
10      cout << " 檢視字元是否爲空白 " << endl;
11      for (i=0; i<str.length(); i++) {
12          ans = isspace(str[i]);
13          cout << str[i] << ": " << ans << endl;
14      }
15
16      return 0;
17  }
```

```
檢視字元是否爲空白
B: 0
M: 0
W: 0
 : 1
X: 0
6: 0
```

程式利用 isspace(str[i]) 檢視 str 陣列的字元是否爲空白，若是，則回傳 1，否則回傳 0。

10-4-5　檢視字元是否為大寫英文字母

範例

```
1   //charIsUpper.cpp
2   #include <iostream>
3   using namespace std;
4
5   int main()
6   {
7       string str = "BMW X6";
8       int ans;
9       int i;
10      cout << " 檢視字元是否爲大寫英文字母 " << endl;
11      for (i=0; i<str.length(); i++) {
12          ans = isupper(str[i]);
13          cout << str[i] << ": " << ans << endl;
14      }
15
16      return 0;
17  }
```

```
檢視字元是否爲大寫英文字母
B: 1
M: 1
W: 1
 : 0
X: 1
6: 0
```

程式利用 isupper(str[i]) 檢視 str 陣列的字元是否爲大寫英文字母，若是，則回傳 1，否則回傳 0。

10-4-6 檢視字元是否為小寫英文字母

範例

```
1   //charIsLower.cpp
2   #include <iostream>
3   using namespace std;
4
5   int main()
6   {
7       string str2 = "New BMW X6";
8       int ans;
9       int i;
10      cout << " 檢視字元是否爲小寫英文字母 " << endl;
11      for (i=0; i<str2.length(); i++) {
12          ans = islower(str2[i]);
13          cout << str2[i] << ": " << ans << endl;
14      }
15
16      return 0;
17  }
```

```
檢視字元是否爲小寫英文字母
N: 0
e: 1
w: 1
 : 0
B: 0
M: 0
W: 0
```

```
 : 0
X: 0
6: 0
```

程式利用 islower(str[i]) 檢視 str 陣列的字元是否爲小寫英文字母，若是，則回傳 1，否則回傳 0。

10-4-7 將字元轉換為大寫英文字母

範例

```
1  //toupper.cpp
2  #include <iostream>
3  using namespace std;
4
5  int main()
6  {
7      string str2 = "New BMW X6";
8      char ans;
9      int i;
10     cout << "將字元轉換爲大寫英文字母" << endl;
11     for (i=0; i<str2.length(); i++) {
12         ans = toupper(str2[i]);
13         cout << str2[i] << ": " << ans << endl;
14     }
15
16     return 0;
17 }
```

```
將字元轉換爲大寫英文字母
N: N
e: E
w: W
 :
B: B
M: M
W: W
 :
X: X
6: 6
```

程式利用 toupper(str[i]) 將 str 陣列的字元轉換爲大寫英文字母。

10-4-8 將字元轉換為小寫英文字母

範例

```
1   //tolower.cpp
2   #include <iostream>
3   using namespace std;
4
5   int main()
6   {
7       string str2 = "New BMW X6";
8       char ans;
9       int i;
10      cout << " 將字元轉換爲小寫英文字母 " << endl;
11      for (i=0; i<str2.length(); i++) {
12          ans = tolower(str2[i]);
13          cout << str2[i] << ": " << ans << endl;
14      }
15
16      return 0;
17  }
```

```
將字元轉換爲小寫英文字母
N: n
e: e
w: w
 :
B: b
M: m
W: w
 :
X: x
6: 6
```

程式利用 tolower(str[i]) 將 str 陣列的字元轉換爲小寫英文字母。

本章習題

選擇題

有一片段程式如下：

```
#include <iostream>
using namespace std;
int main()
{
    string a = "Welcome to ";
    cout << "#1:" << a.insert(11, "C++") << endl;
    //(1)

    string b = "Programming is fun";
    string c = "C++ ";
    cout << "#2:" << b.insert(12, c, 0) << endl;
    //(2)

    string d = "Learning C++ is fun";
    cout << "#3:" << d.replace(13, 6, "now", 0, 3) << endl;
    //(3)

    string e = "Internationalization";
    cout << "#4:" << e.at(e.length()-4) << endl;
    //(4)

    cout << "#5:" << e.find('i') << endl;
    //(5)

    string f;
    cout << "#6:" << f.assign(e, 5, 8) << endl;
    //(6)
    return 0;
}
```

1. 試問上述程式中 //(1) 的輸出結果爲何？

   (A) Welcome to

   (B) Welcome to C++

   (C) Welcome C++

   (D) Welcome to C。

2. 試問上述程式中 //(2) 的輸出結果爲何？

   (A) Programming C++ fun

   (B) C++ is fun

   (C) Programming is fun

   (D) Programming C++ is fun。

3. 試問上述程式中 //(3) 的輸出結果為何？
   (A) Learning C++ now
   (B) Learning C++ is fun
   (C) Learning C++ fun
   (D) Programming C++ is fun now。

4. 試問上述程式中 //(4) 的輸出結果為何？
   (A) a (B) t (C) i (D) n。

5. 試問上述程式中 //(5) 的輸出結果為何？
   (A) 6 (B) 7 (C) 8 (D) 9。

6. 試問上述程式中 //(6) 的輸出結果為何？
   (A) nation (B) nationalization (C) internation (D) national。

上機實習

一、請自行練習本章的範例程式。

二、試問下列程式的輸出結果。

1.

```
//practice10-1.cpp
#include <iostream>
#include <string>
#include <cmath>
long int binToDec(std::string);
using namespace std;

int main()
{
    char binary[20];
    long int result;
    cout << "請輸入二進位的字串：";
    cin >> binary;

    /* 呼叫 binToDec() 函式 */
    result = binToDec(binary);
    cout << binary << " = " << result << endl;
```

```
    return 0;
}

long int binToDec(string bin)
{
    long int value=0;
    int m=0;
    long int i, length;
    length = bin.length();
    for (i=length-1; i>=0; i--) {
        value += (bin[i]-'0') * pow(2, m);
        m++;
    }
    return value;
}
```

2.

```
//practice10-2.cpp
#include <iostream>
int count(std::string, char);
using namespace std;

int main()
{
    string str;
    char c;
    int countNum;
    cout << "請輸入一字串: ";
    cin >> str;

    cout << "請輸入您要計算的字元: ";
    cin >> c;

    //呼叫 count() 函式
    countNum = count(str, c);
    cout << str << " 出現 " << c << " 有 " << countNum << " 個";
    cout << endl;
```

```
    return 0;
}

int count(string data, char ch)
{
    int num=0;
    for (long int i=0; i<data.length(); i++) {
        if (data[i] == ch) {
            num++;
        }
    }
    return num;
}
```

程式設計

1. 試撰寫一函式 isPalindrome()，此函式接收一字串參數，並傳此字串是否爲迴文（palindrome）。請以一程式測試之。
2. 試撰寫一函式 reverse()，此函式接收一字串參數，並顯示反轉的字串。
3. 試撰寫一函式 password() 檢視密碼是否有效。假設密碼的規則如下：
   (1) 必須要有八個字元
   (2) 必須只包含英文字母和數字
   (3) 必須包含至少有兩個數字
   請以一程式呼叫此函式，若密碼符合上述規則，則顯示「有效密碼」，否則顯示「無效密碼」。
4. 試撰寫一函式 decToHex(int)，此函式接收一以十進位數字的參數，將此數字轉換爲二進位的字串後回傳。請以一程式測式之。
5. 試撰寫一函式 hexToDec(char [])，此函式接收一以二進位的數字陣列之參數，計算此數字陣列轉換爲十進位的數值後回傳。請以一程式測式之。
6. ISBN-13(International Standare Book Number 13) 是新的書籍識別碼，它包含 13 個數字：$d_1d_2d_3d_4d_5d_6d_7d_8d_9d_{10}d_{11}d_{12}d_{13}$，最後 d_{13} 是檢查碼，它是由其他的十二個數字利用下列的公式計算而得的。

   $$10 - (d_1 + 3d_2 + d_3 + 3d_4 + d_5 + 3d_6 + d_7 + 3d_8 + d_9 + 3d_{10} + d_{11} + 3d_{12})\ \%10$$

   若檢查碼是 10，則以 0 表示之。試撰寫一程式，提示使用者輸入前九個數字，然後顯示 ISBN 的 10 個數字（包含到 0）。

Chapter 11

結構

本章綱要

- ◆11-1 結構的用途
- ◆11-2 結構模板與變數
- ◆11-3 以結構成員當做參數
- ◆11-4 應用範例：鏈結串列

日常生活上碰到的各種資訊，彼此都有某種程度的關聯性，到目前為止學過的資料型態，幾乎都是個別的單純資料。譬如某個人的詳細背景：包括姓名、識別碼、年齡、體重等等，我們必須設定許多不同類型的變數來保存它們，而這些變數間卻又沒有明顯的關聯，如此一來，程式的處理與使用將顯得十分不方便。陣列雖然是個不錯的建議，但是陣列僅能保存同類型的資料，至於混合各種資料型態的情形就需藉助本章的主題：結構（structure）來完成了。

11-1 結構的用途

對於混合各種資料型態的元件而言，陣列並不是一個可用的選擇，因為陣列的所有元素必須擁有同樣的型態。尤其在資料庫（database）系統下，不僅同一物件中擁有不同類型的資料，而且各資料庫間彼此也有關聯，結構的資料型態非常適合實作各種複雜的資料型態。

先來看一個實際的例子：假設某單位共有 5 個小組成員，我們想要記錄他們的相關資料，很容易就會想到陣列，陣列中每個元素分別代表某個人，但是詳細的個人資料該怎麼辦呢？我們要求的資料包括姓名、識別碼、年齡以及體重等等，它們有的是字串、有的是整數型態，如何將這些資料組織在一起，這便是本章的主題。

底下是該單位成員的實際資料：

表 11-1　小組成員相關資料

編號	姓名	識別碼	年齡	體重
1	John	1575	23	60
2	Mary	6214	35	43
3	Foley	1207	44	55
4	Peter	5886	22	51
5	White	8402	17	59

底下的程式將設定一種資料表示法來描述每個成員，並且要求使用者為各個成員塡入適當的資料，最後再把這些資料列印出來，同時也處理某些簡單運算。程式的內容如下：

範例

```
1   //structure.cpp
2   #include <iostream>
3   #include <iomanip>
4   using namespace std;
5
6   #define NUM 4
7   struct Client
8   {
9       char name[10];
```

```
10      char id[8];
11      int age;
12      int weight;
13  };
14
15  int main()
16  {
17      Client who[NUM];
18      int i;
19      int total;
20
21      cout << "Input personal data...\n\n";
22      for (i = 0; i<NUM; i++) {
23          cout << "#" << i+1 << ": " << endl;
24          cout << "  Who? ";
25          cin >> who[i].name;
26
27          cout << "  ID number? ";
28          cin >> who[i].id;
29
30          cout << "  How old? ";
31          cin >> who[i].age;
32
33          cout << "  Weight? ";
34          cin >> who[i].weight;
35          cout << endl;
36      }
37
38      cout << "\nDATA LISTING ...\n\n";
39      cout << "    No.    NAME      ID    AGE   WEIGHT";
40      cout << "\n";
41      for (i = 0; i<NUM; i++) {
42          cout << "    #" << i+1;
43          cout << setw(10) << who[i].name << setw(8) << who[i].id;
44          cout << setw(5) << who[i].age << setw(8) << who[i].weight;
45          cout << "\n";
46      }
47
48      for (i = 0,total = 0; i<NUM; i++)
49          total += who[i].weight;
50      cout << "\nTotal Weight :  "  << total << "kg" << endl;
51
52      return 0;
53  }
```

您可以隨意看看程式的外觀，詳細的語法將於下一節再來說明。或許您能猜測出程式的意圖，尤其是最後一個 for 迴圈：

```
for (i = 0, total = 0; 0<NUM; i++)
   total + = who[i].weight;
```

似乎是計算所有成員體重的總和？沒有錯，我們來看看執行結果：

```
Input personal data...

#1:
  Who? Bright
  ID number? 1001
  How old? 56
  Weight? 71

#2:
  Who? Amy
  ID number? 1002
  How old? 31
  Weight? 56

#3:
  Who? Jennifer
  ID number? 1003
  How old? 26
  Weight? 50

#4:
  Who? Linda
  ID number? 1004
  How old? 53
  Weight? 51


DATA LISTING ...

    No.    NAME      ID    AGE   WEIGHT
    #1    Bright    1001   56      71
    #2       Amy    1002   31      56
    #3  Jennifer    1003   26      50
    #4     Linda    1004   53      51

Total Weight :  228kg
```

11-2 結構模板與變數

有了前一小節的範例，我們將從該例慢慢介紹結構的用法。首先是設定結構模板：

```
struct Client
{
    char name[10];
    char id[8];
    int age;
    int weight;
};
```

很明顯可以看出，這個結構模板與我們所要的個人資料內容一致。首先出現 struct 關鍵字，它指出接下來的設定爲結構型態。接下來是一個可有可無的標籤，本例中爲 Client，標籤的目的是用來指明特定的結構，譬如說：程式中設定了許多結構模板，我們便能用標籤名稱來辨識是哪一個結構型態，也可以利用標籤在程式其他地方定義結構變數，譬如在 main() 函式中的：

```
Client who[NUM];
```

在這裡只要用 Client 就能描述結構的詳細內容，而不必再把各個資料項重寫一遍，上述宣告的意義即爲有個擁有 NUM 個元素的陣列，而每個元素都是 Client 結構型態。

結構模板的一般形式爲：

```
struct tag
{
    item1;
    item2;
    ...
    itemN;
};
```

大括號內的各項變數稱爲該結構的成員（member），宣告的方法與一般變數的宣告一致，別忘了，大括號最後還要加上分號。tag 是一個可有可無的標籤名稱，特別注意到，結構模板不會配置記憶體空間，需等到宣告結構變數時，才會配置記憶體空間。讓所有的標籤都以大寫表示會是個不錯的主意。

範例程式經由 Clint who[NUM]; 定義後由於 NUM 是 4，所以有四個變數成員，分別是 who[0]、who[1]、who[2]，以及 who[3]，我們便能利用它來存取各個成員，方法是透過「結構成員運算子」（即句點）：以下的 i 值可爲 0、1、2 或 3。

```
who[i].name;    //取得 who 陣列索引 i 的 name
who[i].id;      //取得 who 陣列索引 i 的 id
who[i].age;     //取得 who 陣列索引 i 的 age
who[i].weight;  //取得 who 陣列索引 i 的 weight
```

底下再來看個範例，例子中示範巢狀結構的設定方法與結構資料初始化的方法：

範例

```
1   //nestStructure.cpp
2   #include <iostream>
3   using namespace std;
4
5   struct Name
6   {
7       string first;
8       string last;
9   };
10
11  struct Address
12  {
13      string city;
14      string road;
15  };
16
17  struct Client
18  {
19      struct Name name;
20      struct Address address;
21      int age;
22      int height;
23      char sex;
24  };
25
26  int main()
27  {
28      Client somebody = {{"Joan", "Lin"},
29                         {"Taipei", "110 Chung-shan St."},
30                           22,173, 'F' };
31
32      cout << "NAME: " << somebody.name.first <<  " "
33                       <<  somebody.name.last << endl;
34      cout << "ADDRESS: " << somebody.address.road << ", "
35                          << somebody.address.city << endl;
36      cout << "AGE: "<< somebody.age << endl;
37      cout << "HEIGHT: " << somebody.height << endl;
38      cout << "SEX: " << somebody.sex << endl;
39
40      return 0;
41  }
```

我們在 struct Client 中利用到先前所設定的結構 Name 與 Address，整個 Client 的內容便為：

struct Name	string first	string last
struct Address	string city	string road
int age		
int height		
char sex		

在函式 main() 之內，我們實際宣告了一個變數 somebody，並且以初始化的技巧為各個成員取得資料：

```
Client somebody = {{"Joan", "Lin"},
                   {"Taipei", "110 Chung-shan St."},
                   22, 173, 'F' };
```

應該不難看出，初始化的數值串列中，每一個資料項分別對應到結構模板內的適當資料型態，如果有巢狀結構，初始化時就以內層的大括號來對應。

由於結構的深度不止一層，所以我們要透過多次的成員運算子作用，才能取得最內層的變數，例如本例中就需要用到兩次成員運算子：

```
somebody.name.first                /* string */
somebody.address.city              /* string */
```

程式的動作相當簡單，目的即為讓讀者專注於結構的用法。輸出如下：

```
NAME: Joan Lin
ADDRESS: 110 Chung-shan St., Taipei
AGE: 22
HEIGHT: 173
SEX: F
```

11-3 以結構成員當做參數

從前面的幾個例子可以看出，結構的用法相當簡單，也很自然，透過結構成員運算子即可存取各個元素。事實上，結構在應用上可以多樣化，其中牽涉到指向結構的指標、以結構作為參數，以及傳回整個結構的函式等等。

我們將以底下的範例來說明上述的問題，程式的功能很簡單，它要求使用者輸入兩個點的 x、y 座標值：

$(x1, y1)$ 及 $(x2, y2)$

然後計算兩點間的距離以及中點的座標，基本公式如下：

距離 = $\sqrt{(x1-x2)^2+(y1-y2)^2}$

中點 = $((x1+x2)/2\ ,\ (y1+y2)/2)$

由於每個點都必定有 x 座標與 y 座標，所以我們用結構 Point 來表示：

```
struct Point
{
    int x;
    int y;
};
```

在此假設座標值均爲整數。首先要處理座標輸入的動作，程式如下所示：

範例

```
1   //structParameter.cpp
2   #include <iostream>
3   #include <iomanip>
4   #include <cmath>
5   using namespace std;
6   
7   struct Point
8   {
9       int x;
10      int y;
11  };
12  
13  void get_point(Point *);
14  double length(Point, Point);
15  Point get_mid(Point, Point);
16  
17  int main()
18  {
19      Point p1, p2, midp;
20      double len;
21  
22      cout << "Input first point: \n";
23      get_point(&p1);
24  
25      cout << "\nInput second point: \n";
26      get_point(&p2);
27  
28      len  =  length(p1, p2);
```

```
29     midp  =  get_mid(p1, p2);
30
31     cout << "\n\nPOINT #1 (" << p1.x << ", " << p1.y << ")" << endl;
32     cout << "\nPOINT #2 (" << p2.x << ", " << p2.y << ")" << endl;
33
34     cout << fixed << setprecision(2);
35     cout << "\n    Length  =  " << len << endl;
36     cout << "    Midpoint: (" << midp.x << ", " << midp.y << ")" << endl;
37
38     return 0;
39 }
40
41 void get_point(Point *point)
42 {
43     cout << "    X-axis: ";
44     cin >> point->x;
45     cout << "    Y-axis: ";
46     cin >> point->y;
47 }
48
49 double length(Point p1, Point p2)
50 {
51     double leng;
52     int x_dif, y_dif;
53
54     x_dif  =  abs(p1.x - p2.x);
55     y_dif  =  abs(p1.y - p2.y);
56
57     leng  =  sqrt((x_dif * x_dif + y_dif * y_dif));
58     return(leng);
59 }
60
61 Point get_mid(Point p1, Point p2)
62 {
63     Point mid;
64
65     mid.x  =  (p1.x + p2.x) / 2;
66     mid.y  =  (p1.y + p2.y) / 2;
67
68     return(mid);
69 }
```

程式中宣告了兩個 struct point 變數：

```
Point p1, p2;
```

我們必須分別讀入這兩點的 x、y 座標值，若要透過函式來完成，應該知道必須採取以址呼叫的方式：

```
get_point(&p1);
```

我們把 p1 的位址傳入函式 get_point()，在函式內分別讀入 x、y 座標，直到函式返回後，變數 p1 便能擁有其值。函式 get_point() 的原型宣告如下：

```
void get_point(Point *);
```

在函式本體定義時，我們採用同名的形式參數 *point：

```
void get_point(Point *point)
{
     cout << "    X-axis: ";
     cin >> point->x;
     cout << "    Y-axis: ";
     cin >> point->y;
}
```

我們看到奇怪的 -> 符號；依照正常的情形，指標變數 point 內的成員應該表示成

```
(*point).x
```

及

```
(*point).y
```

小括號是必須的，因爲成員運算子優先順序比 * 還要高。您也可以以另一種符號來簡化這種表示法，即 ->（連字號加大於的符號）：

```
point->x 及
point->y
```

特別注意到：結構名稱並不是該結構第一個位元組位址的代稱，這與陣列的性質完全不同，我們不能寫成這樣：

```
get_point(p1);
```

它的意思並非傳遞結構指標，而是傳送整個結構的拷貝版，因此它是以值呼叫的例子，函式 get_point() 並不能採取這種作法。C++ 語言允許整個結構作爲參數，這也是和陣列有所不同的地方，函式 length() 便是採用此種技巧：

```
double length(Point p1, Point p2)
{
    double leng;
```

```
    ...
    leng = sqrt((x_dif * x_dif + y_dif * y_dif));
    return(leng);
}
```

函式中用到兩個庫存函式 abs() 與 sqrt()，它們都定義於 cmath 標頭檔中，函式 abs() 可傳回 num 的絕對值，sqrt() 函式則傳回 num 的平方根。

結構與陣列還有一點不同，那就是能直接把整個結構，設定給另一個結構變數，這種能力將允許函式以結構作爲傳回值。函式 get_mid() 便是這種情形：

```
Point get_mid(Point p1, Point p2)
{
    Point mid;
    mid.x = (p1.x+p2.x)/2;
    mid.y = (p1.y+p2.y)/2;

    return(mid);
}
```

結構成員的值仍然要分別設定，而不要想直接寫成

```
mid = (p1+p2)/2;    /* 非法運算子 */
```

因爲加法運算並不能運作於整個結構。

函式 get_mid() 的傳回值爲一結構，可直接把所有成員值設定給另一個結構：

```
midp = get_mid(p1, p2);
```

使用起來十分方便。最後還是來看看執行情形吧：

```
Input first point:
    X-axis: 1
    Y-axis: 1

Input second point:
    X-axis: 4
    Y-axis: 9


POINT #1 (1, 1)

POINT #2 (4, 9)

    Length  =  8.54
  Midpoint: (2, 5)
```

在此做個小小的摘要：使用結構型態時，必須明確設定結構模板。結構模板本身不會佔據空間，我們必須另外宣告結構變數。一般的結構變數在存取各成員時，必須透過 . 運算子；若是指標的結構變數，則需利用 -> 運算子直接存取任何成員。結構名稱與陣列名稱代表的意義大不相同。結構名稱不僅可作爲函式的參數，同時也可以是函式的傳回型態。

11-4 應用範例：鏈結串列

資料結構（Data Structures）的領域內，鏈結串列（Linked list）是一種非常重要的技巧。我們在這一節裡就要用 C++ 程式語言來實作鏈結串列。

這裡提出的問題很簡單：我們希望能輸入一些字元資料，並要求這些資料依照 ASCII 碼的遞增序列排好，程式同時還要具備查詢、插入、刪除以及列示等功能。乍看之下，陣列將很容易能夠解決我們的問題，但是，這個陣列該設定多大呢？另一方面，插入或刪除字元時將耗費不少時間，舉例來說，原本已經存在一個有序陣列：

c	f	i	m	q	t	u	w	y		...

現在要插入字元 g，找到適當位置後，原來存在的元素都必須向後挪動一格：

c	f	g	i	m	q	t	u	w	y		...

如果要刪除 f，類似的移動又將發生：

c	g	i	m	q	t	u	w	y		...

當資料量愈大時，這類搬移動作耗費的時間便顯得十分可觀。若以鏈結串列表示的話就可以輕易的克服許多問題：首先是記憶空間的考量，鏈結串列採取動態記憶體配置的方式，需要的空間視實際的資料而定，不會有浪費或不足的情形；此外，鏈結串列在資料插入或刪除時將維持固定的時間，不會因資料量的多寡而有變化。現在我們將上述的字元陣列改以鏈結串列儲存放。

鏈結串列是由節點（nodes）所組成的，每一個節點中包含了實際的資料以及指向下一個節點的指標；循著指標的方向，我們將能掌握整個串列。首先來討論節點是如何表示的，如下所示：

```
struct Node
{
   char data;
   Node *link;
};
```

結構 struct Node 內又用了 Node 的結構，因此這是一種巢狀性的宣告方式，此結構又可稱爲自我參考結構（self-reference structure）：

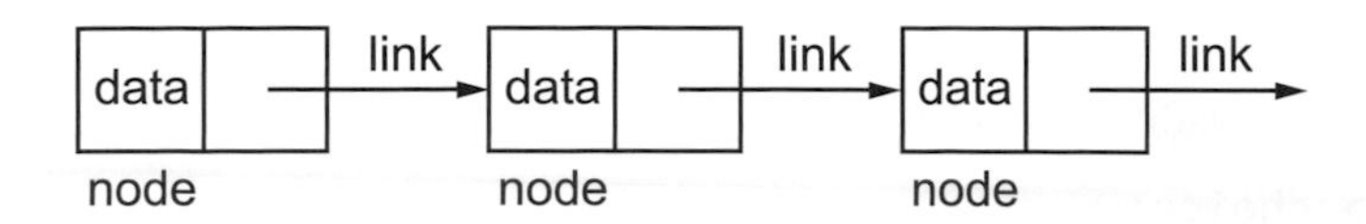

在實作上，通常會有一指標 head 指向鏈結串列的第一個節點，而且此節點不存放任何資料，只做爲往後串列在運作上的輔助節點。

以下範例程式將展示鏈結串列的加入、刪除，以及顯示等功能。此鏈結串列的節點有三個欄位，分別是 name、score，以及 link，分別表示學生的姓名、成績，以及連結下一個節點的變數。我們先把程式列出來，再來慢慢討論其中的細節：

範例

```
1   //linkedList.cpp */
2   #include <iostream>
3   #include <iomanip>
4   using namespace std;
5
6   void show();
7   void insert();
8   void del();
9   void search();
10
11  struct Node
12  {
13      char name[20];
14      double score;
15      Node *link;
16  };
17
18  Node *head, *current, *previous, *ptr;
19
20  int main()
21  {
22      head = new Node;
23      head->link = NULL;
24
25      char choice;
26      cout << "i: [INSERT]" << endl;
27      cout << "d: [DELETE]" << endl;
28      cout << "s: [SHOW]" << endl;
29      cout << "q: [EXIT]" << endl;
30      cout << endl;
31
```

```
32     while (1) {
33         cout << "請輸入選項 : ";
34         cin >> choice;
35         switch (choice) {
36             case 'i':
37                     insert();
38                     break;
39             case 'd':
40                     del();
41                     break;
42             case 's':
43                     show();
44                     break;
45             case 'q': cout << "\nBye Bye !\n";
46                     exit(1);
47             default : cout << "錯誤選項 \n\n";
48           }
49     }
50 
51     return 0;
52 }
53 
54 void insert()
55 {
56     ptr = new Node;
57     cout << "請輸入姓名 : ";
58     cin >> ptr->name;
59     cout << "請輸入成績 : ";
60     cin >> ptr->score;
61 
62     previous = head;
63     current = head->link;
64     while(current != NULL && current->score < ptr->score) {
65         previous = current;
66         current = current->link;
67     }
68 
69     //insert a node into linked list
70     ptr->link = current;
71     previous->link = ptr;
72     cout << "Insert OK" << endl << endl;
73 }
```

```
74
75  void del()
76  {
77      char delName[15];
78      cout << "請輸入欲刪除的姓名: ";
79      cin >> delName;
80
81      previous = head;
82      current = previous->link;
83      while(current != NULL && strcmp(current->name, delName) != 0) {
84          previous = current;
85          current = current->link;
86      }
87
88      if (current != NULL ) {
89          previous->link = current->link;
90          delete current;
91          cout << delName << "已被刪除" << endl << endl;
92      }
93      else {
94          cout << delName << " 不存在!\n\n";
95      }
96  }
97
98  void show()
99  {
100     current = head->link;
101     cout << fixed << setprecision(2);
102     cout << "\nName" << "           score" << endl;
103     while (current != NULL) {
104         cout << setw(15) << left << current->name << setw(6) << current->score;
105         current = current->link;
106         cout << endl;
107     }
108     cout << endl;
109 }
```

程式一開始利用 new 配置記憶體給結構變數 head，它是鏈結串列的開頭，我們唯有透過它才能追蹤整個串列。一般來說，head 結構的資料項中並不保存實際的資料。程式中一開始便有底下的設定

```
head = new Node;
head->link = NULL;
```

NULL 意思是空指標（null pointer），由於 head 此處宣告的是指標變數，故以 -> 運算子來擷取結構成員。由於目前串列中並沒有任何資料，所以先讓 head 的 link 欄位指向 NULL：

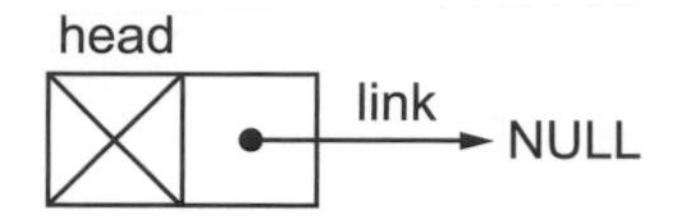

當資料陸續輸入時，串列便會成長，我們先來看看片段的執行結果。

主要是用到 insert 功能，函式 insert() 即負責處理這部分的動作：

```
void insert()
{
    ptr = new Node;
    cout << " 請輸入姓名 : ";
    cin >> ptr->name;
    cout << " 請輸入成績 : ";
    cin >> ptr->score;

    previous = head;
    current = head->link;
    while(current != NULL && current->score < ptr->score) {
        previous = current;
        current = current->link;
    }

    //insert a node into linked list
    ptr->link = current;
    previous->link = ptr;
    cout << "Insert OK" << endl << endl;
}
```

首先利用下列敘述

```
previous = head;
current = head->link;
```

設定 previous 和 current 指標，分別指向 head 和 head 的下節點。接下來在 while 迴圈中找到新節點 ptr 要加入的地方。while 迴圈結束的兩個條件是當 current 指向 NULL 或是 ptr 節點的分數小於等於 current 節點的分數。假設加入 ptr 節點之前的串列是這樣的：

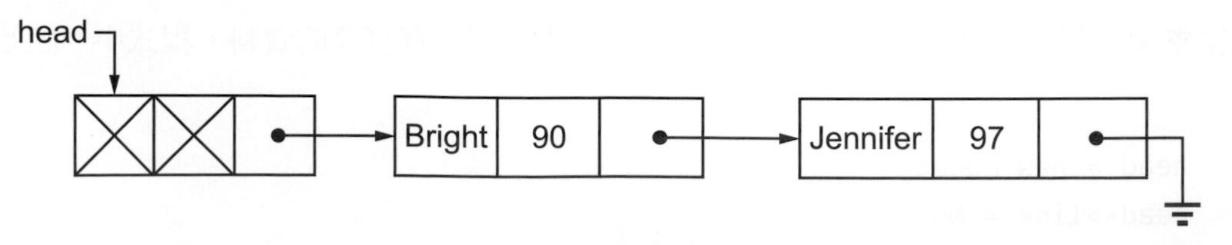

圖 11-1　加入前的鏈結串列

由於此鏈結串列是按照分數的高低的順序加入的，今有一 ptr 節點的姓名是 Linda，其分數爲 92。則 current 將指向 Jennifer 的節點，而 previous 爲指向 Bright 的節點。接下來的工作便是把節點 ptr 加入於鏈結串列，透過底下兩條敘述就行了：

1. ptr->link = current;

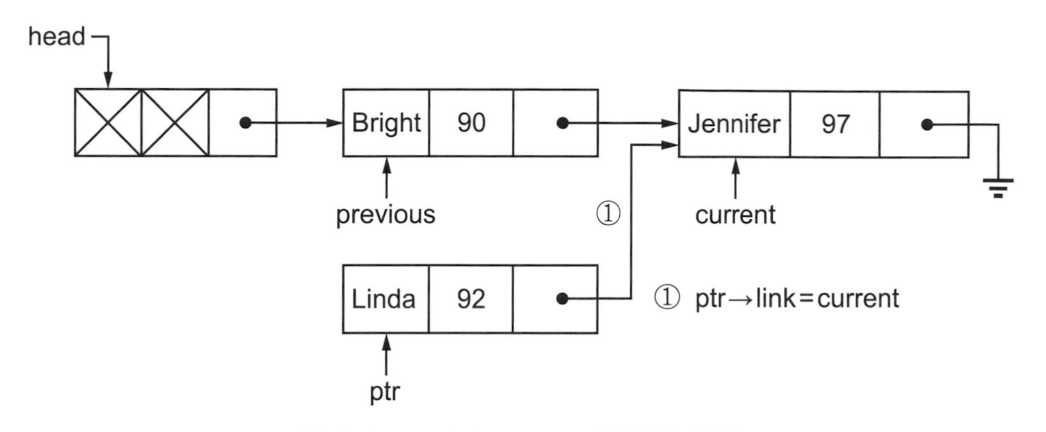

圖 11-2　ptr->link = current; 敘述的示意圖

2. previous->link = ptr;

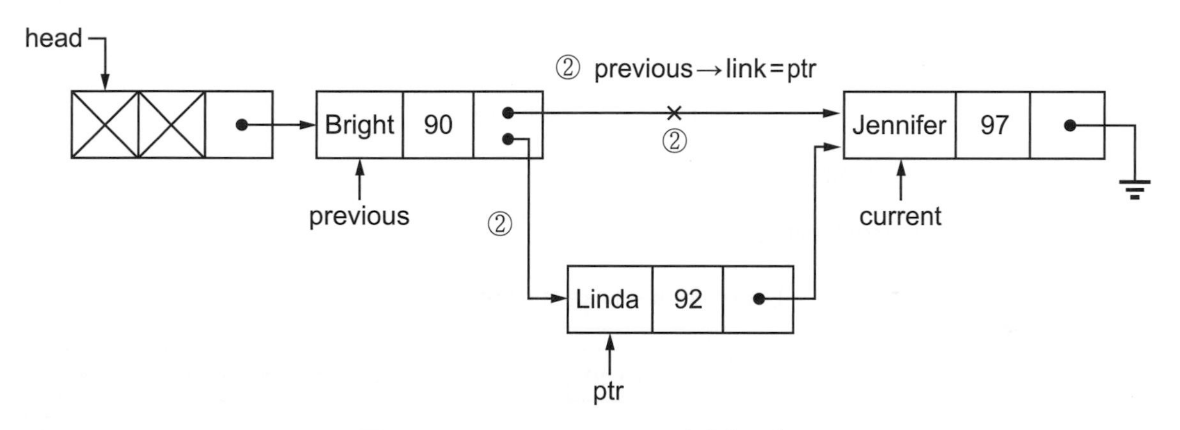

圖 11-3　previous->link = ptr; 敘述的示意圖

從上述的圖形您是否可以體會鏈結串列加入一節點是多麼的容易。不論原來的串列有多大，在找到要加入的地方時，只要利用這二條敘述即可完成。

程式的另一項重要動作便是刪除，欲刪除一學生時，同樣必須找到該節點的所在，同時也要記住前一個節點，片段程式如下：

```
void del()
{
    char delName[15];
    cout << " 請輸入欲刪除的姓名 : ";
    cin >> delName;

    previous = head;
    current = previous->link;
```

```
    while(current != NULL && strcmp(current->name, delName) != 0) {
        previous = current;
        current = current->link;
    }

    if (current != NULL ) {
        previous->link = current->link;
        delete current;
        cout << delName << " 已被刪除 " << endl << endl;
    }
    else {
        cout << delName << " 不存在 !\n\n";
    }
}
```

設要刪除學生姓名是 Amy，則要先找到此學生節點，以及前一個節點，如下圖所示：

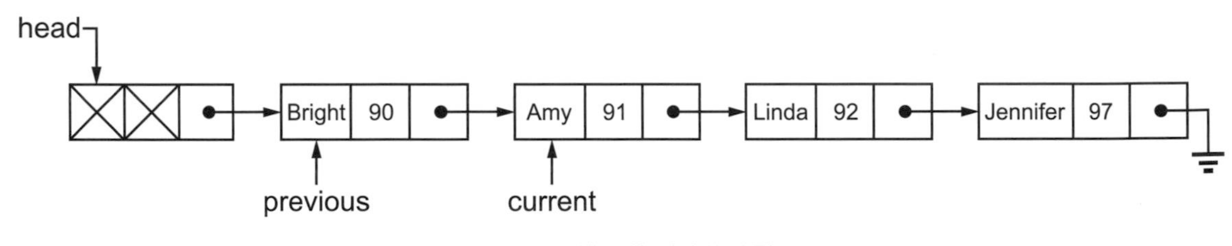

圖 11-4　找到欲刪除的節點

我們只要改變其中一條鏈結即可：

previous->link = current->link;

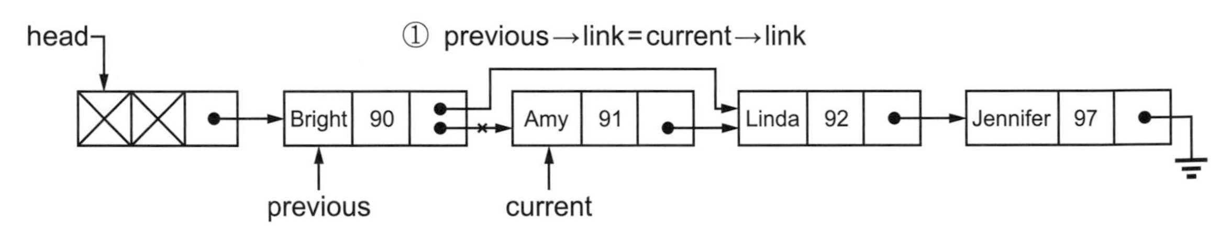

圖 11-5　previous->link = current->link; 敘述的示意圖

此時的 current 節點仍然存在，但已經不在串列中，所以無法由 head 找到它，我們必須將它歸還記憶體空間以便稍後再行要求：

```
delete current;
```

函式 delete current 可歸還由 new 配置而得的記憶體空間。

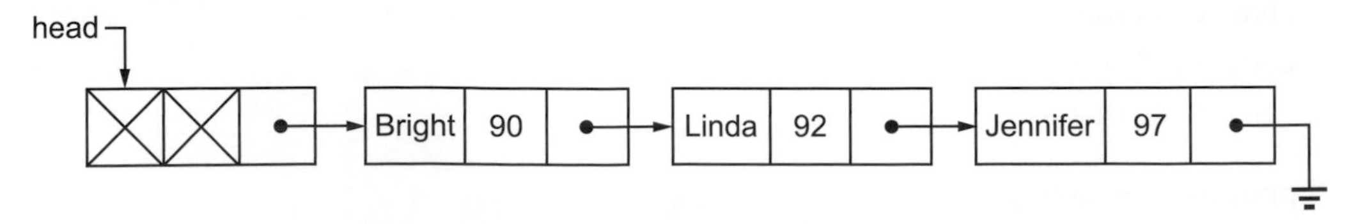

圖 11-6　delete current; 敘述的示意圖

鏈結串列的動作相當簡單，但在撰寫程式時必須非常謹慎，最好能自行模擬程式的流程。在我們的程式中，有關的邊界條件都已考慮進去，譬如插入串列開頭或尾端的情形，希望您能自行驗證一番。

看過前面兩個函式，另外的 show() ，主要工作是印出串列的所有節點。由於 head 節點不存任何資料，故第一筆是 head->link，將它指定給 current，利用 while 迴圈重複執行，直到 current == NULL 爲止。如下所示：

```
void show()
{
    current = head->link;
    cout << fixed << left << setprecision(2);
    cout << "\nName" << "           score" << endl;
    while (current != NULL) {
        cout << setw(15) << current->name << setw(6) << current->score;
        current = current->link;
        cout << endl;
    }
    cout << endl;
}
```

注意！每次迴圈皆需利用 current = current ->link; 敘述，將 current 往下移。爲了輸出美觀，也用了欄位寬和小數後印出兩位小數點的功能。最後還是把程式執行一下吧，來驗證您寫的程式碼是否正確：

```
i: [INSERT]
d: [DELETE]
s: [SHOW]
q: [EXIT]

請輸入選項: i
請輸入姓名: Bright
請輸入成績: 90
Insert OK

請輸入選項: i
請輸入姓名: Jennifer
請輸入成績: 97
Insert OK

請輸入選項: i
請輸入姓名: Linda
請輸入成績: 92
Insert OK

請輸入選項: s

Name           score
Bright         90.00
```

```
Linda              92.00
Jennifer           97.00

請輸入選項: i
請輸入姓名: Amy
請輸入成績: 91
Insert OK

請輸入選項: s

Name               score
Bright             90.00
Amy                91.00
Linda              92.00
Jennifer           97.00

請輸入選項: d
請輸入欲刪除的姓名: Amy
Amy已刪除

請輸入選項: s

Name               score
Bright             90.00
Linda              92.00
Jennifer           97.00

請輸入選項: q

Bye Bye !

Bye Bye !
```

本章習題

選擇題

有一關於結構的程式如下：

```
#include <iostream>
using namespace std;
int main()
{
    struct Student {
        int id;
        string name;
        double score;
    };

    Student stu = {1001, "Bright", 90.2};
    Student (1);
    pstu = &stu;
```

```
    cout << (2) << ", " << (2) << endl;
    cout << (*pstu).name << ", " << (*pstu).score << endl;
    return 0;
}

~~~output~~~
Bright, 90.2
```

1. 試問上一程式中的 (1) 是下列哪一項？
   (A) *pstu　(B) pstu　(C) &pstu　(D) **pstu。

2. 試問上一程式中的 (2) 是下列哪一項？
   (A) *pstu->name 與 *pstu->name
   (B) pstu->name 與 pstu->name
   (C) *pstu->name 與 pstu->name
   (D) pstu->name 與 *pstu->name。

3. 試問上一程式中的 (2) 也可以以下列哪一項表示？
   (A) *pstu.name 與 (*pstu).score
   (B) (*pstu).name 與 *pstu.score
   (C) *pstu.name 與 *pstu.score
   (D) (*pstu).name 與 (*pstu).score。

4. 試問下列敘述哪一項爲僞？
   (A) 陣列是相同資料型態的資料所組成的集合，結構可由不同型態的資料組成
   (B) 結構的宣告是由 structure 起頭，接著是結構名稱，再由左、右大括號括起結構的組成項目
   (C) 結構的宣告必須要以分號做爲結束點
   (D) 鏈結串列的節點，其實就是結構，不過必須要有一資料項目是自我的指標。

5. 試問下列敘述哪一項爲僞？
   (A) 佇列是先進先出，若以鏈結串列來運作的話，若加入在前端，則刪除必須在尾端
   (B) 堆疊是先進後出，若以鏈結串列來運作的話，若加入在尾端，則刪除必須在尾端
   (C) 若鏈結串列的第一節點要存放資料的話，則必須在每次加入時判斷串列是否沒有節點，即表示空串列
   (D) 鏈結串列在加入和刪除的運作與陣列相同，所以不會有任何優勢。

上機實作

一、請自行練習本章的範例程式。

二、試問下列程式的輸出結果。

1.

```
//paractice11-1.cpp
#include <iostream>
using namespace std;

int main()
{
    struct Student {
        string name;
        int score;
    };

    Student s = {"Chloe", 96};
    Student *pstr = &s;
    cout << "s.name = " << s.name << endl;
    cout << "s.score = " << s.score << endl;

    cout << "pstr->name = " << pstr->name << endl;
    cout << "pstr->score = " << pstr->score << endl;
    cout << "(*pstr).name = " << (*pstr).name << endl;
    cout << "(*pstr).score = " << (*pstr).score << endl;

    return 0;
}
```

2.

```
//paractice11-2.cpp
#include <iostream>
using namespace std;

int main()
{
    struct St_name {
        string firstname;
```

```
        string lastname;
    };
    struct Student {
        St_name name;
        int score;
    };

    Student s1 = {"Amy", "Tsai", 95};
    cout << s1.name.firstname << " " << s1.name.lastname
         << ": " << s1.score << endl;

    return 0;
}
```

3.

```
//paractice11-3.cpp
#include <iostream>
using namespace std;

struct Job {
    string jobname;
    float pay;
};

void double_pay(Job *);
int main()
{
    Job peter, *ptr;
    peter.jobname = "manager";
    peter.pay = 200.86;
    ptr = &peter;
    cout << ptr->pay << endl;
    double_pay(ptr);
    cout << ptr->pay << endl;

    return 0;
}
void double_pay(Job *test)
{
    test->pay *= 2.0;
}
```

除錯題

試修正下列的程式，並輸出其結果。

1.

```
//debug11-1.cpp
#include <iostream>
using namespace std;

struct Student {
    char *name;
    int score;
}

int main()
{
    Student stu;
    stu.name = "Frank";
    stu.score = 80;
    cout << "學生姓名：" << stu->name << endl;
    cout << "學生手機：" << stu->score << endl;

    return 0;
}
```

2.

```
//debug11-2.cpp
#include <iostream>
using namespace std;

struct Student {
    char name[20];
    int score;
};

int main()
{
    Student stu = {"John", 89};
    Student *ptr = stu;
```

```
    cout << "學生的姓名是 " << ptr.name << endl;
    cout << "學生的分數是 " << ptr.score << endl;

    return 0;
}
```

3.

```
//debug11-3.cpp
#include <iostream>
#include <iomanip>
using namespace std;

struct Student {
    char name[20];
    int score;
};

int main()
{
    Student stu[3] = {{"Amy", 90}, {"Tina", 85}, {"Sam", 91}};
    int i;
    cout << left;
    cout << setw(20) << "學生姓名" << setw(20) << "學生成績" << endl;
    cout << "------------------------\n";
    for (i=0; i<3; i++)
        printf("%-16s%-8d\n", (stu+i).name, (stu+i).score);
    cout << "------------------------\n";

    return 0;
}
```

4.

```
//debug11-4.cpp
#include <iostream>
#include <iomanip>

using namespace std;
struct Student {
    char name[20];
```

```
    int score;
    Student *next;
};

int main()
{
    Student stu1 = {"Mary", 95, NULL};
    Student stu2 = {"Gina", 80, NULL};
    Student *ptr;
    int i;

    stu1.next = stu2;
    ptr = &stu1;
    cout << " 利用 ptr 印出所有資料 \n\n";
    cout << setw(15) << " 學生姓名 " << setw(8) << "  學生成績 " << endl;
    while (ptr == NULL) {
        cout << setw(16) << ptr->name << setw(8) << ptr->score ;
        *ptr = *ptr->next;
    }

    return 0;
}
```

程式設計

1. 佇列（Queue）的特性是先進先出，以鏈結串列來表示的話，我們可將它視爲加入在尾端，而刪除在前端，試撰寫一程式測試之。
2. 堆疊（Stack）的特性是先進後出，以鏈結串列來表示的話，我們可將它視爲加入和刪除都在前端，試撰寫一程式測試之。

Chapter 12

檔案的輸出與輸入

本章綱要

- ◆12-1 文字檔案
- ◆12-2 測試檔案是否存在與是否到達尾端
- ◆12-3 二進位檔案
- ◆12-4 類別物件的存取
- ◆12-5 隨機存取檔案

爲什麼要使用檔案的輸出與輸入呢？因爲標準的輸出與輸入是一次的動作，而檔案的輸入與輸出可以將結果儲存後，做爲下次運作之用。

檔案的存取的標準流程如下：

1. 定義一檔案輸出或輸入串流類別的物件。
2. 利用 open 成員函式開啓輸出或輸入的檔案。
3. 將資料寫入檔案或從檔案讀取資料
4. 不做任何檔案動作後，將檔案關閉。

檔案一般可分文字檔案和二進位檔案，顧名思義就是分別以文字和二進位的方式儲存。

12-1 文字檔案

將資料寫入文字檔案時，首先要定義 ofstream 類別的物件，然後利用此類別的 open 函式，開啓寫入檔案，接著利用此類別的物件搭配輸出串流運算子 <<，將資料寫入到檔案中。

同理若要從檔案中讀取資料，則首先要定義 ifstream 類別的物件，然後利用此類別的 open 函式，開啓讀取的檔案，接著利用此類別的物件搭配輸入串流運算子 >>，將資料從檔案中加以讀取之。

範例

```
1   //textInAndOut.cpp
2   #include <iostream>
3   #include <fstream>
4   using namespace std;
5
6   int main()
7   {
8       ofstream outFile;
9       ifstream inFile;
10      string id, name;
11      double score;
12
13      //write data into file
14      outFile.open("score.dat");
15      cout << "請輸入 ID: ";
16      cin >> id;
17      cout << "請輸入姓名: ";
18      cin >> name;
19      cout << "請輸入分數: ";
20      cin >> score;
```

```
21
22      cout << "\nwriting ... " << endl;
23      outFile << id << " " << name << " " << score << endl;
24      outFile.close();
25      cout << "close file" << endl << endl;
26
27      //read data from file
28      inFile.open("score.dat");
29      cout << "reading ... " << endl;
30      inFile >> id >> name >> score;
31      cout << id << " " << name << " " << score << endl;
32
33      inFile.close();
34      cout << "close file" << endl;
35
36      return 0;
37  }
```

```
請輸入ID: 1001
請輸入姓名: Bright
請輸入分數: 90.6

writing ...
close file

reading ...
1001 Bright 90.6
close file
```

此程式定義一 ofstream 類別的物件 outFile，然後利用此類別的 open 函式，開啓一寫入檔案 score.dat，接著利用此類別的物件 outFile 搭配輸出串流運算子 << ，如下所示：

```
outFile << id << " " << name << " " << score << endl;
```

將 id、name，以及 score 資料寫入到 score.dat 檔案中。

之後利用 outFile.close() 將 score.dat 關閉。

從檔案中讀取資料，則首先要定義一 ifstream 類別的物件 inFile，然後利用此類別的 open 函式，開啓一讀取的檔案 score.dat，接著利用此類別的物件 inFile 搭配輸入串流運算子 >> ，從 score.dat 檔案中讀取 id、name，以及 score 資料。之後利用 outFile.close() 將 score.dat 關閉。

此處是將寫入與讀取的動作寫在同一程式中，您可以將它分開兩個程式撰寫之，一個負責將資料寫入檔案，另一個是負責從檔案中讀取資料。

範例

```
1   //textFile2.cpp
2   #include <iostream>
3   #include <fstream>
4   using namespace std;
5
6   int main()
7   {
8       ofstream outFile;
9       ifstream inFile;
10      string id, name;
11      double score;
12
13      //write data into file
14      outFile.open("score.dat");
15      cout << "請輸入 ID: ";
16      cin >> id;
17      cout << "請輸入姓名：";
18      cin >> name;
19      cout << "請輸入分數：";
20      cin >> score;
21
22      cout << "\nwriting ... " << endl << endl;
23      outFile << id << " " << name << " " << score << endl;
24
25      cout << "請輸入 ID: ";
26      cin >> id;
27      cout << "請輸入姓名：";
28      cin >> name;
29      cout << "請輸入分數：";
30      cin >> score;
31
32      cout << "\nwriting ... " << endl << endl;
33      outFile << id << " " << name << " " << score << endl;
34      outFile.close();
35      cout << "\nclose file" << endl << endl;
36
37      //read data from file
38      inFile.open("score.dat");
39      cout << "reading ... " << endl;
40      inFile >> id >> name >> score;
```

```
41      cout << id << " " << name << " " << score << endl;
42
43      inFile >> id >> name >> score;
44      cout << id << " " << name << " " << score << endl;
45
46      inFile.close();
47      cout << "close file" << endl;
48
49      return 0;
50  }
```

```
請輸入ID: 1001
請輸入姓名: Bright
請輸入分數: 90.4

writing ...

請輸入 ID: 1002
請輸入姓名: Jennifer
請輸入分數: 89.5

writing ...


close file

reading ...
1001 Bright 90.4
1002 Jennifer 89.5
close file
```

此範例程式 textFile2.cpp 是上一範例程式 textInAndOut.cpp（第 12-2 頁）的延伸。當使用者輸入一筆資料後，就寫入檔案，再提示使用者輸入下一筆資料，再寫入檔案。而在資料的讀取上，也是讀取一筆資料後，從螢幕加以輸出，讓使用者比對這些資料是否爲剛剛所輸入的資料。

12-2 測試檔案是否存在與是否到達尾端

優良的程式設計師會在檔案讀取時，判斷它是否存在以及是否已到達檔案結尾。這二件事是很重要的，請參閱以下程式。

範例

```
1   //textFile4.cpp
2   #include <iostream>
3   #include <fstream>
4   using namespace std;
5
6   int main()
7   {
8       ofstream outFile;
9       ifstream inFile;
10      string id, name;
11      double score;
12
13      //write data into file
14      outFile.open("score.dat");
15      cout << " 請輸入 ID: ";
16      cin >> id;
17      cout << " 請輸入姓名 : ";
18      cin >> name;
19      cout << " 請輸入分數 : ";
20      cin >> score;
21
22      cout << "\nwriting ... " << endl << endl;
23      outFile << id << " " << name << " " << score << endl;
24
25      cout << " 請輸入 ID: ";
26      cin >> id;
27      cout << " 請輸入姓名 : ";
28      cin >> name;
29      cout << " 請輸入分數 : ";
30      cin >> score;
31
32      cout << "\nwriting ... " << endl << endl;
33      outFile << id << " " << name << " " << score << endl;
34      outFile.close();
35      cout << "\nclose file" << endl << endl;
```

```
36
37      //read data from file
38      inFile.open("score.dat");
39      if (inFile.fail()) {
40          cout << "File does not exist" << endl;
41          return 0;
42      }
43      cout << "reading ... " << endl;
44      inFile >> id >> name >> score;
45      while (!inFile.eof()) {
46          cout << id << " " << name << " " << score << endl;
47          inFile >> id >> name >> score;
48      }
49
50      inFile.close();
51      cout << "close file" << endl;
52
53      return 0;
54  }
```

```
請輸入ID: 1001
請輸入姓名：Bright
請輸入分數：90.6

writing ...

請輸入 ID: 1002
請輸入姓名：Linda
請輸入分數：88.9

writing ...



close file

reading ...
1001 Bright 90.6
1002 Linda 88.9
close file
```

此程式與範例程式 textFile2.cpp 不同之處，是多了測試檔案是否存在的判斷式，這可利用物件呼叫 ifstream 類別的 fail() 成員函式，如以下敘述所示：

```
if (inFile.fail()) {
    cout << "File does not exist" << endl;
    return 0;
}
```

若 inFile 指向的檔案不存在，則回傳真，此時顯示一些訊息，並結束程式。

而在讀取檔案資料時，利用物件呼叫 ifstream 類別的成員函式 eof() 來判斷是否已達到檔案的尾端，如下敘述所示：

```
inFile >> id >> name >> score;
while (!inFile.eof()) {
    cout << id << " " << name << " " << score << endl;
    inFile >> id >> name >> score;
}
```

當您讀取一筆資料時，在 while 迴圈中判斷是否已到達檔尾，若是，則結束迴圈。若還沒有，則印出目前所讀取的資料，再從檔案中讀取另一筆，直到檔尾結束。

在上述的範例程式中，都是針對寫入檔案和檔案讀取各自定義一檔案的物件，其實也可以只定義一檔案物件，在開啓時給予是寫入或是讀取的功能即可，如範例程式 textFile6.cpp 所示：

範例

```
1   //textFile6.cpp
2   #include <iostream>
3   #include <fstream>
4   using namespace std;
5
6   int main()
7   {
8       fstream fileObj;
9       string id, name;
10      double score;
11
12      //write data into file
13      fileObj.open("score.dat", ios::out);
14      cout << "請輸入 ID: ";
15      cin >> id;
16      cout << "請輸入姓名：";
17      cin >> name;
18      cout << "請輸入分數：";
19      cin >> score;
```

```
20
21      cout << "\nwriting ... " << endl << endl;
22      fileObj << id << " " << name << " " << score << endl;
23
24      cout << "請輸入 ID: ";
25      cin >> id;
26      cout << "請輸入姓名：";
27      cin >> name;
28      cout << "請輸入分數：";
29      cin >> score;
30
31      cout << "\nwriting ... " << endl << endl;
32      fileObj << id << " " << name << " " << score << endl;
33      fileObj.close();
34      cout << "close file" << endl << endl;
35
36      //read data from file
37      fileObj.open("score.dat", ios::in);
38      if (fileObj.fail()) {
39          cout << "File does not exist" << endl;
40          return 0;
41      }
42      cout << "reading ... " << endl;
43      fileObj >> id >> name >> score;
44      while (!fileObj.eof()) {
45          cout << id << " " << name << " " << score << endl;
46          fileObj >> id >> name >> score;
47      }
48
49      fileObj.close();
50      cout << "close file" << endl;
51
52      return 0;
53  }
```

```
請輸入ID: 1001
請輸入姓名：Bright
請輸入分數：93

writing ...
```

```
請輸入 ID: 1002
請輸入姓名 : Linda
請輸入分數 : 87

writing ...

close file

reading ...
1001 Bright 93
1002 Linda 87
close file
```

程式中只定義了一個 fileObj 的 fstream 類別的檔案物件，然後在呼叫 fstream 類別的成員函式 open() 時，給予開啓的屬性，ios::out 表示寫入，而 ios::in 表示讀取。所以

```
fileObj.open("score.dat", ios::out);
```

表示開啓 score.dat 檔案當做是寫入的屬性，而

```
fileObj.open("score.dat", ios::in);
```

表示開啓 score.dat 檔案當做是寫入的屬性。這樣做的好處是只要定義一個檔案物件即可。

12-3 二進位檔案

以上所討論的是文字檔案，接下來是二進位檔案（binary file）的存取。

範例

```
1   //binaryFile2.cpp
2   #include <iostream>
3   #include <fstream>
4   using namespace std;
5
6   int main()
7   {
8       fstream binaryIO;
9       binaryIO.open("fruits.dat", ios::out|ios::binary);
10      char str[] = "Banana";
11      cout << "writing \"Banana\" into file" << endl;
12
13      //write
```

```
14        binaryIO.write(str, sizeof(str));
15        binaryIO.close();
16
17        //read
18        binaryIO.open("fruits.dat", ios::in|ios::binary);
19        char str2[20];
20        binaryIO.read(str2, sizeof(str));
21        cout << "reading data from file" << endl;
22        cout << "str2: " << str2 << endl;
23        binaryIO.close();
24        return 0;
25    }
```

```
writing "Banana" into file
reading data from file
str2: Banana
```

有關二進位檔案的 write 函式之語法如下：

```
streamObject.write(const char * s, int size);
```

程式敘述

```
binaryIO.write(str, sizeof(str));
```

表示將字串 str 寫入 fruits.dat 檔案，其大小為 sizeof(str)。

而 read 函式的語法如下：

```
streamObjec.read(char * address, int size);
```

其中 streamObject 表示 fstream 串流的物件。s 是字串，address 是字串的位址。

所以

```
binaryIO.read(str2, sizeof(str));
```

表示從 fruits.dat 檔案讀取資料存放於 str2 字串變數。

範例

```
1   //binaryFile4.cpp
2   #include <iostream>
3   #include <fstream>
4   using namespace std;
5
6   int main()
7   {
```

```
8       fstream binaryIO;
9       binaryIO.open("integer.dat", ios::out|ios::binary);
10      int intValue = 911;
11      cout << "writing 911 into file" << endl;
12
13      //write
14      binaryIO.write(reinterpret_cast<char *>(&intValue), sizeof(int));
15      binaryIO.close();
16
17      //read
18      binaryIO.open("integer.dat", ios::in|ios::binary);
19      int intValue2;
20      binaryIO.read(reinterpret_cast<char *>(&intValue2), sizeof(int));
21      cout << "reading data from file" << endl;
22      cout << "intValue2: " << intValue2 << endl;
23      binaryIO.close();
24      return 0;
25  }
```

```
writing 911 into file
reading data from file
intValue2: 911
```

程式中的 reinterpret_cast 運算子表示可以將任何型態的指標轉型爲另一指標型態。

reinterpret_cast 運算子的語法如下：

```
reinterpret_cast<dataTpye *>(adress)
```

由於寫入和讀取資料的型態是 int ，而 write 和 read 的參數型態皆爲 char *，所以需以 reinterpret_case 來轉型。

範例

```
1   //binaryFile6.cpp
2   #include <iostream>
3   #include <fstream>
4   using namespace std;
5
6   int main()
7   {
8       fstream binaryIO;
9       binaryIO.open("values.dat", ios::out|ios::binary);
10
```

```
11      //write
12      int arrData[] = {1, 2, 3, 4, 5};
13      binaryIO.write(reinterpret_cast<char *>(arrData), sizeof(arrData));
14      binaryIO.close();
15
16      //read
17      binaryIO.open("values.dat", ios::in|ios::binary);
18      int arrData2[5];
19      binaryIO.read(reinterpret_cast<char *>(arrData2), sizeof(arrData2));
20      cout << "reading data from file" << endl;
21      binaryIO.close();
22
23      for (int i=0; i<5; i++) {
24          cout << setw(5) << arrData2[i];
25      }
26      cout << endl;
27      return 0;
28  }
```

```
reading data from file
    1    2    3    4    5
```

此程式是示範整數陣列的檔案存取。一樣還是要使用 reinterpret_cast<char *> 來轉型。以下是對結構資料的檔案存取。

範例

```
1   //binaryFile8.cpp
2   #include <iostream>
3   #include <fstream>
4   using namespace std;
5
6   int main()
7   {
8       fstream binaryIO;
9       struct Student {
10          char name[20];
11          int score;
12      };
13      Student stu1 = {"Bright", 97};
14
15      //write
```

```
16      binaryIO.open("struct.dat", ios::out|ios::binary);
17      binaryIO.write(reinterpret_cast<char *>(&stu1), sizeof(Student));
18      binaryIO.close();
19
20      //read
21      binaryIO.open("struct.dat", ios::in|ios::binary);
22      Student stu2;
23      binaryIO.read(reinterpret_cast<char *>(&stu2), sizeof(Student));
24      cout << "reading data from file" << endl;
25      cout << stu2.name << " " << stu2.score << endl;
26      binaryIO.close();
27
28      return 0;
29  }
```

```
reading data from file
Bright 97
```

12-4 類別物件的存取

同理我們也可以對類別的物件做檔案的存取。以下範例程式 binaryFile10.cpp，首先定義一 Student 類別，它有二個 private 屬性的資料成員，也有五個 public 的成員函式，其中有兩個建構函式。建議您先閱讀第 14 章後再來看此節內容較易理解。

範例

```
1   //binaryFile10.cpp
2   #include <iostream>
3   #include <fstream>
4   using namespace std;
5
6   class Student {
7   public:
8       Student();
9       Student(string, int);
10      void display();
11      string getName();
12      int getScore();
13
14  private:
15      string name;
```

```
16      int score;
17  };
18
19  Student::Student()
20  {
21      name = "John";
22      score = 60;
23  }
24
25  Student::Student(string name2, int score2)
26  {
27      name = name2;
28      score = score2;
29  }
30
31  void Student::display()
32  {
33      cout << name << " " << score << endl;
34  }
35
36  int main()
37  {
38      fstream binaryIO;
39      Student stu1;
40      Student stu2("Mary", 92);
41
42      //write
43      binaryIO.open("classObj.dat", ios::out|ios::binary);
44      binaryIO.write(reinterpret_cast<char *>(&stu1), sizeof(Student));
45      binaryIO.write(reinterpret_cast<char *>(&stu2), sizeof(Student));
46      binaryIO.close();
47
48      //read
49      binaryIO.open("classObj.dat", ios::in|ios::binary);
50      Student stu3;
51      binaryIO.read(reinterpret_cast<char *>(&stu3), sizeof(Student));
52      cout << "reading data from file" << endl;
53      stu3.display();
54
55      binaryIO.read(reinterpret_cast<char *>(&stu3), sizeof(Student));
56      cout << "reading data from file" << endl;
57      stu3.display();
```

```
58      binaryIO.close();
59
60      return 0;
61  }
```

```
reading data from file
John 60
reading data from file
Linda 92
```

程式寫入了兩筆資料於 classObj.dat 檔案。建立 stu1 物件時呼叫預設建構函式，所以此學生姓名爲 John，而建立 stu2 物件時，有給予參數字串爲 Mary，所以學生姓名爲 Mary。以 write 函式將這兩筆資料寫入 classObj.dat 檔案中，然後以 read 函式從此檔案中加以讀取資料，並存放於 stu3 物件。程式利用 display() 成員函式將 stu3 物件的資料加以印出。

當有多個資料時，可以使用迴圈加以處理。請看範例程式 binaryFile12.cpp。

範例

```
1   //binaryFile12.cpp
2   #include <iostream>
3   #include <fstream>
4   using namespace std;
5
6   class Student {
7   public:
8       Student();
9       Student(string, int);
10      void display();
11      string getName();
12      int getScore();
13
14  private:
15      string name;
16      int score;
17  };
18
19  Student::Student()
20  {
21      name = "John";
22      score = 60;
23  }
24
```

```
25 Student::Student(string name2, int score2)
26 {
27     name = name2;
28     score = score2;
29 }
30
31 void Student::display()
32 {
33     cout << name << " " << score << endl;
34 }
35
36 int main()
37 {
38
39     fstream binaryIO;
40     Student stu1;
41     Student stu2("Linda", 92);
42     Student stu3("Bright", 98);
43     stu1.display();
44     stu2.display();
45     stu3.display();
46
47     binaryIO.open("classObj4.dat", ios::out|ios::binary);
48     binaryIO.write(reinterpret_cast<char *>(&stu1), sizeof(Student));
49     binaryIO.write(reinterpret_cast<char *>(&stu2), sizeof(Student));
50     binaryIO.write(reinterpret_cast<char *>(&stu3), sizeof(Student));
51     binaryIO.close();
52
53     //read data from file
54     Student studentData;
55     cout << "\nreading data..." << endl;
56     binaryIO.open("classObj4.dat", ios::in|ios::binary);
57     while (binaryIO.read(reinterpret_cast<char *>(&studentData),
58                                   sizeof(Student))) {
59         studentData.display();
60     }
61     binaryIO.close();
62
63     return 0;
64 }
```

```
John 60
Linda 92
Bright 98

reading data...
John 60
Linda 92
Bright 98
```

程式中利用一迴圈來讀取資料，如下所示：

```
while (binaryIO.read(reinterpret_cast<char *>(&studentData),
                                    sizeof(Student))) {
    studentData.display();
}
```

read 函式當讀不到資料時就會變爲 0，此時迴圈就結束了。

12-5 隨機存取檔案

隨機存取（random access），顧名思義是從檔案隨機讀取某一筆資料。以下的範例程式 randomAccess.cpp 將示範如何隨機存取檔案中的資料。

範例

```
1   //randomAccess.cpp
2   #include <iostream>
3   #include <fstream>
4   using namespace std;
5   #define SIZE 6
6
7   int main()
8   {
9       fstream binaryFile;
10      struct Student {
11          char name[20];
12          int score;
13      };
14
15      binaryFile.open("students.dat", ios::out|ios::binary);
16      Student stu;
17      for (int i=1; i<=SIZE; i++) {
```

```
18          cout << "#" << i << ":" << endl;
19          cout << "Enter name: ";
20          cin >> stu.name;
21          cout << "Enter score: ";
22          cin >> stu.score;
23          cout << endl;
24          binaryFile.write(reinterpret_cast<char *>(&stu), sizeof(Student));
25      }
26      binaryFile.close();
27
28      //read
29      binaryFile.open("students.dat", ios::in|ios::binary);
30      Student stu2;
31      cout << "reading data from file" << endl;
32      while (binaryFile.read(reinterpret_cast<char *>(&stu2),
33                             sizeof(Student))) {
34
35          cout << setw(12) << stu2.name << " "
36               << setw(5) << stu2.score << endl;
37      }
38      binaryFile.close();
39
40      //random access
41      Student randomStu;
42      binaryFile.open("students.dat", ios::in|ios::binary);
43      cout << "\nsize of structure: " << sizeof(Student) << endl << endl;
44
45      //random access
46      int n;
47
48      while (true) {
49          cout << "您要查詢第幾位學生的資料：";
50          cin >> n;
51          if (n == -999) {
52              break;
53          }
54          if (n > SIZE) {
55              cout << "查無此學生" << endl << endl;
56          }
57          else {
58              //尋找中
59              binaryFile.seekg((n-1)*sizeof(Student), ios::beg);
```

```
60              cout << "curret position is " << binaryFile.tellg();
61              binaryFile.read(reinterpret_cast<char *>(&randomStu),
62                                                  sizeof(Student));
63              cout << "\n 您要找的學生是 : " << randomStu.name
64                   << setw(5) << randomStu.score << endl << endl;
65          }
66      }
67      binaryFile.close();
68
69      return 0;
70  }
```

```
#1:
Enter name: Bright
Enter score: 91

#2:
Enter name: Linda
Enter score: 89

#3:
Enter name: Jennifer
Enter score: 90

#4:
Enter name: Amy
Enter score: 88

#5:
Enter name: Cary
Enter score: 90

#6:
Enter name: Chloe
Enter score: 86

reading data from file
      Bright    91
       Linda    89
    Jennifer    90
         Amy    88
        Cary    90
       Chloe    86

size of structure: 24
```

```
您要查詢第幾位學生的資料 : 1
curret position is 0
您要找的學生是 : Bright   91

您要查詢第幾位學生的資料 : 2
curret position is 24
您要找的學生是 : Linda   89

您要查詢第幾位學生的資料 : 6
curret position is 120
您要找的學生是 : Chloe   86

您要查詢第幾位學生的資料 : 3
curret position is 48
您要找的學生是 : Jennifer   90

您要查詢第幾位學生的資料 : 4
curret position is 72
您要找的學生是 : Amy   88

您要查詢第幾位學生的資料 : 5
curret position is 96
您要找的學生是 : Cary   90

您要查詢第幾位學生的資料 : 7
查無此學生

您要查詢第幾位學生的資料 : -999
```

程式利用一無窮迴圈讓使用者輸入欲尋找第幾位學生，然後利用 seekg() 函式處理隨機擷取的動作。若輸入是 -999，則結束迴圈的執行。

seekg 表示 (seek get)，seekg() 函式的第二個參數此處設定爲檔頭，可以設定爲檔尾 ios::end，也可以設定爲目前的地方 ios::cur。而 tellg() 函式表示回傳目前檔案的位置。

以下的敘述

```
binaryFile.seekg(2 * sizeof(Student), ios::beg);
```

表示從檔案的開端位移 2*sizeof(student) 位元組（byte）。Student 的大小是 24 個 bytes，所以上述敘述將位移 48 個 bytes，亦即跳過 0~47 的 byte，所以檔案的指標指到位置第 48 個位元組的地方。

本章習題

選擇題

1. 試問下列有關文字檔案的敘述哪一項爲僞？
   (A) ostream outFile 表示 outFile 是檔案輸出串流物件，而 istream inFile 表示 inFile 是檔案輸入串流物件
   (B) 上述的物件是用於文字檔案（text file）
   (C) 若要打開檔案，只要利用物件呼叫 open(" 檔案名稱 ")，若要關閉檔案，則以物件呼叫 close() 函式即可
   (D) 若要將資料寫入文字檔案，則利用物件呼叫 write() 函式，而讀取文字檔案的資料，則以物件呼叫 read() 函式

2. 試問下列有關二進位檔案的敘述哪一項爲眞？
   (A) 二進位檔案可以建立 fstream 類別的物件，如 outBinary，但不必載入 fstream 標頭檔，因爲它是預設的標頭檔
   (B) 並以 outBinary.open("student.dat", ios::out|ios::binary) 來表示 student.dat 是二進位檔案，用以檔案的輸出
   (C) 若要關閉二進位檔案，也是物件呼叫 close() 函式，如 outBinary.close() 即可
   (D) 若要將資料寫入二進位檔案，則利用物件呼叫 write() 函式，而讀取二進位檔案的資料，則以物件呼叫 read() 函式

3. 試問下列有關二進位檔案的敘述哪一項爲僞？
   (A) 隨機存取要以物件呼叫 seekg() 函式，它有兩個參數，第一個是位移大小
   (B) seekg() 函式的第二個參數是從何處開始，ios::begin 表示檔頭，ios::end 表示檔尾，ios::current 表示檔案指標目前的位置
   (C) 也可以利用物件呼叫 tellg() 得知目前指標的位置
   (D) 在二元檔案中，將資料寫入檔案時，其 write 函式的第一個參數要利用 reintepret_cast<char *>，將資料加以轉型

上機練習

一、請自行練習本章的範例程式。

二、試問下列程式的輸出結果。

1.

```
//practice12-1.cpp
#include <iostream>
```

```
#include <fstream>
using namespace std;

class Teacher {
public:
    Teacher();
    Teacher(string, string);
    void display();
    string getName();
    int getDepartment();

private:
    string name;
    string department;
};

Teacher::Teacher()
{
    name = "John";
    department = "computer science";
}

Teacher::Teacher(string name, string department)
{
    this->name = name;
    this->department = department;
}

void Teacher::display()
{
    cout << name << ": " << department << endl;
}

int main()
{

    fstream binaryIO;
    Teacher t1;
```

```
    Teacher t2("Linda", "Accounting");
    Teacher t3("Bright", "Information Management");
    t1.display();
    t2.display();
    t3.display();

    binaryIO.open("teacher.dat", ios::out|ios::binary);
    binaryIO.write(reinterpret_cast<char *>(&t1), sizeof(Teacher));
    binaryIO.write(reinterpret_cast<char *>(&t2), sizeof(Teacher));
    binaryIO.write(reinterpret_cast<char *>(&t3), sizeof(Teacher));
    binaryIO.close();

    //read data from file
    Teacher TeacherData;
    cout << "\nreading data..." << endl;
    binaryIO.open("teacher.dat", ios::in|ios::binary);
    while (binaryIO.read(reinterpret_cast<char *>(&TeacherData),
                                 sizeof(Teacher))) {
        TeacherData.display();
    }
    binaryIO.close();

    return 0;
}
```

除錯題

1. 定義兩個檔案物件，分別是寫入和讀取檔案物件。然後利用迴圈敘述輸入學生的 id，姓名，以及分數等資料，當分數為 -999 時，結束迴圈，若不是則將上述資料寫入於 score.dat 檔案中。最後將檔案中的資料一一的加以讀取並顯示之。以下是小明撰寫的有關此描述的程式，請您加以 debug 一下。

```
//fileDebug-1.cpp
#include <iostream>
using namespace std;

int main()
{
    ofstream outFile;
```

```
    string id, name;
    double score;

    //write data into file
    outFile.open("score.dat");
    while (TRUE) {
        cout << " 請輸入 ID: ";
        cin >> id;
        cout << " 請輸入姓名 : ";
        cin >> name;
        cout << " 請輸入分數 : ";
        cin >> score;
        if (score = -999) {
            break;
        }
        cout << "\nwriting ... " << endl << endl;
        outFile << id << " " << name << " " << score << endl;
    }

    outFile.close();
    cout << "\nclose file" << endl << endl;

    //read data from file
    inFile.open("score.dat");
    if (inFile.fail()) {
        cout << "File does not exist" << endl;
        return 0;
    }
    cout << "reading ... " << endl;

    while (inFile.eof()) {
        inFile >> id >> name >> score;
        cout << id << " " << name << " " << score << endl;
    }

    inFile.close();
    cout << "close file" << endl;

    return 0;
}
```

2. 定義一 Student 類別，此類別的 private 屬性有 name 和 score 資料項目。然後利用迴圈敘述輸入三筆學生的姓名與分數等資料，並將資料寫入於 score.dat 檔案中。最將檔案中的資料一一的加以讀取並顯示之。以下是小華撰寫的有關此描述的程式，請您加以 debug 一下。

```
//fileDebug-2.cpp
#include <iostream>
#include <fstream>
using namespace std;

class Student {
public:
    Student();
    Student(string, int);
    void writeToFile();
    void display();
    string getName();
    int getScore();

private:
    string name;
    int score;
};

Student::Student()
{
    name = "John";
    score = 60;
}

Student::Student(string name2, int score2)
{
    name = name2;
    score = score2;
}

void setData()
{
    Student stu;
    cout << "Enter name: ";
```

```
    cin >> name;
    cout << "Enter score: ";
    cin >> score;
    cout << endl;
}

void Student::display()
{
    cout << name << " " << score << endl;
}

int main()
{

    fstream binaryIO;
    binaryIO.open("classObj.dat", ios::out|ios::binary);
    int i;
    while (i<=3) {
        Student stu;
        stu.setData();
        binaryIO.write(reinterpret_cast<char *>(stu), sizeof(Student));
        i++;
    }
    binaryIO.close();

    //read data from file
    Student studentData;
    cout << "reading data..." << endl;
    binaryIO.open("classObj.dat");
    while (binaryIO.read(reinterpret_cast<char *>(&studentData))) {
        studentData.display();
    }
    binaryIO.close();

    return 0;
}
```

程式設計

1. 試修改範例程式 binaryFile12.cpp，使其 Student 類別有三個 private 資料成員，分別是 id，name，以及 score。並建立五筆學生資料。然後將這五筆資料寫入檔案，之後再從此檔案讀取這些學生的資料。
2. 請修改範例程式 randomAccess.cpp，以無窮迴圈的方式讓使用者輸入學生資料，當學生的 id 是 -999 時，結束輸入的動作。其餘的和 randomAccess.cpp 的程式相同。

Chapter 13

再論函式

本章綱要

- ◆13-1 inline 函式
- ◆13-2 預設函式參數值
- ◆13-3 多載函式
- ◆13-4 函式樣板

看過了第 7 章基本函式的定義與用法後，接下來要討論一些進階函式的用法，如 inline 函式、預設函式參數值、多載函式，以及函式樣板等四個主題。

13-1 inline 函式

inline 函式表示內嵌函式，將呼叫函式的敘述直接以函式的主體敘述替換之。為什麼要用 inline 函式呢？因為函式的呼叫其實是得費時的，需要檢查呼叫函式的實際參數與被呼叫的形式參數的個數與資料型態是否符合，再來要配置一個暫存空間儲存需回傳的值，最後要以堆疊的方式放置當被呼叫的函式處理完後，再回到要繼續執行敘述的位址。所以這麼煩雜的工作，有時會以 inline 函式形式表示之。如以下範例程式所示：

範例

```
1  //inlineFun.cpp
2  #include <iostream>
3  using namespace std;
4  inline void inlineFun(int, int, int);
5
6  int main()
7  {
8      int year = 2020, month = 3, day = 27;
9      inlineFun(year, month, day);
10     return 0;
11 }
12
13 inline void inlineFun(int year, int month, int day)
14 {
15     cout << year << "/" << month << "/" << day << endl;
16 }
```

```
2020/3/27
```

當 main() 呼叫 inlineFun() 函式時，此一敘述將被

```
cout << year << "/" << month << "/" << day << endl;
```

這一敘述所取代。因此，整個程式就像是下一程式所示：

```
int main()
{
    int year = 2020, month = 3, day = 27;
    cout << year << "/" << month << "/" << day << endl;
    return 0;
}
```

此程式旨在說明 inline 函式的用法。注意，inlineFun 前面有個 inline 的關鍵字。系統得知它是內嵌函式。

13-2 預設函式參數值

預設函式參數值（default function parameter value）表示在函式宣告時，參數先給予某一值，當您呼叫此函式時，沒有給予參數值，系統將使用函式預設的參數值，這個好處是讓使用者更有彈性的呼叫此函式，而且不會因為沒有給予對應的參數值而發生錯誤。

函式的參數必須在宣告時給予預設值，如下範例程式所示：

範例

```
1   //defaultArgument.cpp
2   #include <iostream>
3   int total(int x=1, int y=1, int z=1);
4   using namespace std;
5   
6   int main()
7   {
8       int t1, t2, t3, t4;
9       t1 = total(10, 20, 30);
10      cout << "t1 = " << t1 << endl;
11  
12      t2 = total(10, 20);
13      cout << "t2 = " << t2 << endl;
14  
15      t3 = total(10);
16      cout << "t3 = " << t3 << endl;
17  
18      t4 = total();
19      cout << "t4 = " << t4 << endl;
20      return 0;
21  }
22  
23  int total(int x, int y, int z)
24  {
25      int tot;
26      tot = x + y + z;
27      return tot;
28  }
```

```
t1 = 60
t2 = 31
t3 = 12
t4 = 3
```

其中

```
int total(int x=1, int y=1, int z=1);
```

total() 函式有三個參數，並且預設值皆爲 1。所以在呼叫 total() 函式可以給予三個參數參數值，此時就不會用及預設值，若是只給予兩個參數值，則 z 的參數值將會被使用。若是只給予一個參數值，則 y 與 z 的參數值將會被使用，同理，若是沒有給予參數值，則將會使用 x、y、z 的參數值。

要注意的是，預設的參數值是由最後一個參數依序往前設定的。若最後一個參數值沒有設定爲預設參數值的話，則它的前一個參數就不可設定爲預設參數值。如上述敘述的 total() 函式中的參數 z 若沒有預設參數值時，那麼就不可設定 x 與 y 爲預設參數值。如以下敘述是不對的：

```
int total(int x=1, int y=1, int z);
```

因爲最後一個參數 z 沒有預設參數值

13-3 多載函式

多載函式（overloading function）表示程式允許有多個相同的函式名稱，但必須具有不同參數個數，或是不同的參數型態，以上這兩項稱爲函式簽名（function signature）。因爲函式的呼叫是依據函式簽名的準則來執行，切記，不是依據函式的回傳型態。請參閱以下範例程式：

範例

```
1   //overloadingFun.cpp
2   #include <iostream>
3   double addFun(double, double);
4   int addFun(int, int);
5   int addFun(int, int, int);
6
7   using namespace std;
8   int main()
9   {
10      double dres;
11      int ires1, ires2;
```

```
12      dres = addFun(1.1, 2.2);
13      cout << "1.2 + 2.2 = " << dres << endl;
14      ires1 = addFun(1, 2, 3);
15      cout << "1 + 2 + 3 = " << ires1 << endl;
16      ires2 = addFun(100, 200);
17      cout << "100 + 200 = " << ires2 << endl;
18
19      return 0;
20  }
21
22  double addFun(double x, double y)
23  {
24      double result;
25      result = (x+y);
26      return result;
27  }
28
29  int addFun(int x, int y)
30  {
31      int result;
32      result = (x+y);
33      return result;
34  }
35
36  int addFun(int x, int y, int z)
37  {
38      int result;
39      result = (x+y+z);
40      return result;
41  }
```

```
1.2 + 2.2 = 3.3
1 + 2 + 3 = 6
100 + 200 = 300
```

程式中的三個 addFun() 函式，如下所示：

```
double addFun(double, double);
int addFun(int, int);
int addFun(int, int, int);
```

雖然函式名稱皆相同，但可以從它們的參數個數或資料型態去判別是呼叫哪一個函式。

如 main() 函式中的

```
dres = addFun(1.1, 2.2);
```

表示呼叫兩個都是 double 型態的函式。而

```
ires2 = addFun(100, 200);
```

表示呼叫兩個都是 int 型態的函式。若程式多加一個函式宣告是不對的，如

```
double addFun(int, int);
```

因爲編譯器無法判斷要呼叫

```
int addFun(int, int);
```

或

```
double addFun(int, int);
```

哪一個函式，雖然這兩個函式的資料型態不同。所以得知，多載函式是以函式的參數個數或資料型態來判別的。

13-4 函式樣板

若我們已寫好一比較兩個整數的大小函式時，當您要比較兩個浮點數，勢必還要重新撰寫一比較兩個浮點數的函式，同理，若要比較兩個字串的大小呢？一樣還是要再寫一個比較兩個字串的函式。有無方便的方法解決呢？有的，當函式執行的動作一樣，只是資料的型態不同而已，此時函式樣板（function template）就可派上用場了。上述比較兩個不同的資料大小，所撰寫的函式，如下所示：

範例

```
1   //largerFun.cpp
2   #include <iostream>
3   using namespace std;
4   #include <string>
5   int largerInt(int, int);
6   double largerDouble(double, double);
7   string largerString(string, string);
8
9   int main()
10  {
11      int res = largerInt(10, 20);
12      cout << "Larger of (10, 20) is " << res << endl;
```

```
13      double rest = largerDouble(66.6, 88.8);
14      cout << "Larger of (66.6, 88.8) is " << rest << endl;
15      string st = largerString("Porsche", "Maserati");
16      cout << "Larger of (\"Porsche\", \"Maserati\") is "
17           << st << endl;
18      return 0;
19  }
20
21  int largerInt(int a, int b)
22  {
23      return a > b ? a : b;
24  }
25
26  double largerDouble(double c, double d)
27  {
28      return c > d ? c : d;
29  }
30
31  string largerString(string s, string t)
32  {
33      return s > t ? s : t;
34  }
```

```
Larger of (10, 20) is 20
Larger of (66.6, 88.8) is 88.8
Larger of (Porsche, Maserati) is Porsche
```

程式中有三個函式 largerInt()、largerDouble()，以及 largerString()，用以分別比較兩個整數、浮點數，以及字串的大小。如今我們將以函式樣板的方式處理之。首先，分析這三個函式不同之處，發現在函式的參數之資料型態和回傳值型態不同，所以以 T 來表示。函式樣板的關鍵字是 template，接著是 <typename T>，其中 typename 也是關鍵字，而 T 是剛剛分析出來不同的地方所代表的資料型態。範例程式如下所示：

範例

```
1   //templateFun10.cpp
2   #include <iostream>
3   template <typename T> T larger(T a, T b);
4   using namespace std;
5
6   int main()
```

```
7   {
8       int res = larger(10, 20);
9       cout << "Larger of (10, 20) is " << res << endl;
10      double rest = larger(66.6, 88.8);
11      cout << "Larger of (66.6, 88.8) is " << rest << endl;
12      string str1 = "Porsche";
13      string str2 = "Maserati";
14      string st = larger(str1, str2);
15      cout << "Larger of (" << str1 << ", " << str2 <<") is "
16         << st << endl;
17      return 0;
18  }
19
20  template <typename T> T larger(T a, T b)
21  {
22      return a > b ? a : b;
23  }
```

```
Larger of (10, 20) is 20
Larger of (66.6, 88.8) is 88.8
Larger of (Porsche, Maserati) is Porsche
```

從上述的 largerFun.cpp 和 templateFun10.cpp 這兩個範例程式，可以看出以函式樣板來表示是較精簡，同時也可以表示多個只因資料型態不同，但運作的方式是一樣的函式。

若有上述函式樣板無法解決時，如要比較整數與浮點數的大小時，則得以再宣告和定義此特有的函式，如以下範例程式所示：

範例

```
1   //templateFun20.cpp
2   #include <iostream>
3   #include <string>
4   using namespace std;
5   template <typename T> T larger(T a, T b);
6   double larger(int, double);
7
8   int main()
9   {
10      int res  = larger(100, 200);
11      cout << "Larger of (100, 200) is " << res << endl;
12
```

```
13     double res1 = larger(88.8, 88.99);
14     cout << "Larger of (88.8, 88.99) is " << res1 << endl;
15
16     int res2  = larger(100, 2.2);
17      cout << "Larger of (100, 2.2) is " << res2 << endl;
18
19     string st = larger("Pyhton", "C++");
20     cout << "Larger of (\"Pyhton\", \"C++\") is " << st << endl;
21     return 0;
22 }
23
24 template <typename T> T larger(T x, T y)
25 {
26     if (x > y) {
27         return x;
28     }
29     else {
30         return y;
31     }
32 }
33
34 double larger(int x, double y)
35 {
36     if (x > y) {
37         return x;
38     }
39     else {
40         return y;
41     }
42 }
```

```
Larger of (100, 200) is 200
Larger of (88.8, 88.99) is 88.99
Larger of (100, 2.2) is 100
Larger of ("Pyhton", "C++") is C++
```

其中

```
double larger(int, double);
```

是額外再宣告的，而函式的定義在程式的最後。

我們再來看一個有關排序的範例，假設我們要排序整數陣列和浮點數陣列，這勢必要撰寫兩個函式來加以處理。如以下範例程式所示：

範例

```
1  //sortFunction.cpp
2  #include <iostream>
3  #define SIZE 10
4  using namespace std;
5  void bubbleSortInt(int [], int);
6  void bubbleSortDouble(double [], int);
7
8  double doubleData[] = {1.2, 3.2, 0.5, 2.2, 0.8};
9  int main()
10 {
11     int num[SIZE];
12     srand((unsigned int) time(NULL));
13     cout << "Original data: " << endl;
14     for (int i=0; i<SIZE; i++) {
15         num[i] = rand() % 100 + 1;
16         cout << num[i] << " ";
17     }
18     bubbleSortInt(num, SIZE);
19     cout << "\nSorted data: " << endl;
20     for (int j=0; j<SIZE; j++) {
21         cout << num[j] << " ";
22     }
23     cout << endl << endl;
24
25     //double data
26     cout << "Original data: " << endl;
27     for (int j=0; j<5; j++) {
28         cout << doubleData[j] << " ";
29     }
30     bubbleSortDouble(doubleData,5);
31     cout << "\nSorted data: " << endl;
32     for (int j=0; j<5; j++) {
33         cout << doubleData[j] << " ";
34     }
35     cout << endl;
36     return 0;
37 }
```

```
38
39 void bubbleSortInt(int data[], int n)
40 {
41     int temp;
42     for (int i=0; i<n-1; i++) {
43         for (int j=0; j<n-i-1; j++) {
44             if (data[j] > data[j+1]) {
45                 temp = data[j];
46                 data[j] = data[j+1];
47                 data[j+1] = temp;
48             }
49         }
50     }
51 }
52
53 void bubbleSortDouble(double data2[], int n)
54 {
55     double temp;
56     for (int i=0; i<n-1; i++) {
57         for (int j=0; j<n-i-1; j++) {
58             if (data2[j] > data2[j+1]) {
59                 temp = data2[j];
60                 data2[j] = data2[j+1];
61                 data2[j+1] = temp;
62             }
63         }
64     }
65 }
```

```
Original data:
56 7 45 74 49 66 73 82 63 44
Sorted data:
7 44 45 49 56 63 66 73 74 82

Original data:
1.2 3.2 0.5 2.2 0.8
Sorted data:
0.5 0.8 1.2 2.2 3.2
```

程式中有兩個函式，分別是 bubbleSortInt() 與 bubbleSortDouble() 函式，用以排序整數陣列的資料和浮點數陣列的資料。

經過分析這兩個程式後，發現只有處理排序陣列的資料型態不同而已，其氣泡排序的執行動作是一樣的。因此，將不同的地方以 T 表示。歸納成以下的函式樣板，如下所示：

```
template <typename T> void bubbleSort(T data[], int n);
```

其完整的程式請參閱本書所附範例程式的 templateSort.cpp。

範例

```
1   //templateSort.cpp
2   #include <iostream>
3   using namespace std;
4   #define SIZE 10
5
6   template <typename T> void bubbleSort(T data[], int n);
7   double doubleData[] = {1.2, 3.2, 0.5, 2.2, 0.8};
8   int main()
9   {
10      int num[SIZE];
11      srand((unsigned int) time(NULL));
12      cout << "Original data: " << endl;
13      for (int i=0; i<SIZE; i++) {
14          num[i] = rand() % 100 + 1;
15          cout << num[i] << " ";
16      }
17      bubbleSort(num, SIZE);
18      cout << "\nSorted data: " << endl;
19      for (int j=0; j<SIZE; j++) {
20          cout << num[j] << " ";
21      }
22      cout << endl << endl;
23
24      //double data
25      cout << "Original data: " << endl;
26      for (int j=0; j<5; j++) {
27          cout << doubleData[j] << " ";
28      }
29      bubbleSort(doubleData, 5);
30      cout << "\nSorted data: " << endl;
31      for (int j=0; j<5; j++) {
32          cout << doubleData[j] << " ";
33      }
```

```
34      cout << endl;
35      return 0;
36  }
37
38  template <typename T> void bubbleSort(T data[], int n)
39  {
40      T temp;
41      for (int i=0; i<n-1; i++) {
42          for (int j=0; j<n-i-1; j++) {
43              if (data[j] > data[j+1]) {
44                  temp = data[j];
45                  data[j] = data[j+1];
46                  data[j+1] = temp;
47              }
48          }
49      }
50  }
```

```
Original data:
89 33 2 91 11 12 27 57 93 98
Sorted data:
2 11 12 27 33 57 89 91 93 98

Original data:
1.2 3.2 0.5 2.2 0.8
Sorted data:
0.5 0.8 1.2 2.2 3.2
```

從此程式得知，bubbleSort() 可以排序整數和浮點數資料型態的陣列。要注意的是，在 bubbleSort() 函式的定義中也要將 template <typename T> 寫出，否則會產生錯誤喔！附帶說明，程式中的 typename 可以用 class 取代。

本章習題

選擇題

1. 有一程式如下：

```
#include <iostream>
using namespace std;
int sum();

int main()
{
    int total = 0;
    for (int i=1; i<=10; i++) {
        total += sum();
    }
    cout << total << endl;
    return 0;
}

int sum()
{
    static int x=0;
    x++;
    return x;
}
```

試問其輸出結果爲何？

(A) 10　(B) 30　(C) 65　(D) 55。

2. 試問下列的預設參數值的設定標頭敘述哪一個爲眞？（複選）

(A) int sum(int a=1, int b=1, int c);　(B) int sum(int a=1, int b=1, int c=1);

(C) int sum(int a=1, int b, int c=1);　(D) int sum(int a, int b=1, int c=1);。

3. 試問下列的多載函式設定標頭敘述哪一個不可以？

(A) int fun(int, int);　(B) int fun(int, double);

(C) double fun(int, int);　(D) double fun(double, double);。

下列的敘述是有關函式樣板的片段程式，請回答第 4~5 題。

```
(1) <(2)  T> T maximum(T a, T b)
{
    return a > b ? a: b;
}
```

4. 試問上述片段程式中的 (1) 是下列哪一項？

(A) template　(B) templated　(C) temp　(D) temple。

5. 試問上述片段程式中的 (2) 是下列哪一項？

(A) typeName　(B) Typename　(C) typename　(D) TypeName。

上機練習

一、請自行練習本章的範例程式。

二、試問下列程式的輸出結果。

1.

```
//practiceAFun-1.cpp
#include <iostream>
template <typename T> T mean(T a[], int n);
using namespace std;
#define SIZE 5

int main()
{
    int i_nums[SIZE] = {10, 20, 30, 40, 50};
    double d_nums[SIZE] = {1.1, 2.2, 3.3, 4.4, 5.5};
    cout << "i_nums 陣列元素的平均值爲 " << mean(i_nums, SIZE) << endl;
    cout << "d_nums 陣列元素的平均值爲 " << mean(d_nums, SIZE) << endl;
    return 0;
}

template <typename T> T mean(T a[], int n)
{
    T total = 0;
    for (int i=0; i<5; i++) {
        total += a[i];
    }
    return total / SIZE;
}
```

2.

```
//practiceAFun-2.cpp
#include <iostream>
#include <iomanip>
double circleArea(double radius=1.0);
using namespace std;
#define PI 3.14156

int main()
```

```
{
    int x, y;
    double area1, area2;

    cout << "請輸入圓心坐標(x, y): ";
    cin >> x >> y;
    area1 = circleArea(10);
    cout << "圓心(" << x << ", " << y << "), " << "半徑 = " << 10;
    cout << "\narea1 = " << area1 << endl;

    cout << "\n請輸入圓心坐標(x, y): ";
    cin >> x >> y;
    area2 = circleArea();
    cout << "圓心(" << x << ", " << y << "), " << "半徑 = " << 1;
    cout << "\narea2 = " << area2 << endl;
    return 0;
}

double circleArea(double radius)
{
    double area;
    cout << fixed << setprecision(2);
    area = PI * radius * radius;
    return area;
}
```

3.

```
//practiceAFun-3.cpp
#include <iostream>
double totalFun(double, double);
int totalFun(int, int);
double totalFun(int, double);

using namespace std;
int main()
{
    double ans1, ans3;
    int ans2;
    ans1 = totalFun(6.6, 8.8);
```

```
    cout << "6.6 + 8.8 = " << ans1 << endl;

    ans2 = totalFun(11, 22);
    cout << "11 + 22 = " << ans2 << endl;

    ans3 = totalFun(100, 2.2);
    cout << "100 + 2.2 = " << ans3 << endl;
    return 0;
}

double totalFun(double x, double y)
{
    double result;
    result = (x+y);
    return result;
}

int totalFun(int x, int y)
{
    int result;
    result = (x+y);
    return result;
}

double totalFun(int x, double y)
{
    double result;
    result = (x+y);
    return result;
}
```

除錯題

試修正下列的程式，並輸出其結果。

1.

```
//defaultArgumentDebug.cpp
#include <iostream>
double sum(double x=1.0, double y, double z);
```

```
using namespace std;

int main()
{
    double t1, t2, t3, t4;
    t1 = total(1.1, 2.2, 3.3);
    cout << "t1 = " << t1 << endl;

    t2 = total(1.1, 2.2);
    cout << "t2 = " << t2 << endl;

    t3 = total(1.1);
    cout << "t3 = " << t3 << endl;

    t4 = total();
    cout << "t4 = " << t4 << endl;
    return 0;
}

int sum(int x, int y, int z)
{
    int tot;
    tot = x + y + z;
    return tot;
}
```

2.

```
//overloadingFunDebug.cpp
#include <iostream>
double addFun(double, double);
int addFun(int, int);
int addFun(double, double);
int addFun(double, double, double);

using namespace std;
int main()
{
    double dres;
    int ires1, ires2;
```

```
    dres = addFun(1.1, 2.2);
    cout << "1.2 + 2.2 = " << dres << endl;
    ires1 = addFun(1.1, 2.2, 3.3);
    cout << "1 + 2 + 3 = " << ires1 << endl;
    ires2 = addFun(100, 200);
    cout << "100 + 200 = " << ires2 << endl;

    return 0;
}

double addFun(double x, double y)
{
    double result;
    result = (x+y);
    return result;
}

int addFun(int x, int y)
{
    int result;
    result = (x+y);
    return result;
}

int addFun(int x, int y, int z)
{
    int result;
    result = (x+y+z);
    return result;
}
```

3.

```
//templateFunDebug.cpp
#include <iostream>
template <typename T> int smaller(int a, int b);
using namespace std;

int main()
```

```
{
    int res = smaller(10, 20);
    cout << "smaller of (10, 20) is " << res << endl;
    double rest = smaller(66.6, 88.8);
    cout << "smaller of (66.6, 88.8) is " << rest << endl;
    string str1 = "Honda CR-V";
    string str2 = "Toyota RAV4";
    string st = smaller(str1, str2);
    cout << "smaller of (" << str1 << ", " << str2 <<") is "
         << st << endl;
    return 0;
}

int smaller(int a, int b)
{
    return a < b ? a : b;
}
```

程式設計

1. 試撰寫一程式，以選擇排序（selection sort）排序處理整數、浮點數，以及字串，由小至大加以排序之。
2. 試以函式樣板改寫程式設計第 1 題。
3. 試撰寫二元搜尋（binary serach）的函式，用以搜尋一整數陣列中的某一元素，提示使用者輸入欲尋找的元素，若找到，則顯示此元素在陣列的位置。若找不到，則顯示一此元素找不到的訊息。
4. 試撰寫二元搜尋（binary serach）的函式，用以搜尋一浮點數陣列中的某一元素，提示使用者輸入欲尋找的元素，若找到，則顯示此元素在陣列的位置。若找不到，則顯示一找不到此元素的訊息。
5. 試以函式樣板改寫程式設計第 3 題與第 4 題的整數與浮點數的搜尋。

Chapter 14

類別與物件

本章綱要

C++ 程式語言中的類別（class）和結構很相像，但類別除了資料成員（data member）外，還有成員函式（member function）。成員函式用以擷取資料成員。資料成員簡稱資料或是之前章節討論的變數，而成員函式簡稱函式，與第 7 章討論的函式相同。封裝（encapsulation）就是將資料和函式包在一起，有如膠囊一般。封裝的好處是資料受到保護，當資料有問題時，可以很快找到元凶，從而可以降低日後的維護成本。

非物件導向的程式語言，如 C、FORTRAN、COBOL 皆是以函式爲主，資料爲輔，也就是函式是程式的核心。而物件導向程式語言將函式和資料視爲同等的重要，因爲不正確的資料將會導致結果是錯的，這就是所謂的垃圾進垃圾出（garbage in garbage out）。由此可見，資料的重要性。

14-1 類別的定義

類別的定義很簡單，其語法如下：

```
clsss className {
public:
資料成員 / 成員函式
…
protected:
資料成員 / 成員函式
…
private:
資料成員 / 成員函式
…
};
```

類別以 class 關鍵字爲前導詞，接下來是使用者自訂的類別名稱，不成文規定，一般以大寫的英文字母爲開頭取類別名稱。並以左、右大括號括起三個不同存取模式的屬性，分別是 private、protected，以及 public。其中 protected 將於繼承再加以討論。至於這三個屬性誰在前、誰在後是沒有關係的。不過我喜歡將 private 放在後面。

一般而言，這三個存取模式的屬性皆可以放置資料和函式，但大都將資料放置在 private 屬性。這乃是對此屬性的資料加以保護，它只能被同一類別的函式直接存取。以下將以範例程式加以說明之。

在撰寫物件導向的程式時，皆會以統一塑模語言（unified modeling language, UML）的類別圖（class diagram）加以圖解，以便了解類別資料成員和成員函式之間的關係。UML 類別圖大致上如圖 14-1 所示：

圖 14-1　UML 類別圖輪廓

它有三個區域，上方區域是類別名稱，中間區域放置成員函式，而下方區域是資料成員。中間區域和下方區域也可以互換。不管是成員函式或是資料成員，以 + 表示 public 屬性、# 表示 protected 屬性、- 表示 private 屬性。

基本上，函式大都是以 public 的屬性表示，而資料大都是以 private 屬性表示，但這不是絕對的。在類別圖的右方，用以說明資料和函式的功能。

如有一 Circle 類別圖如圖 14-2 所示：

Circle	說明
+setXandY(int,int):void +setRadius(int):void +getArea():double +getPerimeter():double	設定圓心座標(x,y) 設定圓的半徑 取得面積 取得周長
+radius:int +x,y:int	圓的半徑 圓心座標(x,y)

圖 14-2　皆為 public 屬性的 Circle 類別圖

表示它共有三個 public 的資料，分別是 radius、x 以及 y。同時也有四個 public 的函式，分別是 setXandY()、setRadius()、getArea()，以及 getPerimeter()，其功能從類別圖右方的說明即可明白。

有了這個類別圖之後，我們就可以很輕易的撰寫其對應的程式，如下所示：

範例

```
1   //class2.cpp
2   #include <iostream>
3   #include <iomanip>
4   using namespace std;
5   #define PI 3.14159
6
7   class Circle {
8   public:
9       //member function
10      void setXandY(int x2, int y2)
11      {
12          x = x2;
13          y = y2;
14      }
15
16      void setRadius(int x)
17      {
18          radius = x;
19      }
```

```
20
21     double getArea()
22     {
23         return PI * radius * radius;
24     }
25
26     double getPerimeter()
27     {
28         return 2 * PI * radius;
29     }
30
31     //data member
32     int radius;
33     int x, y
34 };
35
36 int main()
37 {
38     Circle circleObj;
39     circleObj.setXandY(1, 1);
40     circleObj.setRadius(5);
41     cout << " 圓心座標 : " << "(" << circleObj.x << ", "
42          << circleObj.y << ")" << endl;
43     cout << " 半徑 : " << circleObj.radius << endl;
44
45     cout << fixed << setprecision(2);
46     double circleArea = circleObj.getArea();
47     cout << " 圓面積 : " << circleArea << endl;
48     double circlePerimeter = circleObj.getPerimeter();
49     cout << " 圓的周長 : " << circlePerimeter << endl;
50     return 0;
51 }
```

```
圓心座標: (1, 1)
半徑 : 5
圓面積 : 78.54
圓的周長 : 31.42
```

程式中定義一類別，名爲 Circle。在這類別中存取的屬性皆是 public，它表示公有的意思。其下分別定義四個成員函式（member function），分別爲 setXandY()、setRadius(int)、getArea()、getPerimeter()，以及三個資料成員（data member），分別是 radius、x、y。由於這些資料成員和成員函式皆爲公有的屬性，所以可以在任何的函式中被擷取使用。

還有要注意的是，這些類別的資料成員和成員函式必須透過此類別的物件加以取得或呼叫。如程式中的

```
Circle circleObj;
```

表示定義了一個 Circle 類別的物件，名爲 circleObj。接下來就利用此物件名稱來擷取資料成員 radius 和成員函式 setRadius()、getArea()，以及 getPerimeter()。

爲了將資料成員加以保護，常常利用 private 的屬性來定義之。private 表示私有的意思。因爲保護資料成員是物件導向程式語言的要務，以避免被誤用。如範例程式 class5.cpp 所示。其 UML 類別圖如圖 14-3 所示：

Circle	說明
+setXandY(int,int):void	設定圓心座標(x,y)
+getX():int	取得圓心座標的x
+getY():int	取得圓心座標的y
+getRadius():int	取得圓的半徑
+setRadius(int):void	設定圓的半徑
+getArea():double	取得圓的面積
+getPerimeter():double	取得圓的周長
-radius:int	圓的半徑
-x,y:int	圓心座標(x,y)

圖 14-3　Circle 有 public 和 private 屬性的類別圖

有了圖 14-3 類別圖之後，程式設計師就可以根據此類別圖，撰寫出其對應的程式，如下所示：

範例

```
1   //class5.cpp
2   #include <iostream>
3   #include <iomanip>
4   using namespace std;
5   #define PI 3.14159
6
7   class Circle {
8   public:
9       //member function
10      void setXandY(int x2, int y2)
11      {
12          x = x2;
13          y = y2;
```

```
14      }
15
16      int getX()
17      {
18          return x;
19      }
20
21      int getY()
22      {
23          return y;
24      }
25
26      int getRadius()
27      {
28          return radius;
29      }
30
31      void setRadius(int x)
32      {
33          radius = x;
34      }
35
36      double getArea()
37      {
38          return PI * radius * radius;
39      }
40
41      double getPerimeter()
42      {
43          return 2 * PI * radius;
44      }
45
46  private:
47      //data member
48      int radius;
49      int x, y;
50  };
51
52  int main()
53  {
54      Circle circleObj;
55      circleObj.setXandY(1, 1);
```

```
56      circleObj.setRadius(5);
57      cout << "圓心座標：" << "(" << circleObj.getX() << ", "
58           << circleObj.getY() << ")" << endl;
59      cout << "半徑：" << circleObj.getRadius() << endl;
60
61      cout << fixed << setprecision(2);
62      double circleArea = circleObj.getArea();
63      cout << "圓面積：" << circleArea << endl;
64      double circlePerimeter = circleObj.getPerimeter();
65      cout << "圓的周長：" << circlePerimeter << endl;
66      return 0;
67  }
```

```
圓心座標：(1, 1)
半徑：5
圓面積：78.54
圓的周長：31.42
```

類別中有 public 和 private 的屬性，其中 public 表示公有的意思，因此可以讓此類別的物件在任何地方呼叫，而 private 表示私有的意思，它只能被類別的成員函式中所擷取。

由於現在的 radius、x、y 皆設定爲 private 屬性，所以只能被此類別的成員函式直接使用，而不可以在 main() 中使用。因此，需要定義 getX()、getY()，以及 getRadius() 成員函式，間接取得 x、y、radius 這三個 private 的資料成員。若不是使用這三個成員函式，而是直接使用如範例程式 class2.cpp 所撰寫 circleObj.x、circleObj.y 和 circleObj.radius 的話，將會產生錯誤的訊息，因爲這些都是 private 的屬性的關係，切記、切記！

上述的撰寫方式是將成員函式的定義主體部份，都宣告在類別主體上。雖然可以運作正常，但會使得類別的宣告太冗長。另一方式是先將類別加以宣告，將成員函式和資料成員指定在不同的存取屬性上，之後的函式定義需以類別名稱加上範疇運算子 :: 和函式名稱。如範例程式 class10.cpp 所示：

範例

```
1   //class10.cpp
2   #include <iostream>
3   #include <iomanip>
4   using namespace std;
5   #define PI 3.14159
6
7   class Circle {
8   public:
```

```
9       //member function
10      void setXandY(int, int);
11      int getX();
12      int getY();
13      int getRadius();
14      void setRadius(int);
15      double getArea();
16      double getPerimeter();
17  
18  private:
19      //data member
20      int radius;
21      int x, y;
22  };
23  
24  void Circle::setXandY(int x2, int y2)
25  {
26      x = x2;
27      y = y2;
28  }
29  
30  int Circle::getX()
31  {
32      return x;
33  }
34  
35  int Circle::getY()
36  {
37      return y;
38  }
39  
40  int Circle::getRadius()
41  {
42      return radius;
43  }
44  
45  void Circle::setRadius(int x)
46  {
47      radius = x;
48  }
49  
50  double Circle::getArea()
```

```
51 {
52     return PI * radius * radius;
53 }
54 
55 double Circle::getPerimeter()
56 {
57     return 2 * PI * radius;
58 }
59 
60 int main()
61 {
62     Circle circleObj;
63     circleObj.setXandY(1, 1);
64     circleObj.setRadius(5);
65     cout << "圓心座標: " << "(" << circleObj.getX() << ", "
66          << circleObj.getY() << ")" << endl;
67     cout << "半徑: " << circleObj.getRadius() << endl;
68     cout << fixed << setprecision(2);
69     double circleArea = circleObj.getArea();
70     cout << "圓面積: " << circleArea << endl;
71     double circlePerimeter = circleObj.getPerimeter();
72     cout << "圓的周長: " << circlePerimeter << endl;
73     return 0;
74 }
```

```
圓心座標: (1, 1)
半徑: 5
圓面積: 78.54
圓的周長: 31.42
```

此程式將類別的宣告獨立出來，其存取屬性有兩種，一爲 public，二爲 private。這樣的程式在閱讀上較易看懂此類別有哪些成員函式和資料成員，並且將每一個成員函式的定義個別的撰寫之，最後在 main() 函式中定義此類別的物件，並呼成員函式。值得注意的是，由於 radius、x，以及 y 這些是 private 屬性的資料成員，所以需要靠 public 的成員函式來擷取。如利用 getX()、getY()，以及 getRadius()，分別取得圓心的座標和半徑。

14-2 類別的建構函式

何謂建構函式（constructor），若函式的名稱與類別名稱相同，則稱此函式為建構函式。建構函式的語法如下：

```
className::ClassName()
{
 …
}
```

當建立一類別物件時，此物件會自動呼叫建構函式。因此，若程式一開始執行時，必須先處理的事項，皆會放在建構函式。例如，配置記憶體或是設定資料成員的初始值。要注意的是，建構函式沒有資料型態。若將建構函式 Circle() 加入於圖 14-3 時，則此時的 UML 類別圖如圖 14-4 所示：

Circle	說明
+Circle()	建構函式
+setXandY(int,int):void	設定圓心座標(x,y)
+getX():int	取得圓心座標的x
+getY():int	取得圓心座標的y
+getRadius():int	取得圓的半徑
+setRadius(int):void	設定圓的半徑
+getArea():double	取得圓的面積
+getPerimeter():double	取得圓的周長
-radius:int	圓的半徑
-x,y:int	圓心座標(x,y)

圖 14-4　有建構函式之 Circle 類別圖

此類別圖對應的程式，其對應的範例程式只要將 class10.cpp 加以修改即可，加入建構函式，如下所示，並請參閱本書的範例檔案，範例程式 class20.cpp。

範例

```
1   /* class20.cpp */
2   #include <iostream>
3   #include <iomanip>
4   using namespace std;
5   #define PI 3.14159
6
7   class Circle {
8   public:
9       Circle();
```

```
10     void setXandY(int, int);
11     int getX();
12     int getY();
13     void setRadius(int);
14     int getRadius();
15     double getArea();
16     double getPerimeter();
17 
18 private:
19     int radius;
20     int x, y;
21 };
22 
23 Circle::Circle()
24 {
25     radius = 1;
26     x = 1;
27     y = 1;
28 }
29 
30 // 其餘的 Circle 的成員函式如同 class10.cpp
31 
32 ...
33 ...
34 ...
35 
36 int main()
37 {
38     Circle circleObj;
39     cout << fixed << setprecision(2);
40     cout << "圓心座標: " << "(" << circleObj.getX() << ", "
41          << circleObj.getY() << ")" << endl;
42     cout << "半徑: " << circleObj.getRadius() << endl;
43     double circleArea = circleObj.getArea();
44     cout << "圓面積: " << circleArea << endl;
45     double circlePerimeter = circleObj.getPerimeter();
46     cout << "圓的周長: " << circlePerimeter << endl << endl;
47 
48     cout << "另一個圓: " << endl;
49     Circle circleObj2;
50     circleObj2.setRadius(5);
51     circleObj2.setXandY(2, 2);
```

```
52      cout << "圓心座標：" << "(" << circleObj2.getX() << ", "
53           << circleObj2.getY() << ")" << endl;
54      cout << "半徑：" << circleObj2.getRadius() << endl;
55      double circleArea2 = circleObj2.getArea();
56      cout << "圓面積：" << circleArea2 << endl;
57      double circlePerimeter2 = circleObj2.getPerimeter();
58      cout << "圓的周長：" << circlePerimeter2 << endl;
59      return 0;
60  }
```

```
圓心座標: (1, 1)
半徑：1
圓面積：3.14
圓的周長：6.28

另一個圓：
圓心座標：(2, 2)
半徑：5
圓面積：78.54
圓的周長：31.42
```

上述的程式中，當建立了一 Circle 類別的 circleObj 時，會先自動執行以下的建構函式

```
Circle::Circle() {
    radius = 1;
    x = 1;
    y = 1;
}
```

為一建構函式，將 radius、x，以及 y 皆設為 1。當建立一物件所以圓的面積為 3.14，圓的周長為 6.28。另一個圓的物件是 circleObj2，利用 circleObj2.setRadius(5); 設定圓的半徑為 5，再利用 circleObj2.setXandY(2, 2); 將圓心設定為 (2, 2)，因此，circleObj2 圓物件的面積為 78.54，周長為 31.412。

上述提及過建構函式不可以有資料型態，但可以帶有參數，因此，建構函式可以覆載。我們將範例程式 class20.cpp 建構函式中加入另一個帶有參數的建構函式，如範例程式 class22.cpp 所示：

範例

```
1   //class22.cpp
2   #include <iostream>
3   #include <iomanip>
4   using namespace std;
```

```
5   #define PI 3.14159
6
7   class Circle {
8   public:
9       Circle();
10      Circle(int, int, int);
11      int getX();
12      int getY();
13      int getRadius();
14      double getArea();
15      double getPerimeter();
16
17  private:
18      int radius;
19      int x, y;
20  };
21
22  Circle::Circle()
23  {
24      radius = 1;
25      x = 1;
26      y = 1;
27  }
28
29  Circle::Circle(int r, int xPoint, int yPoint)
30  {
31      radius = r;
32      x = xPoint;
33      y = yPoint;
34  }
35
36  // 其餘的 Circle 的成員函式如同 class10.cpp
37  ...
38  ...
39  ...
40
41  int main()
42  {
43      Circle circleObj;  // 呼叫 Circle() 建構函式
44      cout << fixed << setprecision(2);
45      cout << "圓心座標：" << "(" << circleObj.getX() << ", "
46           << circleObj.getY() << ")" << endl;
```

```
47      cout << "半徑：" << circleObj.getRadius() << endl;
48      double circleArea = circleObj.getArea();
49      cout << "圓面積：" << circleArea << endl;
50      double circlePerimeter = circleObj.getPerimeter();
51      cout << "圓的周長：" << circlePerimeter << endl << endl;
52
53      cout << "另一個圓：" << endl;
54
55
56      Circle circleObj2(5, 2, 2);//呼叫 Circle(int,int,int) 建構函式
57      cout << "圓心座標：" << "(" << circleObj2.getX() << ", "
58          << circleObj2.getY() << ")" << endl;
59      cout << "半徑：" << circleObj2.getRadius() << endl;
60      double circleArea2 = circleObj2.getArea();
61      cout << "圓面積：" << circleArea2 << endl;
62      double circlePerimeter2 = circleObj2.getPerimeter();
63      cout << "圓的周長：" << circlePerimeter2 << endl;
64      return 0;
65  }
```

```
圓心座標: (1, 1)
半徑：1
圓面積：3.14
圓的周長：6.28

另一個圓：
圓心座標：(2, 2)
半徑：5
圓面積：78.54
圓的周長：31.42
```

輸出結果與範例程式 class20.cpp 相同。程式中的建構函式宣告為

```
Circle(int, int, int);
```

而建構函式定義為

```
Circle::Circle(int r, int xPoint, int yPoint)
{
    radius = r;
    x = xPoint;
    y = yPoint;
}
```

用以建立一 Circle 類別的物件時，若沒有給予參數的話，將以預設的參數值代替之。此範例程式的 circleObje 因爲建立物件沒有給予參數值，所以使用建構函式的預設參數值，而 circleObj2 物件，因爲在建立物件時有給予參數值，所以使用自已設定的參數值，這省略上一範例程式 class20.cpp 程式中 circleObj2.setRadius(5); 和 circleObj2.setXandY(2, 2); 敘述。完整的程式碼，請參閱本書所附的磁片，範例程式 class22.cpp

C++ 除了提供建構函式外，還有解構函式，它表示在程式結束時會自動執行的函式，此函式不外乎是做回收在建構函式所配置的記憶體。

14-3 解構函式

解構函式（destructor）的名稱也是和類別名稱相同，只是前面多了 ~ 符號。解構函式不但沒有資料型態，而且也不可以有參數，所以沒有所謂的覆載解構函式（overloading destructor）。我們以一範例程式 conAndDest.cpp 來說明之。

範例

```
1   //conAndDest.cpp
2   #include <iostream>
3   #define SIZE 10
4   using namespace std;
5
6   class Array {
7   public:
8       Array();
9       void getData();
10      int calTot();
11      ~Array();
12
13  private:
14      int *num;
15  };
16
17  Array::Array()
18  {
19      cout << " 執行建構函式 ..." << endl;
20      num = new int[SIZE];
21  }
22
23  void Array::getData()
24  {
```

```
25      for (int i=0; i<SIZE; i++) {
26          num[i] = i+1;
27          cout << "num" << "[" << i << "] = " << num[i]  << endl;
28      }
29  }
30
31  int Array::calTot()
32  {
33      int total=0;
34      for (int i=0; i<SIZE; i++) {
35          total += num[i];
36      }
37      return total;
38  }
39
40  Array::~Array()
41  {
42      cout << " 執行解構函式 ..." << endl;
43      delete [] num;
44  }
45
46  int main()
47  {
48      Array obj;
49      obj.getData();
50      cout << " 總和 : " << obj.calTot() << endl;
51      return 0;
52  }
```

```
執行建構函式...
num[0] = 1
num[1] = 2
num[2] = 3
num[3] = 4
num[4] = 5
num[5] = 6
num[6] = 7
num[7] = 8
num[8] = 9
num[9] = 10
總和 : 55
執行解構函式 ...
```

程式定義一 Array 類別，其建構函式如下：

```
Array::Array()
{
    num = new int[SIZE];
}
```

利用 new 動態配置 10 個整數元素的記憶體共 40 位元組。當您使用 new 動態配置記置體時，之後需要以 delete 回收記憶體，如下所示：

```
Array::~Array()
{
    delete [] num;
}
```

由於這些動態配置記憶體與回收這些記憶體是此程式必須處理的事項，所以分別在建構函式和解構函式中執行。注意！這兩個函式分別在建立物件和程式結束時自動執行的。

14-4 以專案的方式撰寫

上述的 class20.cpp 範例程式可以使用專案來建置，將程式分解於專案中。這些組成 circleInformation 專案的程式如下所示。

範例 專案中程式檔名 circle.h

```
1   //circle.h
2   #define PI 3.14159
3
4   class Circle {
5   public:
6       Circle();
7       void setXandY(int, int);
8       int getX();
9       int getY();
10      void setRadius(int);
11      int getRadius();
12      double getArea();
13      double getPerimeter();
14
15  private:
16      int radius;
17      int x, y;
18  };
```

範例 專案中程式檔名 circle.cpp

```
1  //circle.cpp
2  #include "circle.h"
3  #include <iostream>
4  using namespace std;
5
6  Circle::Circle()
7  {
8      cout << " 執行建構函式 " << endl;
9      radius = 1;
10     x = 1;
11     y = 1;
12 }
13
14 void Circle::setXandY(int x2, int y2)
15 {
16     x = x2;
17     y = y2;
18 }
19
20 int Circle::getX()
21 {
22     return x;
23 }
24
25 int Circle::getY()
26 {
27     return y;
28 }
29
30 void Circle::setRadius(int x)
31 {
32     radius = x;
33 }
34
35 int Circle::getRadius()
36 {
37     return radius;
38 }
39
40 double Circle::getArea()
41 {
```

```
42      return PI * radius * radius;
43  }
44
45  double Circle::getPerimeter()
46  {
47      return 2 * PI * radius;
48  }
```

範例 專案中程式檔名 testCircle.cpp

```
1   //testCircle.cpp
2   #include <iostream>
3   #include <iomanip>
4   #include "circle.h"
5   using namespace std;
6
7   int main()
8   {
9       Circle circleObj, circleObj2;
10      cout << fixed << setprecision(2);
11      cout << "圓心座標：" << "(" << circleObj.getX() << ", "
12           << circleObj.getY() << ")" << endl;
13      cout << "半徑：" << circleObj.getRadius() << endl;
14      double circleArea = circleObj.getArea();
15      cout << "圓面積：" << circleArea << endl;
16      double circlePerimeter = circleObj.getPerimeter();
17      cout << "圓的周長：" << circlePerimeter << endl << endl;
18
19      cout << "另一個圓：" << endl;
20      circleObj2.setRadius(5);
21      circleObj2.setXandY(2, 2);
22      cout << "圓心座標：" << "(" << circleObj2.getX() << ", "
23           << circleObj2.getY() << ")" << endl;
24      cout << "半徑：" << circleObj2.getRadius() << endl;
25      double circleArea2 = circleObj2.getArea();
26      cout << "圓面積：" << circleArea2 << endl;
27      double circlePerimeter2 = circleObj2.getPerimeter();
28      cout << "圓的周長：" << circlePerimeter2 << endl;
29      return 0;
30  }
```

這些組成專案的程式我們以三個檔案儲存之，分別如下：circle.h、circle.cpp，以及 testCircle.cpp。在後面兩個檔案皆要載入 circle.h。這樣分開有一好處是維護容易，可針對某一檔案加以處理即可。輸出結果如同 class20.py。

14-5 this 指標

每一個類別都有一個隱含的 this 指標，它是指向該類別的物件之指標，而且是自動產生的。我們以範例程式 class20.cpp 加以修改，用來說明 this 指標的用法。如以下範例程式所示：

範例

```
1  //thisPointer.cpp
2  #include <iostream>
3  #include <iomanip>
4  using namespace std;
5  #define PI 3.14159
6
7  class Circle {
8  public:
9      Circle(int radius=1);
10     void setXandY(int, int);
11     int getX();
12     int getY();
13     int getRadius();
14     double getArea();
15     double getPerimeter();
16
17 private:
18     int radius;
19     int x, y;
20 };
21
22 Circle::Circle(int radius)
23 {
24     this->radius = radius;
25     this->x = 1;  //x = 1; OK
26     this->y = 1;  //y = 1; OK
27 }
28
29 void Circle::setXandY(int x, int y)
```

```
30  {
31      this->x = x;
32      this->y = y;
33  }
34
35  int Circle::getX()
36  {
37      return this->x;  //return x; OK
38  }
39
40  int Circle::getY()
41  {
42      return this->y; //return y; OK
43  }
44
45  int Circle::getRadius()
46  {
47      return this->radius; //return radius; OK
48  }
49
50  double Circle::getArea()
51  {
52      return PI * this->radius * this->radius;
53      //return PI * radius * radius; OK
54  }
55
56  double Circle::getPerimeter()
57  {
58      return 2 * PI * this->radius;
59      //return 2 * PI * radius; OK
60  }
61
62  int main()
63  {
64      Circle circleObj;
65      cout << fixed << setprecision(2);
66      cout << "圓心座標：" << "(" << circleObj.getX() << ", "
67           << circleObj.getY() << ")" << endl;
68      cout << "半徑：" << circleObj.getRadius() << endl;
69
70      double circleArea = circleObj.getArea();
71      cout << "圓面積：" << circleArea << endl;
```

```
72      double circlePerimeter = circleObj.getPerimeter();
73      cout << "圓的周長：" << circlePerimeter << endl << endl;
74
75      cout << "另一個圓：" << endl;
76      Circle circleObj2(5);
77      circleObj2.setXandY(2, 2);
78      cout << "圓心座標：" << "(" << circleObj2.getX() << ", "
79           << circleObj2.getY() << ")" << endl;
80      cout << "半徑：" << circleObj2.getRadius() << endl;
81      double circleArea2 = circleObj2.getArea();
82      cout << "圓面積：" << circleArea2 << endl;
83      double circlePerimeter2 = circleObj2.getPerimeter();
84      cout << "圓的周長：" << circlePerimeter2 << endl;
85      return 0;
86  }
```

```
圓心座標: (1, 1)
半徑： 1
圓面積： 3.14
圓的周長： 6.28

另一個圓：
圓心座標： (2, 2)
半徑： 5
圓面積： 78.54
圓的周長： 31.42
```

由於建構函式 Circle() 中的參數 radius 與類別的資料成員 radius 同名，所以此時就必須要利用 this 指標來指明此類別的 radius 是指哪一個。當然您可以不要在建構函式的參數取名爲 radius，如取 r，此時就不必一定要 this 來輔助，因爲可以很容易判別出 radius 是類別的資料成員的。還有在 setXandY() 成員函式中也利用了 this 指標，因爲參數名稱和 private 資料成員名稱相同。其他的地方凡是在資料成員都加上了 this 指標。

其實本章所舉的範例程式皆省略了 this 指標，沒有使用它也可以正確的執行，因爲它是預設的。由於半徑可以直接在建立物件時，以預設的參數值或以指定方式給予大小，所以 setRadius(int) 函式也就刪除了。

封裝有如將函式與資料置放於類別中，如此一來資料也受到了保護。同時也改變了傳統程式設計處處以函式爲中心的思想，資料是次等公民。物件導向程式設計的封裝表示函式與資料都是一等公民。有了類別與物件的概念後，就可以來探討繼承與多型了，這兩個也是物件導向程式設計的特性。

本章習題

選擇題

1. 試問下列哪一敘述爲僞？
   (A) 建構函式可以多載
   (B) 建構函式不可以有資料型態，但可以爲 void 型態
   (C) 建構函式的名稱與類別名稱相同
   (D) 建構函式可以有參數。

2. 試問下列哪一敘述爲僞？
   (A) 解構函式可以多載
   (B) 解構函式不可以有資料型態
   (C) 解構函式的名稱與類別名稱相同，而且前面加上 ~
   (D) 解構函式不可以有參數。

3. 試問下列哪一敘述爲僞？
   (A) 類別內有資料成員和成員函式
   (B) 類別內可以有三個區域，分別是 public、protected 和 private
   (C) private 的資料成員，只有此類別下的 public 成員函式才可以存取
   (D) 只有資料成員才能在 private 區域，成員函式不可以放在 private 區域。

4. 試問下列哪一敘述爲僞？
   (A) this 指標是自動產生的
   (B) this 是指向引發事件的指標
   (C) *this 表示該物件
   (D) this.x 表示指向物件的 x 資料成員。

5. 試問下列哪一敘述爲僞？
   (A) 類別好比是一資料型態的宣告
   (B) 物件是類別的實體，或稱案例（instance）
   (C) 類別宣告是以 Class 關鍵字爲開頭，接下來是類別名稱
   (D) 在類別宣告中，以左、右大括號括起資料成員和成員函式，最後以分號結束宣告。

上機練習

一、請自行練習本章的範例程式。

二、請依照下列程式，畫出其對應的 UML 類別圖，並寫出此程式的輸出結果。

1.

```
//classPractice-1.cpp
#include <iostream>
using namespace std;

class Stack {
public:
    Stack();
    void push(int);
    int getPointIndex();
    bool isEmpty();
    int pop();
    ~Stack();

private:
    int *stackData;
    int pointIndex;
};

Stack::Stack()
{
    stackData = new int(10);
    pointIndex = -1;
}

void Stack::push(int d)
{
    pointIndex++;
    stackData[pointIndex] = d;
    cout << "push..." << d << endl;;
}

int Stack::pop()
{
    int item = stackData[pointIndex];
    pointIndex--;
    return item;
}
```

```
int Stack::getPointIndex()
{
    return pointIndex;
}

Stack::~Stack()
{
    delete [] stackData;
}

bool Stack::isEmpty()
{
    if (pointIndex == -1) {
        return true;
    }
    else {
        return false;
    }
}
int main()
{
    int i;
    Stack stackObj;
    for (i=0; i<10; i++) {
        stackObj.push(i);
    }

    cout << " 堆疊資料如下： ";
    while (!stackObj.isEmpty()) {
        cout << stackObj.pop() << " ";
    }
    cout << endl;

    return 0;
}
```

2.

```
//classPractice-2.cpp
#include <iostream>
using namespace std;
```

```
class Stock {
public:
    Stock(int id, int quantity=1, double price=1.0);
    int getStockID();
    void setQuantity(int);
    int getQuantity();
    void setPrice(double);
    double getPrice();
    double getTotalValue();

private:
    int stockID;
    int quantity;
    double price;
};

Stock::Stock(int id, int q, double p)
{
    stockID = id;
    quantity = q;
    price = p;
}

int Stock::getStockID()
{
    return stockID;
}

void Stock::setQuantity(int q)
{
    quantity = q;
}

int Stock::getQuantity()
{
    return quantity;
}
```

```
void Stock::setPrice(double p)
{
    price = p;
}

double Stock::getPrice()
{
    return price;
}

double Stock::getTotalValue()
{
    return quantity * price;
}

int main()
{
    Stock stockObj(1001);
    stockObj.setQuantity(10);
    stockObj.setPrice(323.8);
    cout << "Stock ID: " << stockObj.getStockID() << endl;
    cout << "quantity: " << stockObj.getQuantity() << endl;
    cout << "price: " << stockObj.getPrice() << endl;
    cout << "Total value: " << stockObj.getTotalValue() << endl;

    return 0;
}
```

除錯題

1. 有一 UML 類別圖如圖 14-5：

Fruits	說明
+Fruits +setFruitsName(string):void +setFruitsPrice(double):void +getFruitsName():string +getFruitsPrice():double	建構函式 設定水果名稱 設定水果價格 取得水果名稱 取得水果價格
-name:string -price:double	水果名稱 水果價格

圖 14-5　Fruits 類別圖

以下是小明根據上述的類別圖所撰寫的對應程式，有一些地方是錯的，請您加以更正之。

```
//classDebug-1.cpp
#include <iostream>
using namespace std;

class Fruits {
public:
    Fruits();
    void setFruitsName(string);
    void setFruitsPrice();
    string getFruitsName();
    double getFruitsPrice();

private:
    string name;
    double price;
};

Fruits::Fruits()
{
    name = "Kiwi";
    price = 20.3;
}
```

```
void  setFruitsName(string s)
{
    name = s;
}

void  setFruitsPrice(double p)
{
    price = p;
}

string  getFruitsName()
{
    return name;
}

double  getFruitsPrice()
{
    return price;
}

 int main()
 {
     Fruits fruitsObj;
     cout << "水果名：" << fruitsObj.name << endl;
     cout << "單價：" << fruitsObj.price << endl << endl;

     fruitsObj.setFruitsName("Apple");
     fruitsObj.setFruitsPrice(30.8);
     cout << "水果名：" << fruitsObj.name << endl;
     cout << "單價：" << fruitsObj.price << endl << endl;

     return 0;
 }
```

2. 以下是有關建構函式與解構函式的基本用法，有一些地方是錯誤的寫法，請您加以修正之。

```
//classDebug-2.cpp
#include <iostream>
#include <ctime>
#define SIZE 10
using namespace std;

class A {
public:
    void A();
    void getAData();
    int findMax();
    ~A();

private:
    int *data;
};

void A::A()
{
    cout << " 執行建構函式 ..." << endl << endl;
    data = new int[SIZE];
}

void A::getAData()
{
    srand(unsigned(time(0)));
    for (int i=0; i<SIZE; i++) {
        data[i] = rand() % 1000;
        cout << "data" << "[" << i << "] = " << data[i]  << endl;
    }
}

int A::findMax()
{
    int max = data[0];
    for (int i=1; i<SIZE; i++) {
        if (data[i] > max) {
            max = data[i];
```

```
        }
    }
    return max;
}

~A::A()
{
   cout << "\n 執行解構函式 ..." << endl;
    delete data;
}

int main()
{
    A aobj;
    aobj.getAData();
    cout << " 最大值 : " << aobj.findMax() << endl;
    return 0;
}
```

3. 以下是測試學生的成績是否 Pass 或是 Fail 的程式，有些許的錯誤請您加以修正之。

```
//classDebug-3.cpp
#include <iostream>
using namespace std;

class Student {
public:
    Student();
    string compareScore(double);
    void setName(string);
    void setScore(double);
    string getName();
    double getScore();

private:
    string name;
    double score;
};
```

```
Student::Student()
{
    name = "None";
    score = 0;
}

void Student::setName(string name)
{
     name = name;
}

void Student::setScore(double score)
{
    score = score;
}

string Student::getName()
{
    return name;
}

double Student::getScore()
{
    return score;
}

string Student::compareScore(double score)
{
    if (score > score) {
        return "Pass";
    }
    else {
        return "Fail";
    }
}

int main()
{
    Student stu1, stu2, stu3;
    stu1.setName("Amy");
```

```
    stu1.setScore(90.4);
    stu2.setName("Chloe");
    stu2.setScore(92.8);
    stu3.setName("John");
    stu3.setScore(59);

    cout << stu1.getName() << ": " << stu1.score << endl;
    cout << stu2.getName() << ": " << stu2.score << endl;
    cout << stu3.getName() << ": " << stu2.score << endl;
    cout << endl;

    cout << stu1.name << ": " << (stu1.compareScore(60)) << endl;
    cout << stu2.name << ": " << (stu2.compareScore(60)) << endl;
    cout << stu3.name << ": " << (stu3.compareScore(60)) << endl;
    return 0;
}
```

程式設計

1. 有一 Rectangle（矩形或稱長方形）的 UML 的類別圖。請依照圖 14-6 類別圖的說明，撰寫其相對應的程式。

Rectangle	說明
+Rectangle(int,int,int,int)	Rectangle類別的建構函式
+setX1andY1(int,int):void	設定矩形的點座標(X1,Y1)
+setX2andY2(int,int):void	設定矩形的點座標(X2,Y2)
+getX1():int	取得X1
+getY1():int	取得Y1
+getX2():int	取得X2
+getY2():int	取得Y2
+getWidth():int	取得矩形的寬
+getHeight():int	取得矩形的高
+getArea():double	取得矩形面積
+getPerimeter():double	取得矩形周長
-x2,y2:int	矩形的點座標
-width:int	矩形的寬
-height:int	矩形的高

圖 14-6　Rectangle 類別圖

2. 有一圓柱體的 UML 類別圖如圖 14-7 所示：

Cylinder	說明
+Cylinder()	建構函式
+setCylinderHeight(int):void	設定圓柱體的高
+setCylinderRadius(int):void	設定圓柱體的半徑
+getCylinderHeight():int	取得圓柱體的高
+getCylinderRadius():int	取得圓柱體的半徑
+getCylinderVolume():double	取得圓柱體體積
+getCylinderSurfaceArea():double	取得圓柱體表面積
-radius:int	圓柱體的半徑
-height:int	圓柱體的高

圖 14-7　Cylinder 類別圖

請依照圖 14-7 類別圖的說明，撰寫其相對應的程式。

附註說明：
圓柱體的表面積 = 2 * (底圓面積) + 底圓的表面積 * 高
圓柱體的體積 = 底圓面積 * 高

3. 試撰寫一程式，設計一環狀佇列（circular queue）。環狀佇列可以改善線性佇列的缺點，此處設定環狀佇列最大的容量空間只有五個（便於測試使用）。此類別名稱為 CirQueue，其 UML 類別圖如下：

CirQueue	
+CirQueue()	建構函式
+inqueue(string): void	將資料加入於環狀佇列
+dequeue(): void	從環狀佇列刪除一資料
+show(): void	顯示環狀佇列的所有資料
-cq[MAX]: string	存放環狀佇列的資料陣列
-front: int	指向前端的索引
-rear: int	指向尾端的索引
-tag: int	用於判斷環狀佇列是否滿的或空的

上述表所對應的類別宣告如下：

```
class CirQueue {
public:
    CirQueue();
    void inqueue(string);
    void dequeue();
    void show();

private:
    string cq[MAX];
    int front, rear, tag;
};
```

學習心得

Chapter 15

夥伴與運算子多載

本章綱要

運算子多載（overloading operator）表示運算子可以用來表示更進階的用法。例如分數的相加，一般的內建加法是無法完成的，必須靠運算子多載才能完成。還沒有談運算子多載之前，讓我們先來談夥伴（friend）的功能，因爲。因爲有時您要分享類別的 private 資料時，就可以使用夥伴函式或夥伴類別來完成。我們先從夥伴函式（friend function）和夥伴類別（friend class）說起。

15-1 夥伴函式和夥伴類別

一般而言，類別的資料成員其屬性大多數設定爲 private。其用意是不讓外界去直接存取。這是很好的概念，但有時我們也會基於某些特性而開後門，讓它可以直接存取，如一函式是某一類別的夥伴時，則稱此函式爲此類別的夥伴函式，此時夥伴函式就可以直接存取該類別的 private 屬性的資料成員。某一函式加上 friend 關鍵字後就形成了夥伴函式。請參閱範例程式 friendFunction.cpp。

範例

```
1  //friendFunction.cpp
2  #include <iostream>
3  using namespace std;
4
5  class Appointment
6  {
7  public:
8      Appointment(int, int, int);
9      friend void display();
10
11 private:
12     int year;
13     int month;
14     int day;
15 };
16
17 Appointment::Appointment(int year, int month, int day)
18 {
19     this->year = year;
20     this->month = month;
21     this->day = day;
22 }
23
24 void display()
25 {
26     Appointment obj(2020, 6, 6);
```

```
27      cout << obj.year << "/" << obj.month << "/" << obj.day << endl;
28  }
29
30  int main()
31  {
32      display();
33      return 0;
34  }
```

```
2020/6/6
```

當然您會想可以直接將 display() 當做 Appointment 類別的 public 函式成員，就可以直接使用此類別的 private 的資料成員，不過此程式旨在說明夥伴函式，讓您了解其用法，進而應用於其他地方。注意的是，由於它不是此類別的函式成員，所以在定義時不必加上 Appointment:: 的前導詞。

除了上述的夥伴函式外，也可以宣告一類別是另一類別的夥伴類別，這表示這兩個類別互爲夥伴關係。

範例

```
1   //friendClass.cpp
2   #include <iostream>
3   using namespace std;
4
5   class Appointment
6   {
7   public:
8       Appointment(int, int, int);
9       friend class AppointmentDate;
10
11  private:
12      int year;
13      int month;
14      int day;
15  };
16
17  class AppointmentDate
18  {
19  public:
20      void display();
21  };
22
```

```
23 Appointment::Appointment(int year, int month, int day)
24 {
25     this->year = year;
26     this->month = month;
27     this->day = day;
28 }
29
30 void AppointmentDate::display()
31 {
32     Appointment obj(2020, 6, 6);
33     cout << obj.year << "/" << obj.month << "/" << obj.day；
34     cout << endl;
35 }
36
37 int main()
38 {
39     AppointmentDate aObj;
40     aObj.display();
41     return 0;
42 }
```

在 Appointment 類別中，有一敘述如下：

```
friend class AppointmentDate;
```

表示 Appointment 和 AppointmentDate 互爲夥件關件，因此在 AppointmentDate 的類別中的 display() 函式成員中可定義一個是 Appointment 類別的物件，並利用此物件是存取 Appointment 類別的資料成員。

15-2 運算子多載

我們以有理數的運算運算來說明運算子多載（operator overloading）的用意。假設有兩個有理數分別是

```
a = n1/d1，b = n2/d2，
```

則其加、減、乘、除的運算如下：

```
a + b = (n1*d2 + n2*d1) / (d1*d2)
a - b = (n1*d2 - n2*d1) / (d1*d2)
a * b = (n1*n2) / (d1*d2)
a / b = (n1*d2) / (d1*n2)
```

以下範例程式 rational.cpp 以 Rational 類別包含兩個 private 屬性的資料成員，分別以 numerator 和 denominator，表示有理數的分子與分母。在成員函式方面除了建構函式 Rational() 以外，還有 add()、subtract()、multiply() 和 divide() 分別完成兩個有理數的加、減、乘、除的運算，getNumerator() 和 getDenominator() 函式用以取得有理數的分子與分母、gcd() 函式在計算兩個整數的最大公因數，需要它的原因是希望有理數以最簡的分數表示之。

Rational 類別對應的 UML 類別圖如圖 15-1 所示：

Rational	說明
Rational(int numerator=1,int denominator=1)	建構函式
+getNumerator():int	取得有理數分子
+getDenominator():int	取得有理數分母
+add(Rational &):Rational	有理數相加
+substract(Rational &):Rational	有理數相減
+multiply(Rational &):Rational	有理數相乘
+divide(Rational &):Rational	有理數相除
+gcd(int,int):int	此為static函式，計算gcd
-numerator:int	有理數分子
-denominator:int	有理數分母

圖 15-1　Rational 類別圖

此類別圖對應的程式請參閱 rational.cpp 範例程式：

範例

```
1   //rational.cpp
2   #include <iostream>
3   using namespace std;
4
5   class Rational
6   {
7   public:
8       Rational(int numerator=1, int denominator=1);
9       int getNumerator();
10      int getDenominator();
11      Rational add(Rational &r2);
12      Rational subtract(Rational &r2);
13      Rational multiply(Rational &r2);
14      Rational divide(Rational &r2);
15      static int gcd(int, int);
16
17  private:
18      int numerator;
```

```
19      int denominator;
20  };
21
22  int Rational::getNumerator()
23  {
24      return numerator;
25  }
26
27  int Rational::getDenominator()
28  {
29      return denominator;
30  }
31
32  int Rational::gcd(int n, int d)
33  {
34      int num1 = abs(n);
35      int num2 = abs(d);
36      int gcd = 1;
37      for (int i=1; i<=num1 && i<=num2; i++) {
38          if (num1 % i == 0 && num2 % i == 0) {
39              gcd = i;
40          }
41      }
42      return gcd;
43  }
44
45  Rational::Rational(int numerator, int denominator)
46  {
47      int factor = gcd(numerator, denominator);
48      this->numerator = numerator / factor;
49      this->denominator = denominator / factor;
50  }
51
52  Rational Rational::add(Rational &r2)
53  {
54      int n = numerator * r2.denominator +
55              denominator * r2.numerator;
56      int d = denominator * r2.denominator;
57      return Rational(n, d);
58  }
59
60  Rational Rational::subtract(Rational &r2)
```

```
61  {
62      int n = numerator * r2.denominator -
63              denominator * r2.numerator;
64      int d = denominator * r2.denominator;
65      return Rational(n, d);
66  }
67
68  Rational Rational::multiply(Rational &r2)
69  {
70      int n = numerator * r2.numerator;
71      int d = denominator * r2.denominator;
72      return Rational(n, d);
73  }
74
75  Rational Rational::divide(Rational &r2)
76  {
77      int n = numerator * r2.denominator;
78      int d = denominator * r2.numerator;
79      return Rational(n, d);
80  }
81
82  int main()
83  {
84      Rational ratObj1(1, 6);
85      Rational ratObj2(1, 2);
86
87      // 兩個分數相加
88      Rational addValue = ratObj1.add(ratObj2);
89      cout << ratObj1.getNumerator() << "/" << ratObj1.getDenominator()
90           << " + " << ratObj2.getNumerator() << "/"
91           << ratObj2.getDenominator() << " = " ;
92      cout << addValue.getNumerator() << "/" << addValue.getDenominator();
93      cout << endl << endl;
94
95      // 兩個分數相減
96      Rational subtractValue = ratObj1.subtract(ratObj2);
97      cout << ratObj1.getNumerator() << "/" << ratObj1.getDenominator()
98           << " - " << ratObj2.getNumerator() << "/"
99           << ratObj2.getDenominator() << " = " ;
100     cout << subtractValue.getNumerator() << "/"
101          << subtractValue.getDenominator();
102     cout << endl << endl;
```

```
103
104     // 兩個分數相乘
105     Rational multiplyValue = ratObj1.multiply(ratObj2);
106     cout << ratObj1.getNumerator() << "/" << ratObj1.getDenominator()
107          << " * " << ratObj2.getNumerator() << "/"
108          << ratObj2.getDenominator() << " = " ;
109     cout << multiplyValue.getNumerator() << "/"
110          << multiplyValue.getDenominator();
111     cout << endl << endl;
112
113     // 兩個分數相除
114     Rational divideValue = ratObj1.divide(ratObj2);
115     cout << ratObj1.getNumerator() << "/" << ratObj1.getDenominator()
116          << " / " << ratObj2.getNumerator() << "/"
117          << ratObj2.getDenominator() << " = " ;
118     cout << divideValue.getNumerator() << "/" << divideValue.getDenominator();
119     cout << endl;
120     return 0;
121 }
```

```
1/6 + 1/2 = 2/3

1/6 - 1/2 = -1/3

1/6 * 1/2 = 1/12

1/6 / 1/2 = 1/3
```

程式中要注意的是，Rational 類別的資料成員 numerator 和 denominator 的屬性是 private，它只允許此類別的 public 函式成員直接存取。因此在 main() 函式中，只能靠 getNumerator() 和 getDenominator() 函式間接的取得 numerator 和 denominator。

我們可以將上述程式中有理數的加、減、乘、除等四則運算，以運算子多載的方式表示之，也就是將一般的 +、-、*、/ 加以多載，賦予它們新的功能。如範例程式 rationa2.cpp 所示：

範例

```
1   //rational2.cpp
2   #include <iostream>
3   using namespace std;
4
5   class Rational
6   {
7   public:
```

```
8        Rational(int numerator=1, int denominator=1);
9        int getNumerator();
10       int getDenominator();
11       Rational operator+(Rational &r2);
12       Rational operator-(Rational &r2);
13       static int gcd(int, int);
14
15   private:
16       int numerator;
17       int denominator;
18
19   };
20
21   int Rational::getNumerator()
22   {
23       return numerator;
24   }
25
26   int Rational::getDenominator()
27   {
28       return denominator;
29   }
30
31   int Rational::gcd(int n, int d)
32   {
33       int num1 = abs(n);
34       int num2 = abs(d);
35       int gcd = 1;
36       for (int i=1; i<=num1 && i<=num2; i++) {
37           if (num1 % i == 0 && num2 % i == 0) {
38               gcd = i;
39           }
40       }
41       return gcd;
42   }
43
44   Rational::Rational(int numerator, int denominator)
45   {
46       int factor = gcd(numerator, denominator);
47       this->numerator = numerator / factor;
48       this->denominator = denominator / factor;
49   }
```

```
50
51 Rational Rational::operator+(Rational &r2)
52 {
53     int n = numerator * r2.denominator +
54             denominator * r2.numerator;
55     int d = denominator * r2.denominator;
56     return Rational(n, d);
57 }
58
59 Rational Rational::operator-(Rational &r2)
60 {
61     int n = numerator * r2.denominator -
62             denominator * r2.numerator;
63     int d = denominator * r2.denominator;
64     return Rational(n, d);
65 }
66
67 int main()
68 {
69     Rational ratObj1(1, 6);
70     Rational ratObj2(1, 2);
71
72     // 兩個分數相加
73     Rational addValue = ratObj1 + ratObj2;
74     cout << ratObj1.getNumerator() << "/" << ratObj1.getDenominator()
75          << " + " << ratObj2.getNumerator() << "/"
76          << ratObj2.getDenominator() << " = " ;
77     cout << addValue.getNumerator() << "/" << addValue.getDenominator();
78     cout << endl << endl;
79
80     // 兩個分數相減
81     Rational subtractValue = ratObj1 - ratObj2;
82     cout << ratObj1.getNumerator() << "/" << ratObj1.getDenominator()
83          << " - " << ratObj2.getNumerator() << "/"
84          << ratObj2.getDenominator() << " = " ;
85     cout << subtractValue.getNumerator() << "/"
86          << subtractValue.getDenominator();
87     cout << endl;
88     return 0;
89 }
```

```
1/6 + 1/2 = 2/3

1/6 - 1/2 = -1/3
```

此程式以 operator+() 和 operator-() 函式，取代 rational.cpp 的 add() 和 subtract() 函式，其語法爲

```
Rational operator+(Rational &r2);
Rational operator-(Rational &r2);
```

用以處理有理數的加和減。注意，這兩個運算子多載函式，也是 Rational 類別的函式成員，所以在定義上要加上 Rational::，才知道它是屬於 Rational 類別的一份子。至於有理數的乘與除運算，就當做本章末的程式設計習題。

15-3 << 與 >> 運算子的多載

基本上 << 和 >> 分別用以輸出和輸入一般的單一變數、常數或物物件，我們也可以多載這兩個資料串流的運算子，使其功能更強大。我們以 rationa2.cpp 的範例程式加以修改並說明之，如範例程式 overloadingInput&output.cpp 所示。程式中的有理數是由使用者輸入的。

範例

```
1   //overloadingInput&Output.cpp
2   #include <iostream>
3   using namespace std;
4
5   class Rational {
6   public:
7       Rational();
8       Rational(int, int);
9       int getNumerator();
10      int getDenominator();
11      Rational operator+(Rational&);
12      static int gcd(int, int);
13      friend ostream& operator<<(ostream&, const Rational&);
14      friend istream& operator>>(istream&, Rational&);
15
16  private:
17      int numerator;
18      int denominator;
19  };
```

```
20
21  Rational::Rational()
22  {
23      numerator = 0;
24      denominator = 1;
25  }
26
27  Rational::Rational(int numerator, int denominator)
28  {
29      int factor = gcd(numerator, denominator);
30      this->numerator = numerator / factor;
31      this->denominator = denominator / factor;
32  }
33
34  int Rational::getNumerator()
35  {
36      return numerator;
37  }
38
39  int Rational::getDenominator()
40  {
41      return denominator;
42  }
43
44  Rational Rational::operator+(Rational &r2)
45  {
46      int n = numerator * r2.denominator +
47              denominator * r2.numerator;
48      int d = denominator * r2.denominator;
49      return Rational(n, d);
50  }
51
52  int Rational::gcd(int n, int d)
53  {
54      int num1 = abs(n);
55      int num2 = abs(d);
56      int gcd = 1;
57      for (int i=1; i<=num1 && i<=num2; i++) {
58          if (num1 % i == 0 && num2 % i == 0) {
59              gcd = i;
60          }
61      }
```

```
62      return gcd;
63  }
64
65  ostream &operator<<(ostream& out, const Rational& rational)
66  {
67      if (rational.denominator == 1) {
68          out << rational.numerator;
69      }
70      else {
71          out << rational.numerator << "/" << rational.denominator;
72      }
73      return out;
74  }
75
76  istream& operator>>(istream& in, Rational& rational)
77  {
78      cout << "Enter numerator: ";
79      in >> rational.numerator;
80
81      cout << "Enter denominatro: ";
82      in >> rational.denominator;
83      return in;
84  }
85
86  int main()
87  {
88      Rational rObj1, rObj2;
89      cin >> rObj1;
90      cout << "第一個分數：";
91      cout << rObj1;
92      cout << endl << endl;
93
94      cin >> rObj2;
95      cout << "第二個分數：";
96      cout << rObj2;
97      cout << endl << endl;
98
99      Rational addValue = rObj1 + rObj2;
100     cout << rObj1.getNumerator() << "/" << rObj1.getDenominator()
101         << " + "
102         << rObj2.getNumerator() << "/" << rObj2.getDenominator()
103         << " = ";
```

```
104
105     cout << addValue.getNumerator() << "/" << addValue.getDenominator();
106     cout << endl;
107     return 0;
108 }
```

```
Enter numerator: 1
Enter denominatro: 2
第一個分數 : 1/2

Enter numerator: 1
Enter denominatro: 6
第二個分數 : 1/6

1/2 + 1/6 = 2/3
```

程式中宣告了兩個 Rational 類別的夥伴函式，如下所示：

```
friend ostream& operator<<(ostream&, const Rational&);
friend istream& operator>>(istream&, Rational&);
```

分別是 << 與 >>，其型態分別爲 ostream& 和 istream&，而且都有帶參數，如下所示。我們將 << 與 >> 運算子加以多載，此時的輸入與輸出的功能就更強大。

在 operator<<() 函式中，我們給的第一個參數是 out，其型態是 ostream&，因此在函式中就以 out 取代 cout 的輸出資料串流運算子，第二個參數是參考 Rational 類別的物件。

同理，在 operator>>() 函式中，我們給的第一個參數是 in，其型態是 istream&，因此在函式中就以 in 取代 cin 的輸入資料串流運算子

我們發現程式中的 main() 函式中，輸出的敘述太冗長，此時撰寫一函式成員 toString() 完成之。請參閱範例程式 overloadingInput&output2.cpp。

範例

```
1   //overloadingInput&Output2.cpp
2   #include <iostream>
3   #include <string>
4   #include <sstream>
5   using namespace std;
6
7   class Rational {
8   public:
9       Rational();
10      Rational(int, int);
```

```
11      int getNumerator();
12      int getDenominator();
13      Rational operator+(Rational&);
14      static int gcd(int, int);
15      string toString();
16      friend ostream& operator<<(ostream&, const Rational&);
17      friend istream& operator>>(istream&, Rational&);
18
19  private:
20      int numerator;
21      int denominator;
22  };
23
24  Rational::Rational()
25  {
26      numerator = 0;
27      denominator = 1;
28  }
29
30  Rational::Rational(int numerator, int denominator)
31  {
32      int factor = gcd(numerator, denominator);
33      this->numerator = numerator / factor;
34      this->denominator = denominator / factor;
35  }
36
37  int Rational::getNumerator()
38  {
39      return numerator;
40  }
41
42  int Rational::getDenominator()
43  {
44      return denominator;
45  }
46
47  Rational Rational::operator+(Rational &r2)
48  {
49      int n = numerator * r2.denominator +
50              denominator * r2.numerator;
51      int d = denominator * r2.denominator;
52      return Rational(n, d);
```

```
53  }
54
55  int Rational::gcd(int n, int d)
56  {
57      int num1 = abs(n);
58      int num2 = abs(d);
59      int gcd = 1;
60      for (int i=1; i<=num1 && i<=num2; i++) {
61          if (num1 % i == 0 && num2 % i == 0) {
62              gcd = i;
63          }
64      }
65      return gcd;
66  }
67
68  string Rational::toString()
69  {
70      stringstream ss;
71      ss << numerator;
72      if (denominator > 1) {
73          ss << "/" << denominator;
74      }
75      return ss.str();
76  }
77
78  ostream& operator<<(ostream& out, const Rational& rational)
79  {
80      if (rational.denominator == 1) {
81          out << rational.numerator;
82      }
83      else {
84          out << rational.numerator << "/" << rational.denominator;
85      }
86      return out;
87  }
88
89  istream& operator>>(istream& in, Rational& rational)
90  {
91      cout << "Enter numerator: ";
92      in >> rational.numerator;
93
94      cout << "Enter denominatro: ";
```

```
95      in >> rational.denominator;
96      return in;
97  }
98
99  int main()
100 {
101     Rational rObj1, rObj2;
102     cin >> rObj1;
103     cout << "第一個分數：";
104     cout << rObj1;
105     cout << endl << endl;
106
107     cin >> rObj2;
108     cout << "第二個分數：";
109     cout << rObj2;
110     cout << endl << endl;
111
112     Rational addValue = rObj1 + rObj2;
113     string str1 = rObj1.toString();
114     string str2 = rObj2.toString();
115
116     string str = addValue.toString();
117     cout << str1 << " + " << str2 << " = " << str;
118
119     cout << endl;
120     return 0;
121 }
```

```
Enter numerator: 1
Enter denominatro: 2
第一個分數：1/2

Enter numerator: 1
Enter denominatro: 6
第二個分數：1/6

1/2 + 1/6 = 2/3
```

此程式以 toString() 函式成員輸出有理數相關資料。其中定義 stringstream 類別物件件 ss，所以要載入 string 和 sstream。此時的程式您有沒有覺得蠻清爽的。

其實除了上述的 +、-、*、/、<<、>> 等運算子可以多載以外，前置與後繼加和減也是可以，以下是前置加和後繼加的程式，而前置減與後繼減就當做上機練習的習題。

範例

```
1   //rational3.cpp
2   //overloading prefix and postfix ++ operator
3   #include <iostream>
4   using namespace std;
5   
6   class Rational
7   {
8   public:
9       Rational(int numerator=1, int denominator=1);
10      static int gcd(int n, int d);
11      int getNumerator();
12      int getDenominator();
13      Rational operator++();
14      Rational operator++(int);
15  
16  private:
17      int numerator;
18      int denominator;
19  };
20  
21  Rational::Rational(int numerator, int denominator)
22  {
23      int factor = gcd(numerator, denominator);
24      this->numerator = numerator / factor;
25      this->denominator = denominator / factor;
26  }
27  
28  int Rational::gcd(int n, int d)
29  {
30      int num1 = abs(n);
31      int num2 = abs(d);
32      int gcd = 1;
33      for (int i=1; i<=num1 && i<=num2; i++) {
34          if (num1 % i == 0 && num2 % i == 0) {
35              gcd = i;
36          }
37      }
```

```
38      return gcd;
39  }
40
41  int Rational::getNumerator()
42  {
43      return numerator;
44  }
45
46  int Rational::getDenominator()
47  {
48      return denominator;
49  }
50
51  //多載前置加
52  Rational Rational::operator++()
53  {
54      numerator += denominator;
55      return *this;
56  }
57
58  //多載後繼加
59  Rational Rational::operator++(int)
60  {
61      Rational t(numerator, denominator);
62      numerator += denominator;
63      return t;
64  }
65
66  int main()
67  {
68      //前置加
69      Rational ratObj3(1, 3);
70      Rational ratObj4 = ++ratObj3;
71      cout << "ratOjb3 = " << ratObj3.getNumerator()
72           << "/" << ratObj3.getDenominator() << endl;
73      cout << "ratOjb4 = " << ratObj4.getNumerator()
74           << "/" << ratObj4.getDenominator() << endl;
75      cout << endl << endl;
76
77      //後繼加
78      Rational ratObj5(3, 4);
79      Rational ratObj6 = ratObj5++;
```

```
80      cout << "ratOjb5 = " << ratObj5.getNumerator()
81           << "/" << ratObj5.getDenominator() << endl;
82      cout << "ratOjb6 = " << ratObj6.getNumerator()
83           << "/" << ratObj6.getDenominator();
84      cout << endl << endl;
85      return 0;
86  }
```

本章習題

選擇題

1. 試問下列哪一敘述爲僞？
   (A) 夥伴函式（friend function）也是類別的成員函式
   (B) 在函式的前面加上 friend 關鍵字就成爲夥伴函式
   (C) 類別的 private 資料成員可以讓夥伴函式直接存取，所以等於開一道後門
   (D) 夥伴函式是有方便性，但不可以多設，否則就失去資料的保護性。

2. 試問下列哪一敘述爲僞？
   (A) 運算子也可以多載
   (B) 運算子多載時，要加上 operator 關鍵字，如 operator+ 表示將多載運算子 +
   (C) 輸出串流 << 與輸入串流 >> 不能設定爲多載運算子
   (D) 運算子多載的好處是可以較貼切原意，也可以使功能更強大。

上機練習

一、請自行練習本章的範例程式。

二、試問下列程式的輸出結果。

1.

```
//operatorOverloagingPractice-1.cpp
#include <iostream>
using namespace std;

class Rational
{
public:
    Rational(int numerator=1, int denominator=1);
    static int gcd(int n, int d);
    int getNumerator();
    int getDenominator();
    Rational operator--();
    Rational operator--(int);
```

```
private:
    int numerator;
    int denominator;
};

Rational::Rational(int numerator, int denominator)
{
    int factor = gcd(numerator, denominator);
    this->numerator = numerator / factor;
    this->denominator = denominator / factor;
}

int Rational::gcd(int n, int d)
{
    int num1 = abs(n);
    int num2 = abs(d);
    int gcd = 1;
    for (int i=1; i<=num1 && i<=num2; i++) {
        if (num1 % i == 0 && num2 % i == 0) {
            gcd = i;
        }
    }
    return gcd;
}

int Rational::getNumerator()
{
    return numerator;
}

int Rational::getDenominator()
{
    return denominator;
}

// 多載前置加
Rational Rational::operator--()
{
    numerator -= denominator;
```

```
    return *this;
}

// 多載後繼加
Rational Rational::operator--(int)
{
    Rational t(numerator, denominator);
    numerator -= denominator;
    return t;
}

int main()
{
    // 前置減
    Rational ratObj3(1, 3);
    Rational ratObj4 = --ratObj3;
    cout << "ratOjb3 = " << ratObj3.getNumerator()
         << "/" << ratObj3.getDenominator() << endl;
    cout << "ratOjb4 = " << ratObj4.getNumerator()
         << "/" << ratObj4.getDenominator() << endl << endl;

    // 後繼減
    Rational ratObj5(3, 4);
    Rational ratObj6 = ratObj5--;
    cout << "ratOjb5 = " << ratObj5.getNumerator() << "/"
         << ratObj5.getDenominator() << endl;
    cout << "ratOjb6 = " << ratObj6.getNumerator()
         << "/" << ratObj6.getDenominator();
    cout << endl << endl;
    return 0;
}
```

除錯題

1. 下一程式有些許的錯誤，請您加以修正之。

```
//friendFunDegug1.cpp
#include <iostream>
using namespace std;
```

```
class LearningCPP
{
public:
    LearningCPP(int, int, int);
    void friend display();

private:
    int year;
    int month;
    int day;
};

LearningCPP::LearningCPP(int year, int month, int day)
{
    this->year = year;
    this->month = month;
    this->day = day;
}

void LearningCPP::display()
{
    LearningCPP obj(2020, 3, 3);
    cout << obj.year << "/" << obj.month << "/" << obj.day << endl;
}

int main()
{
    cout << "Learning C++ data is ";
    display();
    return 0;
}
```

程式設計

1. 將本章課文中的 rational2.cpp（p.15-8）加入 operator*() 和 operator/() 的運算子多載函式，用以計算兩個有理數的乘與除。
2. 以本章課文中的 overloadingInput&Output2.cpp（p.15-14）為基礎，加入有理數的減、乘、除的相關運算，再感覺一下此程式與 rational.cpp 的差異。

Chapter 16

類別樣板

本章綱要

類別中有資料和函式成員，當資料型態不同而運作方法相同時，我們就不需要定義兩個不同的類別，以下我們將以資料結構中的堆疊和佇列主題加以說明之。

16-1 堆疊的類別樣板

堆疊（stack）的運作方式是先進後出（first in Last out, FILO）。今有一堆疊，此堆疊的資料的型態是整數，堆疊的函式成員計有 push()、pop()，以及 display() 等三個，分別用來加入資料於堆疊、從堆疊刪除資料，以及顯示堆疊的所有資料。我們以 UML 的類別圖如圖 16-1 所示：

Stack	說明
+Stack() +push(int):void +getPointIndex():int +isEmpty():bool +pop():int +~Stack()	建構函式 加入資料於堆疊 取得指向堆疊的索引 判斷是否為空的 從堆疊刪除資料 解構函式
-stackData:int -pointIndex:int	指向stackData的指標 堆疊索引

圖 16-1　Stack 類別圖

此類別圖對應的程式，請參閱範例程式 stackIsInt.cpp。

範例

```
1  //StackIsInt.cpp
2  #include <iostream>
3  using namespace std;
4  #define SIZE 3
5
6  class Stack {
7  public:
8      Stack();
9      void push(int);
10     int pop();
11     void display();
12
13 private:
14     int stack[SIZE];
15     int pointTo;
16 };
17
```

```
18 Stack::Stack()
19 {
20     pointTo = -1;
21 }
22
23 void Stack::push(int data)
24 {
25     if (pointTo < SIZE-1) {
26         pointTo += 1;
27         stack[pointTo] = data;
28         cout << " 加入資料於堆疊： " << data << endl;
29     }
30     else {
31         cout << "Stack overflow" << endl;
32     }
33 }
34
35 int Stack::pop()
36 {
37     int temp;
38     if (pointTo >= 0) {
39         temp = stack[pointTo];
40         pointTo -= 1;
41         cout << " 從堆疊刪除資料： " << temp << endl;
42         return temp;
43     }
44     else {
45         cout << "Stack underflow" << endl;
46         return 0;
47     }
48 }
49
50 void Stack::display()
51 {
52     cout << " 堆疊資料如下： ";
53     for (int i=pointTo; i>=0; i--) {
54         cout << stack[i] << "->";
55     }
56     cout << "NULL" << endl;
57 }
58
59 int main()
```

```
60 {
61     Stack stackObj;
62     stackObj.push(10);
63     stackObj.push(11);
64     stackObj.push(12);
65     stackObj.push(13);
66     stackObj.display();
67     stackObj.pop();
68     stackObj.display();
69     stackObj.pop();
70     stackObj.display();
71 
72     return 0;
73 }
```

```
加入資料於堆疊: 10
加入資料於堆疊 : 11
加入資料於堆疊 : 12
Stack overflow
堆疊資料如下 : 12->11->10->NULL
從堆疊刪除資料 : 12
堆疊資料如下 : 11->10->NULL
從堆疊刪除資料 : 11
堆疊資料如下 : 10->NULL
```

堆疊的運作是先進後出，或是後進先出的方式處理資料。爲了方便測試起見，程式中定義 SIZE 爲 3，表示此堆疊的空間共有 3 個，乃是用於測試當加入第四個時便於了解堆疊的狀況。

同時也建立一個整數的陣列

```
int stack[SIZE];
```

表示堆疊以一陣列表示，而且利用 pointTo 表示陣列的索引，方便得知目前堆疊的位置，一開始設爲 -1。將資料加入於堆疊，但條件是當堆疊還有空間。

push() 函式運作如下：

1. 判斷 pointTo 是否小於 SIZE-1（因爲陣列的索引從 0 開始），
2. 若是，則將 pointTo 加 1。然後將 data 指定給 stack[pointTo]，
3. 否則印出 stack overflow 的訊息。

pop() 函式運作如下：

1. 將從堆疊彈出資料，所以先判斷 pointTo 是否大於等於 0，
2. 若是，則從堆疊中取出資料，並將 pointTo 減 1。
3. 否則印出 stack underflow 訊息。

至於 display() 函式運作很簡單，只要利用一迴圈以遞減的方式處理就可以完成。

以上是堆疊爲整數資料的狀況，若改爲浮點數資料時，則需再撰寫另一程式表示才可。如以下範例程式所示：

範例

```
1   //StackIsDouble.cpp
2   #include <iostream>
3   using namespace std;
4   #define SIZE 3
5
6   class Stack {
7   public:
8       Stack();
9       void push(double);
10      double pop();
11      void display();
12
13  private:
14      double stack[SIZE];
15      int pointTo;
16  };
17
18  Stack::Stack()
19  {
20      pointTo = -1;
21  }
22
23  void Stack::push(double data)
24  {
25      if (pointTo < SIZE-1) {
26          pointTo += 1;
27          stack[pointTo] = data;
28          cout << "加入資料於堆疊： " << data << endl;
29      }
30      else {
31          cout << "Stack overflow" << endl;
32      }
33  }
```

```
34
35  double Stack::pop()
36  {
37      double temp;
38      if (pointTo >= 0) {
39          temp = stack[pointTo];
40          pointTo -= 1;
41          cout << " 從堆疊刪除資料 : " << temp << endl;
42          return temp;
43      }
44      else {
45          cout << "Stack underflow" << endl ;
46          return 0;
47      }
48  }
49
50  void Stack::display()
51  {
52      cout << " 堆疊資料如下 : ";
53      for (int i=pointTo; i>=0; i--) {
54          cout << stack[i] << "->";
55      }
56      cout << "NULL" << endl;
57  }
58
59  int main()
60  {
61      Stack stackObj;
62      stackObj.push(1.1);
63      stackObj.push(2.2);
64      stackObj.push(3.3);
65      stackObj.push(4.4);
66      stackObj.display();
67      stackObj.pop();
68      stackObj.display();
69      stackObj.pop();
70      stackObj.display();
71
72      return 0;
73  }
```

```
加入資料於堆疊: 1.1
加入資料於堆疊 : 2.2
加入資料於堆疊 : 3.3
Stack overflow
堆疊資料如下 : 3.3->2.2->1.1->NULL
從堆疊刪除資料 : 3.3
堆疊資料如下 : 2.2->1.1->NULL
從堆疊刪除資料 : 2.2
堆疊資料如下 : 1.1->NULL
```

我們將此程式和上一程式不同之處，以**粗體字**加以顯現。其實這兩個程式在 push()、pop()、和 display() 這三個函式的運作上是相同的，只是一個是 int 資料，另一個是 double 資料而已。

因此，可以利用類別樣板來解決這問題，首先分析這兩個程式不同的地方，然後以 template <typename T> 中的 T 來表示資料型態。請參閱範例程式 templateStack.cpp。

範例

```
1   //templateStack.cpp
2   #include <iostream>
3   using namespace std;
4   #define SIZE 3
5
6   template <typename T>
7   class Stack {
8   public:
9       Stack();
10      void push(T);
11      T pop();
12      void display();
13
14  private:
15      T stack[SIZE];
16      int pointTo;
17  };
18
19  template <typename T>
20  Stack<T>::Stack()
21  {
22      pointTo = -1;
23  }
24
```

```
25 template <typename T>
26 void Stack<T>::push(T data)
27 {
28     if (pointTo < SIZE-1) {
29         pointTo += 1;
30         stack[pointTo] = data;
31         cout << " 加入資料於堆疊 : " << data << endl;
32     }
33     else {
34         cout << "Stack overflow" << endl;
35     }
36 }
37 
38 template <typename T>
39 T Stack<T>::pop()
40 {
41     T temp;
42     if (pointTo >= 0) {
43         temp = stack[pointTo];
44         pointTo -= 1;
45         cout << " 從堆疊刪除資料 : " << temp << endl;
46         return temp;
47     }
48     else {
49         cout << "Stack underflow" << endl;
50         return 0;
51     }
52 }
53 
54 template <typename T>
55 void Stack<T>::display()
56 {
57     cout << " 堆疊資料如下 : ";
58     for (int i=pointTo; i>=0; i--) {
59         cout << stack[i] << "->";
60     }
61     cout << "NULL" << endl;
62 }
63 
64 int main()
65 {
66     Stack<int> stackObj;
```

```
67      cout << " 堆疊的物件是整數 " << endl;
68      stackObj.push(100);
69      stackObj.push(200);
70      stackObj.push(300);
71      stackObj.push(400);
72      stackObj.display();
73      stackObj.pop();
74      stackObj.display();
75      stackObj.pop();
76      stackObj.display();
77
78      cout << endl;
79      Stack<double> stackObj2;
80      cout << " 堆疊的物件是浮點數 " << endl;
81      stackObj2.push(1.1);
82      stackObj2.push(2.2);
83      stackObj2.push(3.3);
84      stackObj2.push(4.4);
85      stackObj2.display();
86      stackObj2.pop();
87      stackObj2.display();
88      stackObj2.pop();
89      stackObj2.display();
90
91      return 0;
92  }
```

```
堆疊的物件是整數
加入資料於堆疊： 100
加入資料於堆疊： 200
加入資料於堆疊： 300
Stack overflow
堆疊資料如下： 300->200->100->NULL
從堆疊刪除資料： 300
堆疊資料如下： 200->100->NULL
從堆疊刪除資料： 200
堆疊資料如下： 100->NULL

堆疊的物件是浮點數
加入資料於堆疊： 1.1
加入資料於堆疊： 2.2
```

```
加入資料於堆疊 : 3.3
Stack overflow
堆疊資料如下 : 3.3->2.2->1.1->NULL
從堆疊刪除資料 : 3.3
堆疊資料如下 : 2.2->1.1->NULL
從堆疊刪除資料 : 2.2
堆疊資料如下 : 1.1->NULL
```

此 Stack 類別樣板的好處在於，不需要再重複撰寫堆疊處理不同資料型態的程式，只要以

```
Stack<int> stackObj;
```

表示 Stack 類別是處理整數資料，而

```
Stack<double> stackObj;
```

表示 Stack 類別處理浮點數資料。

16-2 vector 類別樣板

C++ 提供一泛型 vector 類別，用來儲存一串列的物件。vector 是一容器，大多數狀況下都很有效率。在設計上是爲了改善 C++ 語言的陣列的一些不便，如陣列必須在宣告時給予其大小，如 double dNum[10]; 而 vector 不需要指定，它可在執行期依據狀況自我調整大小。

建立一 vector 物件的語法如下所示：

```
vector <dataType> vectorName;
```

如要建立一儲存 double 值的 vector，如下所示：

```
vector<double> doubleVector;
```

同理，若要建立一儲存 string 值的 vector，則利用以下的敘述完成：

```
vector<string> stringVector;
```

只要在樣板的名稱上改變即可。有關 vector 類別提供的成員函式如表 16-1 所示：

表 16-1　有關 vector 類別的成員函式

成員函式	功能說明
vector<dataType>()	建立一 dataType 為型態的 vector 建構函式，此 vector 是空的。
vector<dataType>(int size)	建立一 dataType 為型態的 vector 建構函式，此 vector 有 size 個元素。初始值是 dataType 預設值，如 int 的預設值是 0。
vector<dataType>(int size, datatype value)	建立一 dataType 為型態的 vector 建構函式，此 vector 有 size 個元素。初始值是 value。
dataType front()	回傳 vector 第一個元素。
dataType back()	回傳 vector 最後一個元素。
void push_back(datatype element)	將 element 附加到 vector。
void pop_back()	從 vector 刪除最後一個元素。
unsigned int size()	回傳 vector 的元素個數。
dataType at(int indexNum)	回傳在 vector 的索引 indexNum 的元素。
bool empty()	回傳 vector 是否為空的，若是，則回傳 true。
void clear()	清除 vector 的所有元素。
void swap(vector v)	與特定的 vector 交換內容。

vector 定義於 <vector> 標頭檔中，所以使用它的成員函式時，必須載入此標頭檔。

我們以範例來說明表 16-1 所列的成員函式用法。

範例

```
1   //vector2.cpp
2   #include <iostream>
3   #include <iomanip>
4   #include <vector>
5   using namespace std;
6
7   int main()
8   {
9       vector<double> doubleVector;
10      int i;
11
12      for (i=0; i<10; i++) {
13          doubleVector.push_back(i+2.2);
14      }
15
16      cout << "第一個向量物件：" << doubleVector.front() << endl;
```

```
17      cout << " 最後一個向量物件: " << doubleVector.back() << endl << endl;
18
19      cout << "doubleVector 向量的物件計有: " << endl;
20      for (i=0; i<doubleVector.size(); i++) {
21          cout << setw(5) << doubleVector[i];
22      }
23      cout << endl << endl;
24
25      doubleVector.pop_back();
26
27      cout << " 刪除最後一個向量物件後，doubleVector 向量的物件計有: " << endl;
28      for (i=0; i<doubleVector.size(); i++) {
29          cout << setw(5) << doubleVector[i];
30      }
31      cout << endl;
32
33      return 0;
34  }
```

```
第一個向量物件: 2.2
最後一個向量物件: 11.2

doubleVector 向量的物件計有:
  2.2  3.2  4.2  5.2  6.2  7.2  8.2  9.2 10.2 11.2

刪除最後一個向量物件後，doubleVector 向量的物件計有:
  2.2  3.2  4.2  5.2  6.2  7.2  8.2  9.2 10.2
```

程式利用 push_back(i+2.2) 將 i+2.2 的值加入於 doubleVector 向量，再以 pop_back() 刪除堆疊的最後一個元素。並利用 size() 取得 doubleVector 向量的大小。向量和陣列的存取元素相同，皆可以使用 [i] 來存取索引爲 i 的向量物件。

範例

```
1   //vector4.cpp
2   #include <iostream>
3   #include <iomanip>
4   #include <vector>
5   using namespace std;
6
7   int main()
8   {
```

```
9       vector<int> intVector(6);
10      int i;
11
12      for (i=0; i<intVector.size(); i++) {
13          cout << setw(5) << intVector[i];
14      }
15      cout << endl;
16
17      intVector.push_back(200);
18      intVector.push_back(400);
19      intVector.push_back(600);
20
21      for (i=0; i<intVector.size(); i++) {
22          cout << setw(5) << intVector[i];
23      }
24      cout << endl;
25
26      intVector.pop_back();
27
28      for (i=0; i<intVector.size(); i++) {
29          cout << setw(5) << intVector[i];
30      }
31      cout << endl;
32
33      return 0;
34  }
```

```
    0    0    0    0    0    0
    0    0    0    0    0    0  200  400  600
    0    0    0    0    0    0  200  400
```

程式中

```
vector<int> intVector(6);
```

表示 intVector 向量有六個物件，是屬於 vector<int> 類別樣板之 int 型態。再利用

```
intVector.push_back(200);
intVector.push_back(400);
intVector.push_back(600);
```

將 200、400，以及 600 加入 intVector 向量中，最後利用

```
intVector.pop_back();
```

將從 intVector 向量中刪除最後一個物件。

範例

```
1   //vector8.cpp
2   #include <iostream>
3   #include <iomanip>
4   #include <vector>
5   using namespace std;
6
7   int main()
8   {
9       vector<int> intVector;
10      unsigned int i;
11      cout << setfill('*');
12      cout << "intVector is empty? " << intVector.empty() << endl;
13
14      for (i=0; i<intVector.size(); i++) {
15          cout << setw(5) << intVector[i];
16      }
17
18      if (!intVector.empty()) {
19          for (i=0; i<intVector.size(); i++) {
20              cout << setw(5) << intVector[i];
21          }
22      }
23      else {
24          cout << "vector is empty.";
25      }
26      cout << endl;
27
28      intVector.push_back(200);
29      intVector.push_back(400);
30      intVector.push_back(600);
31
32      cout << "intVector: ";
33      for (i=0; i<intVector.size(); i++) {
34          cout << setw(5) << intVector[i];
35      }
36      cout << endl;
37
38      cout << setw(5) << "intVector[1]: " << intVector.at(1) << endl;
39
```

```
40      //swap intVector and v2
41      vector<int> v2;
42      v2.swap(intVector);
43      //change v2[1] to 888
44      v2.at(1) = 888;  //the same as v2[1]
45      cout << "intVector is empty? " << intVector.empty() << endl;
46      cout << "v2 is empty? " << v2.empty() << endl;
47      cout << "V2 Vector: ";
48      for (i=0; i<v2.size(); i++) {
49          cout << setw(5) << v2[i];
50      }
51      cout << endl;
52
53      return 0;
54  }
```

```
intVector is empty? 1
vector is empty.
intVector: **200**400**600
intVector[1]: 400
intVector is empty? 1
v2 is empty? 0
V2 Vector: **200**888**600
```

程式中

```
intVector.empty()
```

用以判斷 intVector 是不是空的。若是，則回傳 1，否則，回傳 0。

而

```
v2.at(1) = 888;
```

表示將 v2 索引為 1 的值改為 888。此敘述和

```
v2[1] = 888;
```

是相同的。

最後的

```
v2.swap(intVector);
```

敘述，表示 intVector 的元素與 v2 交換，由於 v2 開始時是空的，所以 intVector 最後的結果是空的，而 v2 的元素值是原先 intVector 的元素值。

除了表 16-1 所列的成員函式外，還有幾個如 begin() 表示指向向量的第一個物件的指標，end() 表示指向向量的最後一個的下一個物件的指標，所以指向最後一個物件的指標爲 end()-1。可以使用 insert(iterator, data)，表示將 data 加入於 iterator 指向的位置，erase(iterator) 表示將 iterator 的指向的內容加以刪除。請看以下範例程式。

範例

```
1   //vector10.cpp
2   #include <iostream>
3   #include <vector>
4   using namespace std;
5
6   int main()
7   {
8       vector<double> doubleVector;
9       vector<double>::iterator it;
10      int i;
11
12      for (i=0; i<10; i++) {
13          doubleVector.push_back(i+2.2);
14          cout << doubleVector[i] << " ";
15      }
16      cout << endl;
17
18      cout << " 第一個物件： " << *(doubleVector.begin()) << endl;
19      cout << " 最後一個物件： " << *(doubleVector.end()-1) << endl;
20      cout << endl;
21
22      it = doubleVector.begin();
23      doubleVector.insert(it+4, 66.6);
24      cout << " 加入 66.6 於向量的第五個位置 ... " << endl;
25      for (it=doubleVector.begin(); it<doubleVector.end(); it++) {
26          cout << *it << " ";
27      }
28      cout << endl << endl;
29
30      it = doubleVector.begin();
31      doubleVector.erase(it+2);
32      cout << " 刪除向量的第三個物件 ... " << endl;
33      for (it=doubleVector.begin(); it<doubleVector.end(); it++) {
34          cout << *it << " ";
35      }
```

```
36      cout << endl;
37      return 0;
38  }
```

```
2.2 3.2 4.2 5.2 6.2 7.2 8.2 9.2 10.2 11.2
第一個物件 : 2.2
最後一個物件 : 11.2

加入 66.6 於向量的第五個位置 ...
2.2 3.2 4.2 5.2 66.6 6.2 7.2 8.2 9.2 10.2 11.2

刪除向量的第三個物件 ...
2.2 3.2 5.2 66.6 6.2 7.2 8.2 9.2 10.2 11.2
```

16-2-1 二維的 vector 類別

看完一維的 vector 類別之後，接著來看二維的 vector 類別的範例程式，如下所示：

範例

```
1   //twoVector.cpp
2   #include <iostream>
3   #include <iomanip>
4   #include <vector>
5   using namespace std;
6
7   int main()
8   {
9       unsigned int i;
10      vector<vector<int>> twoArray(3); //Three rows
11      for (i=0; i<3; i++) {
12          twoArray[i] = vector<int>(2); //Two columns
13      }
14
15      int value = 10;
16      for (int x=0; x<3; x++) {
17          for (int y=0; y<2; y++) {
18              twoArray[x][y] = value++;
19              cout << setw(5) << twoArray[x][y];
20          }
21          cout << endl;
22      }
23
24      return 0;
25  }
```

```
10   11
12   13
14   15
```

首先利用

```
vector<vector<int>> twoArray(3); //Three rows
```

定義一個二維的整數向量 twoArray，而且有三列，再利用下一迴圈

```
for (i=0; i<3; i++) {
    twoArray[i] = vector<int>(2); //Two columns
}
```

建立每列有二行的向量。由於它是二維向量，所以下一敘述

```
twoArray[x][y] = value++;
```

表示將 value 指定給 twoArray 的 x 列和 y 行。

範例

```
1  //sumOfTwoVector.cpp
2  #include <iostream>
3  #include <iomanip>
4  #include <vector>
5  using namespace std;
6
7  int sumOfTwoVector(vector<vector<int>> &);
8  int main()
9  {
10     unsigned int i;
11     int sum = 0;
12     vector<vector<int>> twoArray(3); //Three rows
13     for (i=0; i<3; i++) {
14         twoArray[i] = vector<int>(2); //Two columns
15     }
16
17     int value = 10;
18     for (int x=0; x<3; x++) {
19         for (int y=0; y<2; y++) {
20             twoArray[x][y] = value++;
21             cout << setw(5) << twoArray[x][y];
22         }
23         cout << endl;
```

```
24      }
25      sum = sumOfTwoVector(twoArray);
26      cout << "\nsum is " << sum << endl;
27      return 0;
28  }
29
30  int sumOfTwoVector(vector<vector<int>> &twoVector)
31  {
32      int tot = 0;
33      unsigned int row, col;
34      for (row=0; row<twoVector.size(); row++) {
35          for (col=0; col<twoVector[row].size(); col++) {
36              tot += twoVector[row][col];
37          }
38      }
39      return tot;
40  }
```

```
   10   11
   12   13
   14   15

sum is 75
```

此程式乃將 twoArray 的二維向量物件傳送給 sumOfTwoVector 函式。此函式是以傳參考呼叫表示，將二維向量的每一個元素加總。其中

```
twoVector.size();
```

表示計算 twoVector 向量的列數，而

```
twoVector[row].size();
```

表示每列的行數。

16-2-2 三維的 vector 類別

三維的 vector 類別較爲複雜，但不難，請參閱以下範例程式。

範例

```
1   //threeVector.cpp
2   #include <iostream>
3   #include <iomanip>
4   #include <vector>
5   using namespace std;
6
```

```
7   int main()
8   {
9       unsigned int i, j;
10      vector<vector<vector<int>>> threeArray(2); // 有兩個二維 vector
11      for (i=0; i<2; i++) {
12          threeArray[i] = vector<vector<int>>(3); // 有三列
13          for (j=0; j<threeArray[i].size(); j++) {
14              threeArray[i][j] = vector<int>(2);  // 每一列有兩行
15          }
16      }
17
18      int value = 1;
19      for (int x=0; x<2; x++) {
20          for (int y=0; y<3; y++) {
21              for (int z=0; z<2; z++) {
22                  threeArray[x][y][z] = value++;
23                  cout << setw(5) << threeArray[x][y][z];
24              }
25              cout << endl;
26          }
27          cout << endl;
28      }
29
30      return 0;
31  }
```

```
    1    2
    3    4
    5    6

    7    8
    9   10
   11   12
```

程式中

```
vector<vector<vector<int>>> threeArray(2);
```

表示 threeArray 是一個三維的向量，可從定義三個 vector 可得知。三維向量可看成它是由兩個二維的向量所組成。

接下來利用雙重迴圈定義二維 vector。

```
for (i=0; i<2; i++) {
    threeArray[i] = vector<vector<int>>(3);      // 有三列
    for (j=0; j<threeArray[i].size(); j++) {
        threeArray[i][j] = vector<int>(2);       // 每一列有兩行
    }
}
```

本章習題

選擇題

有一程式的輸出結果如下所示：

```
2  3  4  5  6  7  8  9  10  11

加入 100 於向量的第三個位置...
2  3  100  4  5  6  7  8  9  10  11

刪除向量的第二個物件...
2  100  4  5  6  7  8  9  10  11
```

此輸出結果是由以下有關 vector 類別的程式所執行產生的

```
#include <iostream>
#include <vector>
using namespace std;

int main()
{
    vector<int> intVector;
    vector<int>__(1)__ it;
    int i;

    for (i=0; i<10; i++) {
        intVector.__(2)__(i+2);
        cout << intVector[i] << "  ";
    }
    cout << endl << endl;

    it = intVector.begin();
    intVector.insert(it+2, 100);
    cout << "加入 100 於向量的第三個位置... " << endl;
    for (it=intVector.begin(); it<intVector.end(); it++) {
        cout <<_(3)_<< "  ";
    }
    cout << endl << endl;

    it = intVector.begin();
    intVector.erase(it+1);
    cout << "刪除向量的第二個物件... " << endl;
    for (it=intVector.begin(); it<intVector.end(); it++) {
        cout <<__(3)__<< "  ";
    }
    cout << endl;
    return 0;
}
```

1. 試問上一程式中 (1) 的敘述是以下哪一項？

   (A) iterator　(B) ::iterator　(C) : iterator　(D) *iterator。

2. 試問上一程式中 (2) 的敘述是以下哪一項？

   (A) push_at　(B) push_to　(C) push_back　(D) push。

3. 試問上一程式中 (3) 的敘述是以下哪一項？

   (A) *it　(B) it　(C) **it　(D) &it。

有一類別樣板程式如下：

```
#include <iostream>
using namespace std;
__(4)____
class A {
public:
    A(T d=1);
    void operation();

private:
    T x;
};

template <typename T>
(5)__A(T d)
{
    x = d;
    cout << "x = " << x << endl;
}

template <typename T>
void A<T>::operation()
{
    cout << x*10+2 << endl;
}

int main()
{
    A<int> objA(100);
    objA.operation();

    A<int> objB;
    objB.operation();

    return 0;
}
```

輸出結果如下：

```
x = 100
1002
x = 1
12
```

4. 試問上一程式中 (4) 的敘述是什麼？（複選）

   (A) template <class T>

   (B) template <T>

   (C) template <type T>

   (D) template <typename T>。

5. 試問上一程式中 (5) 的敘述是什麼？

   (A) A<Typename>::

   (B) A(T)::

   (C) A<T>::

   (D) A::。

上機練習

一、請自行練習本章的範例程式。

二、試問下列程式的輸出結果。

1.

```
//vectorPractice-1.cpp
#include <iostream>
#include <iomanip>
#include <vector>
using namespace std;

int main()
{
    vector<string> stringVector(1);
    int i;

    cout << "#1: ";
    for (i=0; i<stringVector.size(); i++) {
        cout << setw(8) << setfill('*') << stringVector[i] << " ";
    }
```

```
    cout << endl;

    stringVector.push_back("C");
    stringVector.push_back("Java");
    stringVector.push_back("Python");
    stringVector.push_back("C++");
    stringVector.push_back("C#");

    cout << "#2: ";
    for (i=0; i<stringVector.size(); i++) {
        cout << setw(8) << setfill('*') << stringVector[i] << " ";
    }
    cout << endl;

    stringVector.pop_back();

    cout << "#3: ";
    for (i=0; i<stringVector.size(); i++) {
        cout << setw(8) << setfill('*') << stringVector[i] << " ";
    }
    cout << endl;

    return 0;
}
```

2.

```
//maxOf2DimVector.cpp
#include <iostream>
#include <iomanip>
#include <vector>
#include <cstdlib>
#include <ctime>
using namespace std;
int maxOf2DimVector(vector<vector<int>> &);
int main()
{
    unsigned int i;
    int maximum = 0;
```

```
    vector<vector<int>> twoArray(3); //Three rows
    for (i=0; i<3; i++) {
        twoArray[i] = vector<int>(2); //Two columns
    }

    srand(unsigned(time(NULL)));
    for (int x=0; x<3; x++) {
        for (int y=0; y<2; y++) {
            twoArray[x][y] = rand() % 100;
            cout << setw(5) << twoArray[x][y];
        }
        cout << endl;
    }
    maximum = maxOf2DimVector(twoArray);
    cout << "\nsum is " << maximum << endl;
    return 0;
}

int maxOf2DimVector(vector<vector<int>> &twoVector)
{
    int max = -999;
    unsigned int row, col;
    for (row=0; row<twoVector.size(); row++) {
        for (col=0; col<twoVector[row].size(); col++) {
            if (twoVector[row][col] > max)
                max = twoVector[row][col];
        }
    }
    return max;
}
```

除錯題

1. 請依照此程式的輸出結果加以除錯。

```
//vectorDebug-1.cpp
#include <iostream>
#include <vector>
using namespace std;
```

```
int main()
{
    vector<int> intVector;
    iterator it;
    int i;

    for (i=0; i<10; i++) {
        intVector.push_back(i+1);
        cout << intVector[i] << " ";
    }
    cout << endl;

    cout << " 第一個物件： " << *(intVector.begin()) << endl;
    cout << " 最後一個物件： " << *(intVector.end()-1) << endl;
    cout << endl;

    it = intVector.begin();
    intVector.insert(it+2, 66);
    cout << " 加入 66 於向量的第四個位置 ... " << endl;
    for (it=intVector.begin(); it<intVector.end(); it++) {
        cout << *it << " ";
    }
    cout << endl << endl;

    intVector.erase(it+3);
    cout << " 刪除向量的第三個物件 ... " << endl;
    for (it=intVector.begin(); it<intVector.end(); it++) {
        cout << *it << " ";
    }
    cout << endl;
    return 0;
}
```

```
1 2 3 4 5 6 7 8 9 10
第一個物件： 1
最後一個物件： 10

加入 66 於向量的第四個位置 ...
```

```
1 2 3 66 4 5 6 7 8 9 10

刪除向量的第三個物件 ...
1 2 66 4 5 6 7 8 9 10



===
```

2. 請依照此程式的輸出結果加以除錯。

```
//classTemplateDebug-2.cpp
#include <iostream>
#include <iomanip>
using namespace std;

template <typename T>
class Rectangle {
public:
    Rectangle();
    Rectangle(int, T);
    T getWidth();
    T getHeight();
    void setWidth(T);
    void setHeight(T);
    int getRectArea();
    int getRectPerimeter();

private:
    int width;
    int height;
};

template <typename T>
Rectangle<T>::Rectangle()
{
   width = 1;
   height = 1;
}
```

```
Rectangle::Rectangle(T w, T h)
{
   width = w;
   height = h;
}

T Rectangle::getWidth()
{
    return width;
}

T Rectangle::getHeight()
{
    return height;
}

void Rectangle::setWidth(T w)
{
    width = w;
}

void Rectangle::setHeight(T h)
{
    height = h;
}

T Rectangle::getRectArea()
{
    return width*height;
}

T Rectangle::getRectPerimeter()
{
    return 2*(width+height);
}

int main()
{
    int rectangleArea;
```

```
    int rectanglePerimeter;
    Rectangle rectObj;
    rectangleArea = rectObj.getRectArea();
    rectanglePerimeter = rectObj.getRectPerimeter();
    cout << "width: " << rectObj.getWidth() << endl;
    cout << "height: " << rectObj.getHeight() << endl;
    cout << "Rectangle area: " << rectangleArea << endl;
    cout << "Rectangle perimeter: " << rectanglePerimeter << endl;
    cout << endl;

    Rectangle rectObj2;
    rectObj2.setWidth(5);
    rectObj2.setHeight(6);
    rectangleArea = rectObj2.getRectArea();
    rectanglePerimeter = rectObj2.getRectPerimeter();
    cout << "width: " << rectObj2.getWidth() << endl;
    cout << "height: " << rectObj2.getHeight() << endl;
    cout << "Rectangle area: " << rectangleArea << endl;
    cout << "Rectangle perimeter: " << rectanglePerimeter << endl;
    cout << endl;

    Rectangle rectObj3(1.1, 2.2);
    rectangleArea3 = rectObj3.getRectArea();
    rectanglePerimeter3 = rectObj3.getRectPerimeter();
    cout << "width: " << rectObj3.getWidth() << endl;
    cout << "height: " << rectObj3.getHeight() << endl;
    cout << fixed << setprecision(1);
    cout << "Rectangle area: " << rectangleArea3 << endl;
    cout << "Rectangle perimeter: " << rectanglePerimeter3 << endl;
}
```

```
width: 1
height: 1
Rectangle area: 1
Rectangle perimeter: 4

width: 5
height: 6
```

```
Rectangle area: 30
Rectangle perimeter: 22

width: 1.1
height: 2.2
Rectangle area: 2.4
Rectangle perimeter: 6.6
```

程式設計

1. 請撰寫一程式，設計一字串的堆疊，此程式有加入、刪除和顯示的功能。
2. 試修改 templateStack.cpp 的程式加入一字串的物件，仿照整數和浮點數的運作。
3. 承第 2 題，利用一選單表示堆疊的運作，此選單有四個選項：(1) 加入、(2) 刪除、(3) 顯示、(4) 結束，以供使用者選擇，如下所示：

   ```
   ===堆疊的運作===
       1: 加入
       2: 刪除
       3: 顯示
       5: 結束
   請輸入選項:
   ```

   使用者可以儘可能的，在選項中加以測試程式是否正確。
4. 將第 14 章後面的程式設計第 3 題，改以類別樣板改寫之，讓此程式可以處理多個型態的環狀佇列。
5. 承第 4 題，利用一選單表示環狀佇列的運作，此選單有四個選項 : (1) 加入、(2) 刪除、(3) 顯示、(4) 結束，以供使用者選擇，如下所示：

   ```
   === 環狀佇列的運作 ===
     1: 加入
     2: 刪除
     3: 顯示
     4: 結束
   請輸入選項：
   ```

Chapter 17

繼承

本章綱要

繼承（inheritance）是物件導向程式語言的特性之二。它可以節省系統開發與維護的成本。當開發的系統中有一些相同的元素時，就可以取出當做共同的部份，日後要開發的系統中有需要時，就可以加以繼承，不需要重新撰寫。繼承有單一繼承和多重繼承，而且多重繼承可以顯現真實社會的情境，如您繼承您父母的血型，這是很典型的例子，讓我們先從單一繼承開始討論。

17-1 單一繼承

C++ 繼承的語法很簡單，如下所示：

```
class derivedCass: accessMode baseClass  {
public:
data members/function members
    …
protected:
data members/function members
    …
private:
    data members/function members
     …
};
```

其中 derivedClass 表示衍生類別（derived class）或是子類別（child class），而存取模式 baseClass 表示基礎類別（base class）或稱父類別（parent class）。而在繼承中的存取模式（accessMode），有 public、protected 和 private 三種模式。在類別裏面的存取模式中，protected 在繼承時才會用到，它類似 private，不同的是，在基礎類別的 private 資料成員或函式成員，可以被衍生類別繼承，但不可以直接使用，而在基礎類別的 protected 資料成員或函式成員，可以被衍生類別繼承，而且也可以直接使用。詳細情形留到本章最後再來討論。

您可能會有個疑問，在衍生類別可繼承基礎類別的 private 資料或函式，但不能直接使用，不過您可以利用基礎類別之 public 函式 , 來做間接的做存取。

有一 UML 類別圖如圖 17-1 所示：

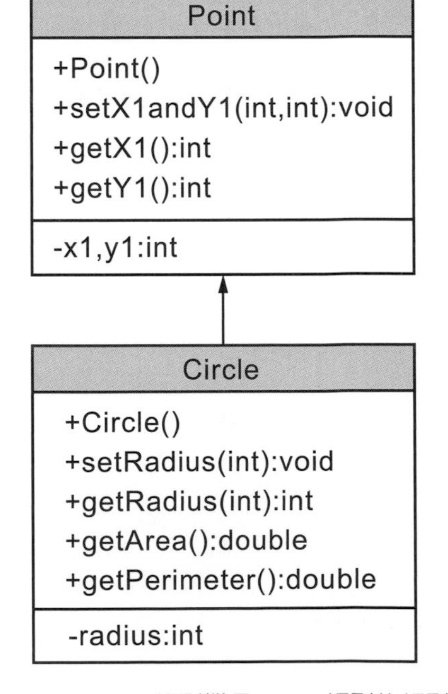

圖 17-1　Circle 類別繼承 Point 類別的類別圖

此類別圖對應的範例程式 inheritance2.cpp 如下所示：

範例

```
1   //inheritance2.cpp
2   #include <iostream>
3   #include <iomanip>
4   using namespace std;
5   #define PI 3.14159
6
7   //Point 類別
8   class Point {
9   public:
10      Point();
11      void setX1andY1(int, int);
12      int getX1();
13      int getY1();
14
15  private:
16      int x1, y1;
17  };
18
19  // 預設點座標爲 (0, 0)
20  Point::Point()
21  {
22      x1 = 0;
23      y1 = 0;
24  }
25
26  void Point::setX1andY1(int x, int y)
27  {
28      x1 = x;
29      y1 = y;
30  }
31
32  int Point::getX1()
33  {
34      return x1;
35  }
36
37  int Point::getY1()
38  {
39      return y1;
40  }
```

```
41
42 //Circle 類別繼承  Point
43 class Circle: public Point {
44 public:
45     Circle();
46     void setRadius(int);
47     int getRadius();
48     double getArea();
49     double getPerimeter();
50
51 private:
52     int radius;
53 };
54
55 //Circle 建構函式，設定半徑為 1
56 Circle::Circle()
57 {
58     radius = 1;
59 }
60
61 void Circle::setRadius(int r)
62 {
63     radius = r;
64 }
65
66 int Circle::getRadius()
67 {
68     return radius;
69 }
70
71 double Circle::getArea()
72 {
73     return (PI * radius * radius);
74 }
75
76 double Circle::getPerimeter()
77 {
78     return (2 * PI * radius);
79 }
80
81 int main()
82 {
83     Point pointObj;
```

```
84      cout << fixed << setprecision(2);
85      cout << "基礎類別的點座標爲：" << "(" << pointObj.getX1() << ", "
86           << pointObj.getY1() << ")" << endl;
87      cout << "---------------------" << endl;
88
89      Circle circleObj;
90      cout << "圓心座標爲：" << "(" << circleObj.getX1() << ", "
91           << circleObj.getY1() << ")" << endl;
92      cout << "圓形半徑：" << circleObj.getRadius() << endl << endl;
93      // 更改圓心和半徑
94      circleObj.setX1andY1(1, 1);
95      circleObj.setRadius(3);
96      cout << "圓心座標更改爲：" << "(" << circleObj.getX1()
97           << ", " << circleObj.getY1() << ")" << endl;
98      cout << "圓形更改爲半徑：" << circleObj.getRadius() << endl;
99      double circleArea = circleObj.getArea();
100     cout << "圓形面積：" << circleArea << endl;
101     double circlePerimeter = circleObj.getPerimeter();
102     cout << "圓形周長：" << circlePerimeter << endl << endl;
103
104     return 0;
105 }
```

```
基礎類別的點座標爲: (0, 0)
---------------------
圓心座標爲：(0, 0)
圓形半徑：1

圓心座標更改爲：(1, 1)
圓形更改爲半徑：3
圓形面積：28.27
圓形周長：18.85
```

Circle 類別繼承了 Point 類別，所以 Point 類別內的資料成員和函式成員皆會被 Circle 類別所繼承。因此在 Circle 類別內只要再定義 radius 的資料成員即可。將 Point 類別繼承而來的 x1 和 y1 當做是圓的圓心。

Circle 類別的物件 circleObj，建立時會自動呼叫其建構函式，將半徑設爲 1，因爲它是繼承 Point 類別，所以也會執行 Point 類別的建構函式，將 x 和 y 皆設定爲 0。

接著程式也利用

```
circleObj2.setX1andY1(1, 1);
circleObj2.setRadius(3);
```

設定 x1 和 y1 的座標點分別爲 1 和 1，並將半徑設定爲 3。然後以此半徑計算圓的面積和周長。我們再來看另一範例程式，有一 UML 類別圖如圖 17-2 所示：

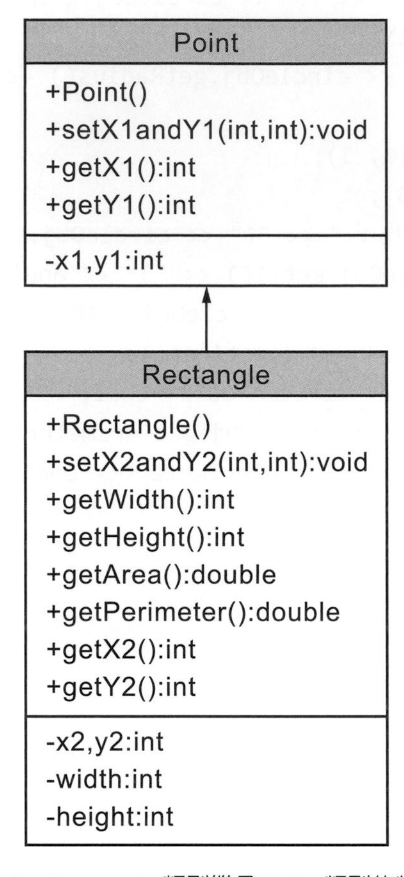

圖 17-2　Rectangle 類別繼承 Point 類別的類別圖

其對應的程式如下所示：

範例

```
1   //inheritance4.cpp
2   #include <iostream>
3   #include <iomanip>
4   using namespace std;
5   #define PI 3.14159
6
7   // 如同 inheritance2.cpp 的 Point 類別
8   ...
9   ...
10  ...
11
```

```
12 //Rectangle 類別繼承 Point
13 class Rectangle: public Point {
14
15 public:
16     Rectangle();
17     void setX2andY2(int, int);
18     int getWidth();
19     int getHeight();
20     double getArea();
21     double getPerimeter();
22     int getX2();
23     int getY2();
24
25 private:
26     int x2, y2;
27     int width;
28     int height;
29 };
30
31 //Rectangle 建構函式預設另一點爲 (1, 1)
32 Rectangle::Rectangle()
33 {
34     x2 = 1;
35     y2 = 1;
36 }
37
38 void Rectangle::setX2andY2(int x, int y)
39 {
40     x2 = x;
41     y2 = y;
42 }
43
44 int Rectangle::getWidth()
45 {
46     width = abs(x2 - getX1());
47     return width;
48 }
49
50 int Rectangle::getHeight()
51 {
52     height = abs(y2 - getY1());
53     return height;
54 }
55
56 double Rectangle::getArea()
57 {
```

```
58      return width * height;
59  }
60
61  double Rectangle::getPerimeter()
62  {
63      return (2 * (width + height));
64  }
65
66  int Rectangle::getX2()
67  {
68      return x2;
69  }
70
71  int Rectangle::getY2()
72  {
73      return y2;
74  }
75
76  int main()
77  {
78      Point pointObj;
79      cout << "基礎類別的點座標為：" << "(" << pointObj.getX1()
80           << ", " << pointObj.getY1() << ")" << endl;
81      cout << "----------------------" << endl;
82
83      Rectangle rectObj;
84      cout << "長方形的兩點座標為：" << "(" << rectObj.getX1()
85           << ", " << rectObj.getY1() << "), (" << rectObj.getX2()
86           << ", " << rectObj.getY2() << ")" << endl;
87      cout << "長方形的寬 = " << rectObj.getWidth() << endl;
88      cout << "長方形的高 = " << rectObj.getHeight() << endl  << endl;
89      //更改兩點座標
90      rectObj.setX1andY1(2, 2);
91      rectObj.setX2andY2(5, 6);
92      cout << "長方形的兩點座標更改為：" << "(" << rectObj.getX1()
93           << ", " << rectObj.getY1() << "), (" << rectObj.getX2()
94           << ", " << rectObj.getY2() << ")" << endl;
95      cout << "長方形的寬 = " << rectObj.getWidth() << endl;
96      cout << "長方形的高 = " << rectObj.getHeight() << endl;
97      double rectArea = rectObj.getArea();
98      cout << "長方形的面積 = " << rectArea << endl;
99      double rectPerimeter = rectObj.getPerimeter();
100     cout << "長方形的周長 = " << rectPerimeter << endl << endl;
101
102     return 0;
103 }
```

```
基礎類別的點座標為: (0, 0)
----------------------
長方形的兩點座標為 : (0, 0), (1, 1)
長方形的寬 = 1
長方形的高 = 1

長方形的兩點座標為 : (2, 2), (5, 6)
長方形的寬 = 3
長方形的高 = 4
長方形的面積 = 12
長方形的周長 = 14
```

Rectangle 類別繼承了 Point 類別，所以 Point 類別內的資料成員和成員函式皆會被 Rectangle 類別所繼承。因此在 Rectangle 類別內只要再定義另一點 x2 和 y2 座標點的資料成員即可。將 Point 類別繼承而來的 x1 和 y1 當做是原先的點座標，因為二點就可以形成一長方形。此範例完整的程式碼，請參閱本書光碟的範例程式 inheritance4.cpp。

現在我們將 Point、Circle 和 Rectangel 類別合在一起，也就是將圖 17-1 和圖 17-2 的 UML 類別圖合併在一起，如圖 17-3 所示：

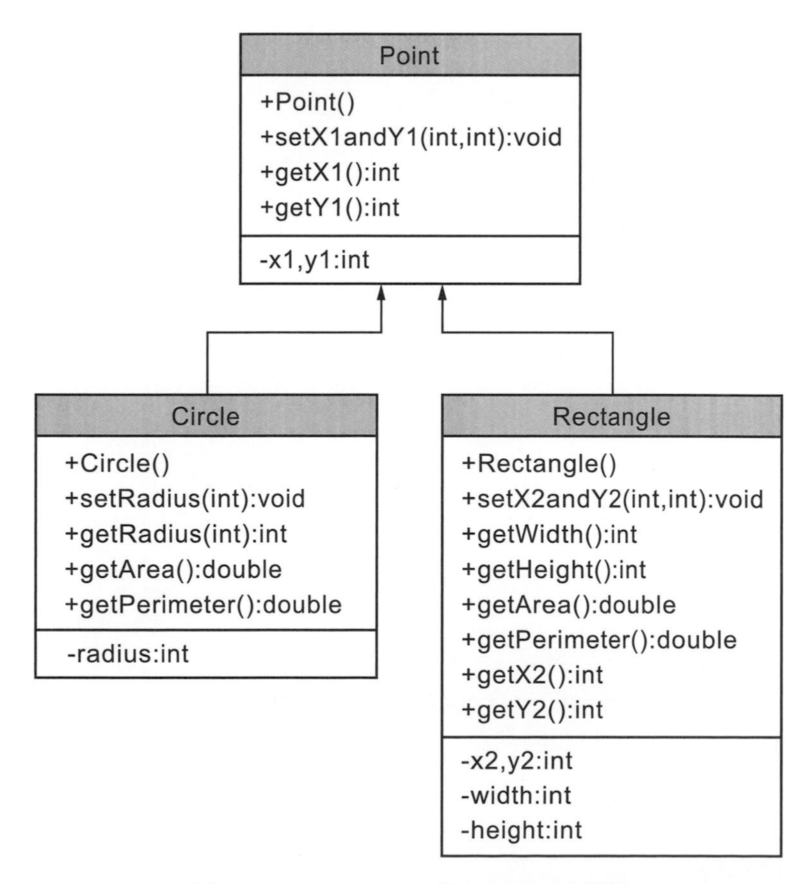

圖 17-3　Point、Circle 和 Rectangel 類別

其對應的程式請參閱 inheritance10.cpp。

範例

```
1  //inheritance10.cpp
2  #include <iostream>
3  #include <string>
4  #include <cmath>
5  #include <iomanip>
6  using namespace std;
7  #define PI 3.14159
8
9  class Point {
10 public:
11     Point();
12     void setX1andY1(int, int);
13     int getX1();
14     int getY1();
15
16 private:
17     int x1, y1;
18 };
19
20 // 預設點座標為 (0, 0)
21 Point::Point()
22 {
23     x1 = 0;
24     y1 = 0;
25 }
26
27 void Point::setX1andY1(int x, int y)
28 {
29     x1 = x;
30     y1 = y;
31 }
32
33 int Point::getX1()
34 {
35     return x1;
36 }
37
38 int Point::getY1()
39 {
```

```
40      return y1;
41  }
42
43  //Circle 類別繼承  Shape
44  class Circle: public Point {
45  public:
46      Circle();
47      void setRadius(int);
48      int getRadius();
49      double getArea();
50      double getPerimeter();
51
52  private:
53      int radius;
54  };
55
56  //Circle 建構函式，設定半徑為 1
57  Circle::Circle()
58  {
59      radius = 1;
60  }
61
62  void Circle::setRadius(int r)
63  {
64      radius = r;
65  }
66
67  int Circle::getRadius()
68  {
69      return radius;
70  }
71
72  double Circle::getArea()
73  {
74      return (PI * radius * radius);
75  }
76
77  double Circle::getPerimeter()
78  {
79      return (2 * PI * radius);
80  }
81
```

```
82 //Rectangle 類別繼承  Shape
83 class Rectangle: public Point {
84 public:
85     Rectangle();
86     void getX1andY1();
87     void setX2andY2(int, int);
88     int getWidth();
89     int getHeight();
90     double getArea();
91     double getPerimeter();
92     int getX2();
93     int getY2();
94
95 private:
96     int x2, y2;
97     int width;
98     int height;
99 };
100
101 //Rectangle 建構函式預設另一點為 (1, 1)
102 Rectangle::Rectangle()
103 {
104     x2 = 1;
105     y2 = 1;
106 }
107
108 void Rectangle::getX1andY1()
109 {
110     cout << "(" << getX1() << ", " << getY1() << ")";
111 }
112
113 void Rectangle::setX2andY2(int x, int y)
114 {
115     x2 = x;
116     y2 = y;
117 }
118
119 int Rectangle::getWidth()
120 {
121     width = abs(x2 - getX1());
122     return width;
123 }
```

```
124
125 int Rectangle::getHeight()
126 {
127     height = abs(y2 - getY1());
128     return height;
129 }
130
131 double Rectangle::getArea()
132 {
133     return width * height;
134 }
135
136 double Rectangle::getPerimeter()
137 {
138     return (2 * (width + height));
139 }
140
141 int Rectangle::getX2()
142 {
143     return x2;
144 }
145
146 int Rectangle::getY2()
147 {
148     return y2;
149 }
150
151 int main()
152 {
153     Point pointObj;
154     cout << fixed << setprecision(2);
155     cout << "基礎類別的點座標爲： " << "(" << pointObj.getX1() << ", "
156          << pointObj.getY1() << ")" << endl;
157     cout << "----------------------" << endl;
158
159     //Circle 類別的物件
160     Circle circleObj;
161     cout << "圓心座標爲： " << "(" << circleObj.getX1() << ", "
162         << circleObj.getY1() << ")" << endl;
163     cout << "圓形半徑： " << circleObj.getRadius() << endl << endl;
164     // 更改圓心和半徑
165     circleObj.setX1andY1(1, 1);
```

```
166     circleObj.setRadius(3);
167     cout << " 圓心座標更改為 : " << "(" << circleObj.getX1()
168          << ", " << circleObj.getY1() << ")" << endl;
169     cout << " 圓形更改為半徑 : " << circleObj.getRadius() << endl;
170     double circleArea = circleObj.getArea();
171     cout << " 圓形面積 : " << circleArea << endl;
172     double circlePerimeter = circleObj.getPerimeter();
173     cout << " 圓形周長 : " << circlePerimeter << endl;
174     cout << "----------------------" << endl;
175 
176     //Rectangle 類別的物件
177     Rectangle rectObj;
178     cout << " 長方形的兩點座標為 : " << "(" << rectObj.getX1()
179          << ", " << rectObj.getY1() << "), (" << rectObj.getX2()
180          << ", " << rectObj.getY2() << ")" << endl;
181     cout << " 長方形的寬 = " << rectObj.getWidth() << endl;
182     cout << " 長方形的高 = " << rectObj.getHeight() << endl << endl;
183     // 更改兩點座標
184     rectObj.setX1andY1(2, 2);
185     rectObj.setX2andY2(5, 6);
186     cout << " 長方形的兩點座標更改為 : " << "(" << rectObj.getX1()
187          << ", " << rectObj.getY1() << "), (" << rectObj.getX2()
188          << ", " << rectObj.getY2() << ")" << endl;
189     cout << " 長方形的寬 = " << rectObj.getWidth() << endl;
190     cout << " 長方形的高 = " << rectObj.getHeight() << endl;
191     double rectArea = rectObj.getArea();
192     cout << " 長方形的面積 = " << rectArea << endl;
193     double rectPerimeter = rectObj.getPerimeter();
194     cout << " 長方形的周長 = " << rectPerimeter << endl << endl;
195 
196     return 0;
197 }
```

```
基礎類別的點座標為: (0, 0)
----------------------
圓心座標為 : (0, 0)
圓形半徑 : 1

圓心座標更改為 : (1, 1)
圓形更改為半徑 : 3
圓形面積 : 28.27
```

```
圓形周長 : 18.85
----------------------
長方形的兩點座標爲 : (0, 0), (1, 1)
長方形的寬 = 1
長方形的高 = 1

長方形的兩點座標更改爲 : (2, 2), (5, 6)
長方形的寬 = 3
長方形的高 = 4
長方形的面積 = 12.00
長方形的周長 = 14.00
```

這個程式很容易可以理解，它是範例程式 inheritance2.cpp 和 inheritance4.cpp 的結合而已。

17-2 protected 屬性

範例程式 inheritance4.cpp 中 Point 類別的 x1 和 y1 是 private，若將 private 屬性改爲 protected 的話，則在衍生類別 Rectangle 類別中就可以執行直接存取的動作。不像 private 屬性，可被衍生類別繼承，但不可以在衍生類別中直接存取。我們可以只要將圖 17-2 中 Point 類別的資料成員，由 – 改爲 #，因爲 # 表示 protected 的符號。如以下範例程式 inheritance20.cpp 所示：

範例

```
1  //inheritance20.cpp
2  #include <iostream>
3  #include <iomanip>
4  using namespace std;
5  #define PI 3.14159
6
7  class Point {
8  public:
9      Point();
10     void setX1andY1(int, int);
11     int getX1();
12     int getY1();
13
14 protected:
15     int x1, y1;
16 };
17
18 // 以下的 Point 類別的成員函式之定義如同 inheritance2
```

```
19 ...
20 ...
21 ...
22
23 //Rectangle 類別繼承  Point
24 class Rectangle: public Point {
25 public:
26     Rectangle();
27     void setX2andY2(int, int);
28     int getWidth();
29     int getHeight();
30     double getArea();
31     double getPerimeter();
32     int getX2();
33     int getY2();
34
35 private:
36     int x2, y2;
37     int width;
38     int height;
39 };
40
41 //Rectangle 建構函式預設另一點為 (1, 1)
42 Rectangle::Rectangle()
43 {
44     x2 = 1;
45     y2 = 1;
46 }
47
48 void Rectangle::setX2andY2(int x, int y)
49 {
50     x2 = x;
51     y2 = y;
52 }
53
54 int Rectangle::getWidth()
55 {
56     // 可直接使用 protected 屬性的 x1 和 x2
57     width = abs(x2 - x1);
58     return width;
59 }
60
```

```
61 int Rectangle::getHeight()
62 {
63     // 可直接使用 protected 屬性的 x1 和 x2
64     height = abs(y2 - y1);
65     return height;
66 }
67
68 double Rectangle::getArea()
69 {
70     return width * height;
71 }
72
73 double Rectangle::getPerimeter()
74 {
75     return (2 * (width + height));
76 }
77
78 int Rectangle::getX2()
79 {
80     return x2;
81 }
82
83 int Rectangle::getY2()
84 {
85     return y2;
86 }
87
88 //main() 如同 inheritance4.cpp
89 int main()
90 {
91 ...
92 ...
93 ...
94
95 }
```

由於將 Point 類別資料成員的 private 存取模式改為 protected，如下所示：

```
class Point {
public:
    Point();
    void setX1andY1(int, int);
    int getX1();
```

```
        int getY1();

    protected:
        int x1, y1;
    };
```

在 Rectangle 類別中，計算 width 和 height 的函式，則可直接使用 x1 和 y1，不需要透過 getX1() 和 getY1() 函式來取得 x1 和 y1。取得長方形寬的 getWidth() 函式定義如下所示：

```
int Rectangle::getWidth()
{
    width = abs(x2 - x1);
    return width;
}
```

而取得長方形高的 getHeight() 函式定義如下所示：

```
int Rectangle::getHeight()
{
    height = abs(y2 - y1);
    return height;
}
```

因爲 getWidth() getHeight() 是 Point 類別的成員函式，所以可以直接加以存取，但在 main() 函式中需仍透過 Point 類別的 public 函式成員 getX1() 和 getY1() 來取得 x1 和 y1。

protected 的屬性和 private 屬性是相同的，它是受到保護，由於 Rectangle 類別繼承 Point 類別時的屬性是以 public 的方式繼承，所以 Point 類別的 protected 屬性的資料成員，會被繼承當做衍生類別的 protected 屬性，因此只能以 Rectange 類別的成員函式加以取得。輸出結果和 inheritance4.cpp 是一樣。此範例的完整程式碼，請參閱本書所附光碟的範例程式 inheritance20.cpp。

17-3 衍生類別建構函式與基礎類別建構函式

當基礎類別的建構函式帶有參數時，則需注意的是，衍生類別的建構函式需要有參數傳給基礎類別的建構函式，如下範例程式所示：

範例

```
1   //baseInheritance.cpp
2   #include <iostream>
3   using namespace std;
4
5   class A {
6   public:
7       A(int a=1);
8       void displayAdata();
9
10  private:
11      int aData;
12  };
13
14  A::A(int a)
15  {
16      aData = a;
17  }
18
19  void A::displayAdata()
20  {
21      cout << "aData: " << aData << endl;
22  }
23
24  class B: public A {
25  public:
26      B(int, int);
27      void displayBdata();
28  private:
29      int bData;
30  };
31
32  B::B(int a, int b): A(a)
33  {
34      bData = b;
35  }
36
37  void B::displayBdata()
38  {
39      cout << "bData: " << bData << endl;
40  }
41
```

```
42 int main() {
43     A aObj(100);
44     cout << "call by A class" << endl;
45     aObj.displayAdata();
46
47     B bObj(77, 88);
48     cout << "\ncall by B class" << endl;
49     bObj.displayAdata();
50     bObj.displayBdata();
51     return 0;
52 }
```

```
call by A class
aData: 100

call by B class
aData77
bData: 88
```

程式中的 B 類別之建構函式如下：

```
B::B(int a, int b): A(a)
{
    bData = b;
}
```

這是因爲基礎類別的建構函式帶有一個參數，所以要定義衍生類別的建構函式時，必須給予二個參數 a、b，其中 a 給基礎類別建構函式，另一個 b 自已使用。

17-4 三種繼承的屬性

要注意的是，衍生類別繼承基礎類別時的屬性是爲何，以下將分三種繼承的方式來討論：

1. **以 public 屬性繼承基礎類別**

```
class derivedClass: public baseClass  {
…
};
```

則 baseClass 的三個屬性的區域成員，將會成爲 derivedClass 類別何種屬性的成員，請參閱表 17-1 所示：

表 17-1 以 public 屬性繼承

baseClass 類別內的	將成為 derivedClass 類別的
public 區域的成員	public 區域的成員
protected 區域的成員	protected 區域的成員
private 區域的成員	一份子，但無法直接使用

這表示 baseClass 類別內的 public 區域的成員，將成爲 derivedClass 類別的 public 區域的成員。baseClass 類別內的 protected 區域的成員，將成爲 derivedClass 類別的 protected 區域的成員，baseClass 類別內的 private 區域的成員，將成爲 derivedClass 類別的一份子，但無法直接使用。

2. 以 protected 屬性繼承基礎類別

```
class derivedClass: protected baseClass {
…
};
```

則 baseClass 的三個屬性的區域成員，將會成爲 derivedClass 類別何種屬性的成員，請參閱表 17-2 所示：

表 17-2 以 protected 屬性繼承

baseClass 類別內的	將成為 derivedClass 類別的
public 區域的成員	protected 區域的成員
protected 區域的成員	protected 區域的成員
private 區域的成員	一份子，但無法直接使用

這表示 baseClass 類別內的 public 區域的成員，將成爲 derivedClass 類別的 protected 區域的成員。baseClass 類別內的 protected 區域的成員，將成爲 derivedClass 類別的 protected 區域的成員，baseClass 類別內的 private 區域的成員，將成爲 derivedClass 類別的一份子，但無法直接使用。

3. 以 private 屬性繼承基礎類別

```
class derivedClass: private baseClass {
…
};
```

則 baseClass 的三個屬性的區域成員，將會成爲 derivedClass 類別何種屬性的成員，請參閱表 17-3 所示：

表 17-3　以 private 屬性繼承

baseClass 類別內的	將成為 derivedClass 類別的
public 區域的成員	private 區域的成員
protected 區域的成員	private 區域的成員
private 區域的成員	一份子，但無法直接使用

這表示 baseClass 類別內的 public 區域的成員，將成爲 derivedClass 類別的 private 區域的成員。baseClass 類別內的 protected 區域的成員，將成爲 derivedClass 類別的 private 區域的成員，baseClass 類別內的 private 區域的成員，將成爲 derivedClass 類別的一份子，但無法直接使用。

我們知道這些概念後，再利用 protected 和 private 屬性的函式或是資料成員，需要該類別的函式加以呼叫或存取。而 public 屬性的函式或資料成員，則可以開放給外界的函式呼叫或存取。

17-5 多重繼承

多重繼承顧名思義就是一個類別繼承多個類別。要注意的是，當一類別 D 繼承了類別 B 和 C，而類別 B 和 C 各繼承了類別 A，此時類別 D 將擁有二個類別 A，一是來自類別 B，另一個是來自類別 C。如有一類別圖如圖 17-4 所示：

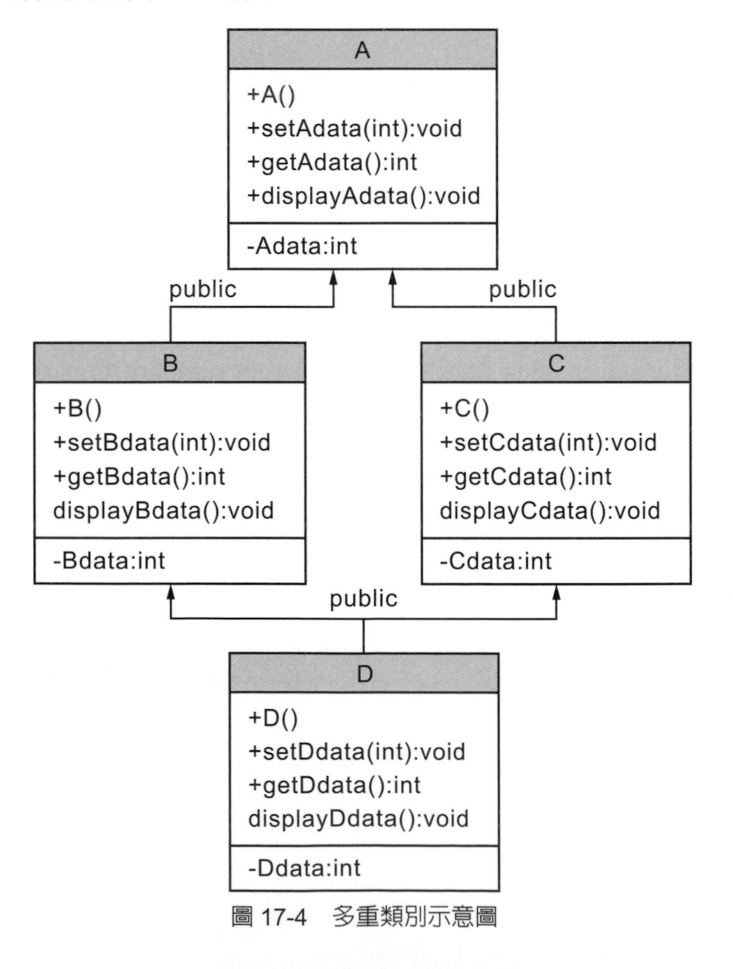

圖 17-4　多重類別示意圖

其對應的程式如下所示：

範例

```
1   //multipleInheritance.cpp
2   #include <iostream>
3   using namespace std;
4   
5   class A {
6   public:
7       A();
8       void setAdata(int x);
9       int getAdata();
10      void displayAdata();
11  
12  private:
13      int Adata;
14  };
15  
16  A::A()
17  {
18      Adata = 100;
19  }
20  
21  void A::setAdata(int x)
22  {
23      Adata = x;
24  }
25  
26  int A::getAdata()
27  {
28      return Adata;
29  }
30  
31  void A::displayAdata()
32  {
33      cout << "Adata: " << Adata << endl;
34  }
35  
36  class B: public A {
37  public:
38      B();
39      void setBdata(int);
```

```
40      int getBdata();
41      void displayBdata();
42
43  private:
44      int Bdata;
45  };
46
47  B::B()
48  {
49      Bdata = 200;
50  }
51
52  void B::setBdata(int x)
53  {
54      Bdata = x;
55  }
56
57  int B::getBdata()
58  {
59      return Bdata;
60  }
61
62  void B::displayBdata()
63  {
64      cout << "Bdata: " << Bdata << endl;
65  }
66
67  class C: public A {
68  public:
69      C();
70      void setCdata(int);
71      int getCdata();
72      void displayCdata();
73
74  private:
75      int Cdata;
76  };
77
78  C::C()
79  {
80      Cdata = 300;
81  }
```

```
82
83  void C::setCdata(int x)
84  {
85      Cdata = x;
86  }
87
88  int C::getCdata()
89  {
90      return Cdata;
91  }
92
93  void C::displayCdata()
94  {
95      cout << "Cdata: " << Cdata << endl;
96  }
97
98  class D: public B, public C {
99  public:
100     D();
101     void setDdata(int);
102     int getDdata();
103     void displayDdata();
104
105 private:
106     int Ddata;
107 };
108
109 D::D()
110 {
111     Ddata = 400;
112 }
113
114 void D::setDdata(int x)
115 {
116     Ddata = x;
117 }
118
119 int D::getDdata()
120 {
121     return Ddata;
122 }
123
```

```
124 void D::displayDdata()
125 {
126     cout << "Ddata: " << Ddata << endl;
127 }
128
129 int main()
130 {
131     A aObj;
132     aObj.displayAdata();
133     cout << endl;
134
135     B bObj;
136     bObj.displayBdata();
137     bObj.setBdata(666);
138     bObj.displayBdata();
139     bObj.setAdata(777);
140     bObj.displayAdata();
141     cout << endl;
142
143     C cObj;
144     cObj.displayCdata();
145     cObj.setCdata(888);
146     cObj.displayCdata();
147     cObj.setAdata(999);
148     cObj.displayAdata();
149     cout << endl;
150
151     D dObj;
152     dObj.displayDdata();
153     dObj.setDdata(1000);
154     cout << "Ddata: " << dObj.getDdata() << endl;
155     cout << endl;
156
157     //dObj.displayAdata();   NO OK
158     dObj.B::displayAdata();   // 必須註明是哪一個基礎類別
159     dObj.C::displayAdata();
160     cout << endl;
161
162     dObj.B::setAdata(667);
163     dObj.B::displayAdata();
164     dObj.C::setAdata(887);
165     dObj.C::displayAdata();
```

```
166
167     return 0;
168 }
```

```
Adata: 100


Bdata: 200
Bdata: 666
Adata: 777

Cdata: 300
Cdata: 888
Adata: 999

Ddata: 400
Ddata: 1000

Adata: 100
Adata: 100

Adata: 667
Adata: 887
```

程式中共有四個類別，分別是 A、B、C、D 類別，B、C 個別繼承了 A，而 D 繼承了 B 和 C，如圖 17-4 所示的 UML 類別圖。此時我們稱 D 是一多重繼承的類別，程式如下所示：

```
Class D: public B, public C {
…
…
};
```

我們建立每一類別的物件，並存取其資料。在類別 D 的物件 dObj，要顯示或設定類別 A 的 Adata 時，則需加上是類別 B 或類別 C 中的 Adata，因爲這兩個類別也都有繼承類別 A。如下所示：

```
//dObj.displayAdata(); NO OK
dObj.B::displayAdata(); // 必須註明是哪一個基礎類別
dObj.C::displayAdata();
cout << endl;
```

其中 dObj.displayAdata(); 是錯誤的敘述，因爲類別 D 的物件 dObj 無法得知是要顯示哪一個類別的 Adata。所以必須加上所謂的範圍運算子 B:: 或 C:: 以表示是取用哪一個類別。我們可以下一結論，凡是在類別 D 呼叫類別 A 的成員函式，必須註明是類別 B 或是類別 C。

爲了讓類別 A 被類別 B 或 C 繼承時，能共用類別 A，其就是當類別 D 繼承了 B 和 C 之後，就不用再使用範圍運算子，因爲只有一份類別 A 而已。在程式上，只要在類別 B 繼承 A 時加上 virtual，在類別 C 繼承 A 時也加上 virtual 就可，如以下範例程式所示：

範例

```
1   //multipleInheritance2.cpp
2   #include <iostream>
3   using namespace std;
4
5   class A {
6   public:
7       A();
8       void setAdata(int x);
9       int getAdata();
10      void displayAdata();
11
12  private:
13      int Adata;
14  };
15
16  A::A()
17  {
18      Adata = 100;
19  }
20
21  void A::setAdata(int x)
22  {
23      Adata = x;
24  }
25
26  int A::getAdata()
27  {
28      return Adata;
29  }
30
31  void A::displayAdata()
32  {
33      cout << "Adata: " << Adata << endl;
34  }
35
36  class B: virtual public A {
37  public:
```

```
38      B();
39      void setBdata(int);
40      int getBdata();
41      void displayBdata();
42
43  private:
44      int Bdata;
45  };
46
47  B::B()
48  {
49      Bdata = 200;
50  }
51
52  void B::setBdata(int x)
53  {
54      Bdata = x;
55  }
56
57  int B::getBdata()
58  {
59      return Bdata;
60  }
61
62  void B::displayBdata()
63  {
64      cout << "Bdata: " << Bdata << endl;
65  }
66
67  class C: virtual public A {
68  public:
69      C();
70      void setCdata(int);
71      int getCdata();
72      void displayCdata();
73
74  private:
75      int Cdata;
76  };
77
78  C::C()
79  {
```

```
80      Cdata = 300;
81  }
82
83  void C::setCdata(int x)
84  {
85      Cdata = x;
86  }
87
88  int C::getCdata()
89  {
90      return Cdata;
91  }
92
93  void C::displayCdata()
94  {
95      cout << "Cdata: " << Cdata << endl;
96  }
97
98  class D: public B, public C {
99  public:
100     D();
101     void setDdata(int);
102     int getDdata();
103     void displayDdata();
104
105 private:
106     int Ddata;
107 };
108
109 D::D()
110 {
111     Ddata = 400;
112 }
113
114 void D::setDdata(int x)
115 {
116     Ddata = x;
117 }
118
119 int D::getDdata()
120 {
121     return Ddata;
```

```
122 }
123
124 void D::displayDdata()
125 {
126     cout << "Ddata: " << Ddata << endl;
127 }
128
129 int main()
130 {
131     A aObj;
132     aObj.displayAdata();
133     cout << endl;
134
135     B bObj;
136     bObj.displayBdata();
137     bObj.setBdata(666);
138     bObj.displayBdata();
139     bObj.setAdata(777);
140     bObj.displayAdata();
141     cout << endl;
142
143     C cObj;
144     cObj.displayCdata();
145     cObj.setCdata(888);
146     cObj.displayCdata();
147     cObj.setAdata(999);
148     cObj.displayAdata();
149     cout << endl;
150
151     D dObj;
152     dObj.displayDdata();
153     dObj.setDdata(1000);
154     cout << "Ddata: " << dObj.getDdata() << endl;
155     cout << endl;
156
157     dObj.displayAdata();
158     dObj.B::displayAdata();
159     dObj.C::displayAdata();
160     cout << endl;
161
162     dObj.setAdata(887);
163     dObj.displayAdata();
```

```
164
165     return 0;
166 }
```

```
Adata: 100

Bdata: 200
Bdata: 666
Adata: 777

Cdata: 300
Cdata: 888
Adata: 999

Ddata: 400
Ddata: 1000

Adata: 100
Adata: 100
Adata: 100

Adata: 887
```

因為類別 B 和 C 繼承 A 時都加上了 virtual。使得類別 B 和 C 共用類別 A。所以以下的敘述

```
dObj.displayAdata();
dObj.B::displayAdata();
dObj.C::displayAdata();
```

顯示出來的結果都是一樣的，其輸出結果是 100，使用類別 B 或類別 C 的 displayAdata() 成員函式和直接呼叫類別 A 的 displayAdata() 成員函式是一樣的，由此可知，使得類別 B 和 C 共用類別 A。

最後類別 D 的物件呼叫從類別 A 所繼承而來的 setAdata() 函式，將繼承而來的 Adata 設定為 887，再利用 displayAdata() 函式顯示之。

本章習題

選擇題

1. 假設 B 類別繼承 A 類別，試問以下敘述何者為偽？
   (A) 在 UML 類別圖中，以 + 表示 public，- 表示 private，# 表示 protected
   (B) A 類別的 protected 屬性的資料成員和 private 非常相似，只能被此類別 A 的 public 成員函式直接存取，其它類別皆不可以直接存取
   (C) A 類別的 protected 屬性的資料成員可以被繼承類別 B 所繼承，並且可被繼承類別 B 的成員函式直接存取
   (D) A 類別的 private 資料成員可以被 B 類別繼承，但不可以直接存取，只能透過 A 類別的 public 成員函式存取。

2. 假設 B 類別繼承 A 類別，試問以下敘述何者為偽？
   (A) 在繼承的屬性上有 public、protected 和 private 三種方式，如 class B: public A {….};，若沒有註明繼承屬性，則預設是 private
   (B) B 類別以 public 屬性繼承 A 類別時，A 類別的 public 區域的項目會成為 B 類別的 public 區域的項目，A 類別的 protected 區域的項目會成為 B 類別的 protected 區域的項目
   (C) B 類別以 protected 屬性繼承 A 類別時，A 類別的 public 區域的項目會成為 B 類別的 protected 區域的項目，A 類別的 protected 區域的項目會成為 B 類別的 protected 區域的項目
   (D) B 類別以 private 屬性繼承 A 類別時，A 類別的 public 區域的項目會成為 B 類別的 public 區域的項目，A 類別的 protected 區域的項目會成為 B 類別的 private 區域的項目。

3. 假設 B 類別繼承 A 類別，C 類別繼承 A 類別，D 類別繼承 B 和 C 類別，如下所示：

```
class B: public A {
    …
};

class C: public A {
    …
};

class D: public B, C {
    …
};
```

   試問以下敘述何者為偽？
   (A) D 類別以 public 屬性繼承 B 和 C 類別
   (B) D 類別以 public 屬性繼承 B，而以 private 屬性繼承 C

(C) 以上的敘述若有一 D 的物件 objD 要呼叫類別 A 的成員函式 getDataA() 時，必須加上範圍運算子 ::，如 objD.B::getDataA()，這由於類別 A 的所有資料和函式，在類別 B 和 C 皆各有一份

(D) 若要這由於類別 A 的所有資料和函式，在類別 B 和 C 共享有一份的話，則要在屬性前加上 virtual，如

```
class B: virtual public A {
    …
};

class C: virtual public A {
    …
};
```

4. 假設有一片段程式示意表如下：

```
class A {
    public:
    …
    protected:
    …
    Private:
    …
};

class B: private A {
    public:
    …
    protected:
    …
    Private:
    …
};

class C: private B {
    public:
    …
    protected:
    …
    Private:
    …
};
```

上述的敘述，試問以下敘述何者為偽？

(A) 在 A 類別的 protected 屬性的成員，可以被 C 類別繼承，但不可以被 C 類別的成員函式直接使用

(B) 在 A 類別的 protected 屬性的成員，可以被 B 類別繼承時，會成爲其 private 成員，可以利用 B 類別的成員函式加以存取

(C) 在 A 類別的 private 屬性的成員，可以被 C 類別繼承，所以也可以利用 C 類別本來定義的成員函式加以存取

(D) 在 A 類別的 public 屬性的成員，可以被 C 類別繼承，但不可以被 C 類別的成員函式直接使用。

上機練習

一、請自行練習本章的範例程式。

二、試問下列程式的輸出結果。

1.

```
//inheritancePractice-1.cpp
#include <iostream>
using namespace std;

class A {
public:
    A();
    void setAdata(string);
    string getAdata();

protected:
    string aData;
};

A::A()
{
    aData = "None";
}

void A::setAdata(string a)
{
    aData = a;
}

string A::getAdata()
```

```
{
    return aData;
}

class B: public A {
public:
    B();
    void setBdata(double);
    double getBdata();

private:
    double bData;
};

B::B()
{
    bData = 66.66;
}

void B::setBdata(double b)
{
    bData = b;
}

double B::getBdata()
{
    return bData;
}

int main()
{
    A aObj;
    cout << "adata: " << aObj.getAdata() << endl;
    aObj.setAdata("Papaya");
    cout << "adata: " << aObj.getAdata() << endl << endl;

    B bObj;
    cout << "bdata: " << bObj.getBdata() << endl;
```

```
    bObj.setBdata(88.88);
    cout << "bdata: " << bObj.getBdata() << endl << endl;

    return 0;
}
```

2.

```
//inheritancePractice-2.cpp
#include <iostream>
using namespace std;

class A {
public:
    A();
    void setAdata(string);
    string getAdata();

protected:
    string aData;
};

A::A()
{
    aData = "None";
}

void A::setAdata(string a)
{
    aData = a;
}

string A::getAdata()
{
    return aData;
}

class B: public A {
public:
    B();
```

```
    void setBdata(double);
    double getBdata();

private:
    double bData;
};

B::B()
{
    bData = 66.66;
}

void B::setBdata(double b)
{
    bData = b;
}

double B::getBdata()
{
    return bData;
}

class C: public B {
public:
    C();
    void setCdata(int);
    int getCdata();

private:
    int cData;
};

C::C()
{
    cData = 1;
}

void C::setCdata(int c)
```

```
{
    cData = c;
}

int C::getCdata()
{
    return cData;
}

int main()
{
    A aObj;
    cout << "adata: " << aObj.getAdata() << endl;
    aObj.setAdata("Papaya");
    cout << "adata: " << aObj.getAdata() << endl << endl;

    B bObj;
    cout << "bdata: " << bObj.getBdata() << endl;
    bObj.setBdata(88.88);
    cout << "bdata: " << bObj.getBdata() << endl;
    cout << "aData: " << bObj.getAdata() << endl;
    bObj.setAdata("Kiwi");
    cout << "aData: " << bObj.getAdata() << endl << endl;

    C cObj;
    cout << "cdata: " << cObj.getCdata() << endl;
    cObj.setCdata(911);
    cout << "cdata: " << cObj.getCdata() << endl;
    cout << "bdata: " << cObj.getBdata() << endl;
    cout << "aData: " << cObj.getAdata() << endl;
    cObj.setAdata("Grape");
    cout << "adata: " << cObj.getAdata() << endl;
    return 0;
}
```

除錯題

試修正下列的程式，並輸出其結果。

1.

```
//inheritanceDebug-1.cpp
#include <iostream>
using namespace std;

class A {
public:
    A(int a=100);
    void setAdata(int);
    int getAdata();

protected:
    int aData;
};

A::A(int a)
{
    aData = a;
}

void A::setAdata(int a)
{
    aData = a;
}

int A::getAdata()
{
    return aData;
}

class B: private A {
public:
    B(int b=200);
    void setBdata(int);
```

```
    int getBdata();

private:
    int bData;
};

B::B(int b)
{
    bData = b;
}

void B::setBdata(int b)
{
    bData = b;
}

int B::getBdata()
{
    return bData;
}

int main()
{
    A aObj;
    cout << "adata: " << aObj.getAdata() << endl;
    aObj.setAdata(666);
    cout << "adata: " << aObj.getAdata() << endl << endl;

    B bObj;
    cout << "bdata: " << bObj.getBdata() << endl;
    bObj.setBdata(888);
    cout << "bdata: " << bObj.getBdata() << endl << endl;

    cout << "Adata: " << bObj.getAdata() << endl;

    return 0;
}
```

程式設計

1. 將範例程式 inheritance10.cpp 的 Point 基礎類別的 x1 和 y1 改為 protected 屬性，並加以修改使程式更加簡潔。
2. 有一 UML 類別圖如下，請撰寫其所對應的程式：

Staff	說明
+Staff()	建構函式
+setID(int):void	設定ID
+getID():int	取得ID
+setName(string):void	設定人名
+getName():string	取得人名
+setTel(string):void	設定電話號碼
+getTel():string	取得電話號碼
-id:int	ID
-name,tel:string	姓名、電話

Student	說明
+Student	建構函式
+setDepartment(string):void	設定系別
+getDepartment():string	取得系別
+setStatus(string):void	設定年級
+getStatus():string	取得年級
-department:string	系別
-status:string	年級

Professor	說明
+Professor()	建構函式
+setDepartment(string):string	設定系別
+getDepartment():string	取得系別
+setExpert(srting):string	設定專長
+getExpert():srting	取得專長
+setService(int):void	設定服務年資
+getService():int	取得服務年資
-expert:srting	專長
-department:string	系別
-serviceYear:int	服務年資

Chapter 18

多型

本章綱要

18-1 多型概念

多型或稱同名異式（polymorphism），表示在基礎類別和衍生類別中有相同的函式名稱與函式簽名，而這些相同的函式名稱如何知道要觸發哪一個類別呢？它在執行時期（run time）依據是哪一個類別物件呼叫此函式，此時就會觸發此類別所屬的函式。由此可知，多型是在繼承下所產生的。我們以一些範例程式來說明。

範例

```
1   //polymorphism10.cpp
2   #include <iostream>
3   #include <string>
4   #include <cmath>
5   #include <iomanip>
6   using namespace std;
7   #define PI 3.14159
8
9   class Point {
10  public:
11      Point();
12      void setX1AndY1(int, int);
13      int getX1();
14      int getY1();
15      double getArea();
16      double getPerimeter();
17
18  protected:
19      int x1, y1;
20  };
21
22  // 預設點座標爲 (0, 0)
23  Point::Point()
24  {
25      x1 = 0;
26      y1 = 0;
27  }
28
29  void Point::setX1AndY1(int x, int y)
30  {
31      x1 = x;
32      y1 = y;
33  }
```

```
34
35 int Point::getX1()
36 {
37     return x1;
38 }
39
40 int Point::getY1()
41 {
42     return y1;
43 }
44
45 double Point::getArea()
46 {
47     cout << "點面積: ";
48     return 1.0;
49 }
50
51 double Point::getPerimeter()
52 {
53     cout << "點周長: ";
54     return 1.0;
55 }
56
57 //Circle 類別繼承  Point 類別
58 class Circle: public Point {
59 public:
60     Circle();
61     void setRadius(int);
62     int getRadius();
63     double getArea();
64     double getPerimeter();
65
66 private:
67     int radius;
68 };
69
70 //Circle 建構函式，設定半徑為 1
71 Circle::Circle()
72 {
73     radius = 1;
74 }
75
```

```
76  void Circle::setRadius(int r)
77  {
78      radius = r;
79  }
80
81  int Circle::getRadius()
82  {
83      return radius;
84  }
85
86  double Circle::getArea()
87  {
88      cout << " 圓形面積 : ";
89      return (PI * radius * radius);
90  }
91
92  double Circle::getPerimeter()
93  {
94      cout << " 圓形周長 : ";
95      return (2 * PI * radius);
96  }
97
98  //Rectangle 類別繼承  Point 類別
99  class Rectangle: public Point {
100 public:
101     Rectangle();
102     void setX2AndY2(int, int);
103     int getX2();
104     int getY2();
105     int getWidth();
106     int getHeight();
107     double getArea();
108     double getPerimeter();
109
110 private:
111     int x2, y2;
112     int width;
113     int height;
114 };
115
116 //Rectangle 建構函式預設另一點爲 (1, 1)
117 Rectangle::Rectangle()
```

```
118 {
119     x2 = 1;
120     y2 = 1;
121 }
122
123 void Rectangle::setX2AndY2(int x, int y)
124 {
125     x2 = x;
126     y2 = y;
127 }
128
129 int Rectangle::getWidth()
130 {
131     width = abs(x2 - x1);
132     return width;
133 }
134
135 int Rectangle::getHeight()
136 {
137     height = abs(y2 - y1);
138     return height;
139 }
140
141 double Rectangle::getArea()
142 {
143     cout << "長方形面積：";
144     return width * height;
145 }
146
147 double Rectangle::getPerimeter()
148 {
149     cout << "長方形周長：";
150     return (2 * (width + height));
151 }
152
153 int Rectangle::getX2()
154 {
155     return x2;
156 }
157
158 int Rectangle::getY2()
159 {
```

```
160     return y2;
161 }
162
163 //polymorphism
164 void displayAreaAndPerimeter(Point &obj)
165 {
166     cout << fixed << setprecision(2);
167     cout << obj.getArea() << endl;
168     cout << obj.getPerimeter() << endl;
169 }
170
171 int main()
172 {
173     Point pointObj;
174     cout << "原點：" << "(" << pointObj.getX1() << ", "
175          << pointObj.getY1() << ")" << endl;
176     displayAreaAndPerimeter(pointObj);
177     cout << endl;
178
179     Circle circleObj2;
180     circleObj2.setX1AndY1(1, 1);
181     circleObj2.setRadius(3);
182     cout << "圓心：" << "(" << circleObj2.getX1() << ", "
183          << circleObj2.getY1() << ")" << endl;
184     cout << "半徑：" << circleObj2.getRadius() << endl;
185     displayAreaAndPerimeter(circleObj2);
186     cout << endl;
187
188     Rectangle rectObj2;
189     rectObj2.setX1AndY1(2, 2);
190     rectObj2.setX2AndY2(5, 6);
191     cout << "長方形的兩個點：" << "(" << rectObj2.getX1() << ", "
192          << rectObj2.getY1() << "), " << "(" << rectObj2.getX2()
193          << ", " << rectObj2.getY2() << ")" << endl;
194     cout << "寬：" << rectObj2.getWidth() << endl;
195     cout << "高：" << rectObj2.getHeight() << endl;
196     displayAreaAndPerimeter(rectObj2);
197     return 0;
198 }
```

```
原點: (0, 0)
點面積 : 1.00
點周長 : 1.00

圓心 : (1, 1)
半徑 : 3
點面積 : 1.00
點周長 : 1.00

長方形的兩個點 : (2, 2), (5, 6)
寬 : 3
高 : 4
點面積 : 1.00
點周長 : 1.00
```

在程式中有一函式名爲 displayAreaAndPerimeter(point &obj)，其定義如下：

```
void displayAreaAndPerimeter(Point &obj)
{
    cout << fixed << setprecision(2);
    cout << obj.getArea() << endl;
    cout << obj.getPerimeter() << endl;
}
```

程式中有三個類別，分別是 Point、Circle、Rectangle，這三個類別皆有 getArea() 和 getPerimeter() 函式。displayAreaAndPerimeter() 函式的參數是基礎類別的物件。當 Point、Circle 和 Rectangle 的物件呼叫 displayAreaAndPerimeter(Point &obj) 時，皆會執行基礎類別 Point 的 getArea() 和 getPerimeter() 函式，所以輸出的面積和周長皆顯示點面積 : 1.0，點周長 : 1.0。

這是因爲早期繫結（early binding）的關係，它們在編譯時期（compile time）物件就將資料或函式綁在一起了。其解決方法就是將這兩個函式成員定義爲晚期繫結（late binding），表示在執行時期才將物件就將資料或函式綁在一起，此時就要在基礎類別的定義上，將這兩個函式成員加上 virtual，使其成爲虛擬函式（virtual function），就可以達成多型的特性。我們將範例程式 polymorphism10.cpp 的 Point 類別改一下即可，如下所示：

```
class Point {
public:
    Point();
    void setX1AndY1(int, int);
    int getX1();
    int getY1();
```

```
        virtual double getArea();
        virtual double getPerimeter();

    protected:
        int x1, y1;
    };
```

其他部份相同，我們將程式命名為 polymorphism20.cpp，其輸出結果如下：

```
原點：(0, 0)
點面積：1.00
點周長：1.00

圓心：(1, 1)
半徑：3
圓形面積：28.27
圓形周長：18.85

長方形的兩個點：(2, 2), (5, 6)
寬：3
高：4
長方形面積：12.00
長方形周長：14.00
```

請您做做看。我們只要在基礎類別中，將 getArea() 和 getPerimeter() 函式加上 virtual 關鍵字即可，讓編譯系統知道這是晚期繫結，這兩個函式的宣告如下：

```
virtual double getArea();
virtual double getPerimeter();
```

這表示在 displayAreaAndPerimeter(Point &obj) 函式中，呼叫 getArea() 或 getPerimeter() 這兩個函式，是在執行時期才判斷是哪一個物件所引發的，此時就會呼叫此物件所對應的 getArea() 或 getPerimeter() 成員函式，所以會輸出您要的面積和周長。

您也可以將 displayAreaAndPerimeter(Point &obj) 函式中的參數，改以指標的方式執行之，如下所示：

```
void displayAreaAndPerimeter(Point *obj)
{
    cout << fixed << setprecision(2);
    cout << obj->getArea() << endl;
    cout << obj->getPerimeter() << endl;
}
```

此時，在 main() 函式中有關 displayAreaAndPerimeter() 函式中的參數，則需加以修改，要以物件的位址加以傳遞。請參閱以下程式的**粗體字**。

```
int main()
{
    Point pointObj;
    cout << "原點：" << "(" << pointObj.getX1() << ", "
         << pointObj.getY1() << ")" << endl;
    displayAreaAndPerimeter(&pointObj);
    cout << endl;

    Circle circleObj2;
    circleObj2.setX1AndY1(1, 1);
    circleObj2.setRadius(3);
    cout << "圓心：" << "(" << circleObj2.getX1() << ", "
         << circleObj2.getY1() << ")" << endl;
    cout << "半徑：" << circleObj2.getRadius() << endl;
    displayAreaAndPerimeter(&circleObj2);
    cout << endl;

    Rectangle rectObj2;
    rectObj2.setX1AndY1(2, 2);
    rectObj2.setX2AndY2(5, 6);
    cout << "長方形的兩個點：" << "(" << rectObj2.getX1() << ", "
         << rectObj2.getY1() << "), " << "(" << rectObj2.getX2()
         << ", " << rectObj2.getY2() << ")" << endl;
    cout << "寬：" << rectObj2.getWidth() << endl;
    cout << "高：" << rectObj2.getHeight() << endl;
    displayAreaAndPerimeter(&rectObj2);
    return 0;
}
```

這時呼叫 displayAreaAndPerimeter() 函式時，需傳送物件的位址，如 pointObj、circleObj2，以及 rectObj2 等等。

範例程式 polymorphism10.cpp 是執行早期繫結，它的好處是執行較快，而缺點就是沒有彈性，反之，範例程式 polymorphism20.cpp 是執行晚期繫結，它的好處是有彈性，而缺點就是執行速度較慢。

18-2 抽象類別和純虛擬函式

包含純虛擬函式（pure virtual function）的類別稱爲抽象類別（abstract class）。抽象類別不可以建立物件，因爲它有純虛擬函式的關係。我們以範例程式 polymorphism20.cpp 做個修改，請參閱範例程式 abstractClass.cpp。

範例

```
1  //abstractClass.cpp
2  #include <iostream>
3  #include <string>
4  #include <cmath>
5  #include <iomanip>
6  using namespace std;
7  #define PI 3.14159
8
9  class Point {
10 public:
11     Point();
12     void setX1AndY1(int, int);
13     int getX1();
14     int getY1();
15     virtual double getArea() = 0;
16     virtual double getPerimeter() = 0;
17
18 protected:
19     int x1, y1;
20 };
21 // 預設點座標爲 (0, 0)
22 Point::Point()
23 {
24     x1 = 0;
25     y1 = 0;
26 }
27
28 void Point::setX1AndY1(int x, int y)
29 {
30     x1 = x;
31     y1 = y;
32 }
33
34 int Point::getX1()
```

```
35 {
36     return x1;
37 }
38
39 int Point::getY1()
40 {
41     return y1;
42 }
43
44 // 以下的 Circle 和 Rectangle 類別同 polymorphism20.cpp
45 ...
46 ...
47 ...
48
49 void displayAreaAndPerimeter(Point &obj)
50 {
51     cout << fixed << setprecision(2);
52     cout << obj.getArea() << endl;
53     cout << obj.getPerimeter() << endl;
54 }
55
56 // 在 main() 函式少了 Point 的物件
57 int main()
58 {
59     Circle circleObj2;
60     circleObj2.setX1AndY1(1, 1);
61     circleObj2.setRadius(3);
62     cout << "圓心: " << "(" << circleObj2.getX1() << ", "
63          << circleObj2.getY1() << ")" << endl;
64     cout << "半徑: " << circleObj2.getRadius() << endl;
65     displayAreaAndPerimeter(circleObj2);
66     cout << endl;
67
68     Rectangle rectObj2;
69     rectObj2.setX1AndY1(2, 2);
70     rectObj2.setX2AndY2(5, 6);
71     cout << "長方形的兩個點: " << "(" << rectObj2.getX1() << ", "
72          << rectObj2.getY1() << "), " << "(" << rectObj2.getX2()
73          << ", " << rectObj2.getY2() << ")" << endl;
74     cout << "寬: " << rectObj2.getWidth() << endl;
75     cout << "高: " << rectObj2.getHeight() << endl;
76     displayAreaAndPerimeter(rectObj2);
77     return 0;
78 }
```

```
圓心: (1, 1)
半徑 : 3
圓形面積 : 28.27
圓形周長 : 18.85

長方形的兩個點 : (2, 2), (5, 6)
寬 : 3
高 : 4
長方形面積 : 12.00
長方形周長 : 14.00
```

有時候在基礎類別中的成員函式無需加以定義，所以就得靠純虛擬函式來幫忙了。如在此程式中 Point 基礎類別的 getArea() 和 getPerimeter() 無需加以定義的話，則以下列敘述表示之：

```
virtual double getArea() = 0;
virtual double getPerimeter() = 0;
```

在虛擬函式的後面加上 = 0 的敘述，稱之為純虛擬函式。而 Point 類別包含這兩個純虛擬函式，所以稱 point 爲抽象類別。在此程式中無法建立 Point 抽象類別的物件。只能建立衍生類別 Circle 和 Rectangle 類別的物件。

18-3 物件導向程式設計的優點

物件導向程式設計的優點不僅可以節省開發成本（development cost），而且也可以降低維護成本（maintain cost）。維護的範圍很大，如經過多年之後，要加一新的功能，或加強某一功能，或是在某一功能的使用上產生錯誤等等，這都是既有系統的維護。

在維護的觀點上來說，儘量不要動到原來的程式，可以加入新的程式碼。爲了能讓您體驗在系統維護上的好處，我們將上述的專案 polymorphism20.cpp 加入一新的類別 Cylinder，此類別是繼承 Circle 類別而來，所以此時 Point、Circle、Rectangel，以及 Cylinder 的 UML 類別圖如圖 18-1 所示：

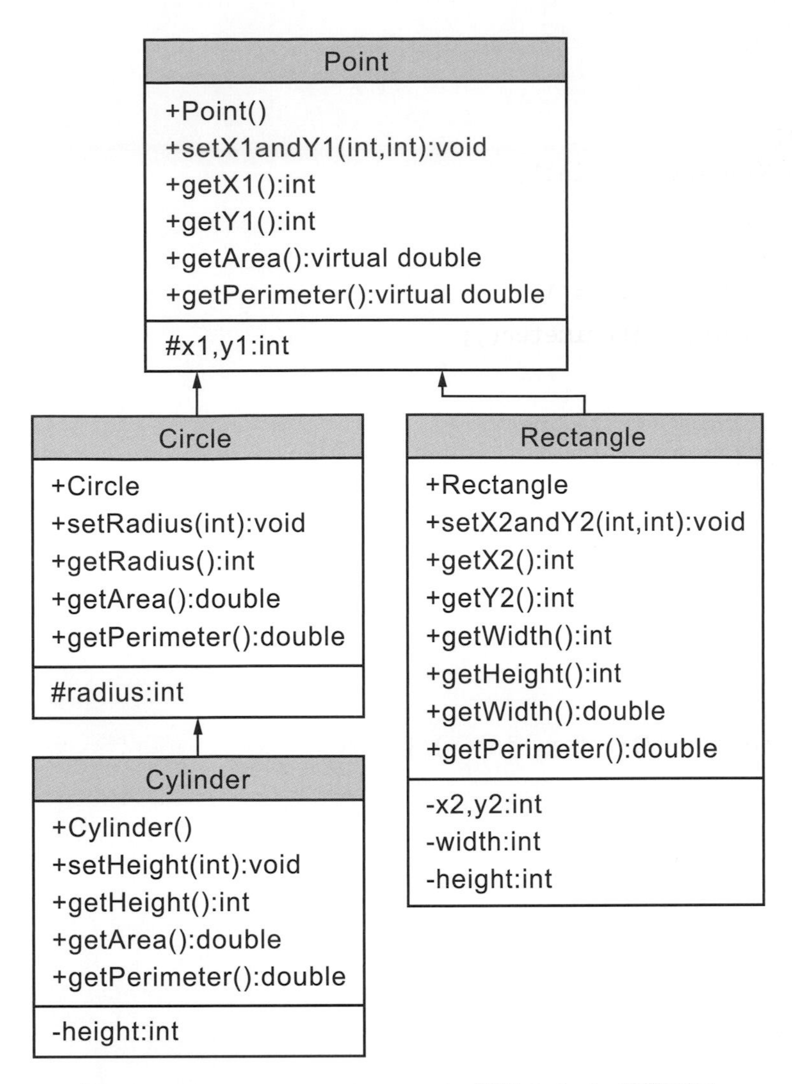

圖 18-1　Point、Circle、Rectangel，以及 Cylinder 的類別圖

此類別圖的對應程式以範例程式 maintainSystem.cpp。為了讓您了解系統維護的情形，我們**粗體字**表示新加入的地方，如下所示：

範例

```
1   //maintainSystem.cpp
2   #include <iostream>
3   #include <string>
4   #include <cmath>
5   #include <iomanip>
6   using namespace std;
7   #define PI 3.14159
8
9   class Point {
10  protected:
11      int x1, y1;
```

```
12
13 public:
14     Point();
15     void setX1AndY1(int, int);
16     int getX1();
17     int getY1();
18     virtual double getArea();
19     virtual double getPerimeter();
20 };
21
22 // 預設點座標爲 (0, 0)
23 Point::Point()
24 {
25     x1 = 0;
26     y1 = 0;
27 }
28
29 void Point::setX1AndY1(int x, int y) {
30     x1 = x;
31     y1 = y;
32 }
33
34 int Point::getX1()
35 {
36     return x1;
37 }
38
39 int Point::getY1()
40 {
41     return y1;
42 }
43
44 double Point::getArea()
45 {
46     cout << "點面積: ";
47     return 1.0;
48 }
49
50 double Point::getPerimeter()
51 {
52     cout << "點周長: ";
53     return 1.0;
```

```
54 }
55
56 //Circle 類別繼承  Point 類別
57 class Circle: public Point {
58 public:
59     Circle();
60     void setRadius(int);
61     int getRadius();
62     double getArea();
63     double getPerimeter();
64
65 protected:
66     int radius;
67 };
68
69 //Circle 建構函式，設定半徑爲 1
70 Circle::Circle()
71 {
72     radius = 1;
73 }
74
75 void Circle::setRadius(int r)
76 {
77     radius = r;
78 }
79
80 int Circle::getRadius()
81 {
82     return radius;
83 }
84
85 double Circle::getArea()
86 {
87     cout << "圓形面積：";
88     return (PI * radius * radius);
89 }
90
91 double Circle::getPerimeter()
92 {
93     cout << "圓形周長：";
94     return (2 * PI * radius);
95 }
```

```
96
97 //Rectangle 類別繼承 Point 類別
98 class Rectangle: public Point {
99 public:
100     Rectangle();
101     void setX2AndY2(int, int);
102      int getX2();
103     int getY2();
104     int getWidth();
105     int getHeight();
106     double getArea();
107     double getPerimeter();
108
109 private:
110     int x2, y2;
111     int width;
112     int height;
113 };
114
115 //Rectangle 建構函式預設另一點爲 (1, 1)
116 Rectangle::Rectangle()
117 {
118     x2 = 1;
119     y2 = 1;
120 }
121
122 void Rectangle::setX2AndY2(int x, int y)
123 {
124     x2 = x;
125     y2 = y;
126 }
127
128 int Rectangle::getWidth()
129 {
130     width = abs(x2 - x1);
131     return width;
132 }
133
134 int Rectangle::getHeight()
135 {
136     height = abs(y2 - y1);
137     return height;
```

```
138 }
139
140 double Rectangle::getArea()
141 {
142     cout << " 長方形面積： ";
143     return width * height;
144 }
145
146 double Rectangle::getPerimeter()
147 {
148     cout << " 長方形周長： ";
149     return (2 * (width + height));
150 }
151
152 int Rectangle::getX2()
153 {
154     return x2;
155 }
156
157 int Rectangle::getY2()
158 {
159     return y2;
160 }
161
162 // 新增圓柱體的類別
163 //Cylinder 類別繼承 Circle 類別
164 class Cylinder: public Circle {
165 public:
166     Cylinder();
167     double getArea();
168     double getPerimeter();
169     void setHeight(int);
170     int getHeight();
171
172 private:
173     int height;
174 };
175
176 // 新增圓柱體的函式定義
177 Cylinder::Cylinder()
178 {
179     height = 3;
```

```
180 }
181 
182 double Cylinder::getArea()
183 {
184     cout << "圓柱體體積：";
185     return PI * radius * radius * height;
186 }
187 
188 double Cylinder::getPerimeter()
189 {
190     cout << "圓柱體表面積：";
191     return 2*(PI*radius*radius) + (2*PI*radius*height);
192 }
193 
194 void Cylinder::setHeight(int h)
195 {
196     height = h;
197 }
198 
199 int Cylinder::getHeight()
200 {
201     return height;
202 }
203 
204 void displayAreaAndPerimeter(Point &obj)
205 {
206     cout << obj.getArea() << endl;
207     cout << obj.getPerimeter() << endl;
208 }
209 
210 int main()
211 {
212     Point pointObj;
213     cout << "原點：" << "(" << pointObj.getX1() << ", "
214          << pointObj.getY1() << ")" << endl;
215     displayAreaAndPerimeter(pointObj);
216     cout << endl;
217 
218     cout << fixed << setprecision(2);
219     Circle circleObj2;
220     circleObj2.setX1AndY1(1, 1);
221     circleObj2.setRadius(3);
```

```
222     cout << "圓心： " << "(" << circleObj2.getX1() << ", "
223          << circleObj2.getY1() << ")" << endl;
224     cout << "半徑： " << circleObj2.getRadius() << endl;
225     displayAreaAndPerimeter(circleObj2);
226     cout << endl;
227
228     Rectangle rectObj2;
229     rectObj2.setX1AndY1(2, 2);
230     rectObj2.setX2AndY2(5, 6);
231     cout << "長方形的兩個點： " << "(" << rectObj2.getX1() << ", "
232          << rectObj2.getY1() << "), " << "(" << rectObj2.getX2()
233          << ", " << rectObj2.getY2() << ")" << endl;
234     cout << "寬： " << rectObj2.getWidth() << endl;
235     cout << "高： " << rectObj2.getHeight() << endl;
236     displayAreaAndPerimeter(rectObj2);
237     cout << endl;
238
239     //新增圓柱體部份
240     Cylinder cylinderObj2;
241     cylinderObj2.setHeight(6);
242     cout << "圓柱體的圓心： " << "(" << cylinderObj2.getX1() << ", "
243          << cylinderObj2.getY1() << ")" << endl;
244     cout << "半徑： " << cylinderObj2.getRadius() << endl;
245     cout << "柱高： " << cylinderObj2.getHeight() << endl;
246     displayAreaAndPerimeter(cylinderObj2);
247     return 0;
248 }
```

```
原點: (0, 0)
點面積： 1.00
點周長： 1.00

圓心： (1, 1)
半徑： 3
圓形面積： 28.27
圓形周長： 18.85

長方形的兩個點： (2, 2), (5, 6)
寬： 3
高： 4
長方形面積： 12.00
```

```
長方形周長 : 14.00

圓柱體的圓心 : (0, 0)
半徑 : 1
柱高 : 6
圓柱體體積 : 18.85
圓柱體表面積 : 43.98
```

您是否很清楚的看到，我們在 polymorphism10.cpp 程式中加入了 Cylinder 類別，以及在 testMain.cpp 的地方加入 Cylinder 類別的物件及其呼叫的成員函式而已，基本上很少動到原先撰寫的程式，如此一來就可以減少維護成本，這對公司是何等的重要。附帶說明，圓柱體的體積爲圓的底面積乘以高，而圓柱體的表面積爲二個底圓的面積 (2*(PI*radius*radius)) + 加上圓柱體展開的矩形面積（亦即圓的周長乘上高，(2*PI*radius*height)）。

本章習題

選擇題

1. 試問以下敘述何者爲眞？（複選）
   (A) 在類別成員函式加上 virtual 表示此它是在執行時期才執行的，來完成所謂的多型的功能
   (B) 一成員函式加上 virtual，此函式稱之爲虛擬函式（virtual function）
   (C) 當某一類別繼承某一類別時，除了有繼承的屬性外，若加上 virtual 表示父類別將會共同享有
   (D) 多型（polymorphism）指的是多個類別中有相同的函式名稱，再依照物件所屬類別呼叫該成員函式。

2. 試問以下敘述何者爲僞？
   (A) 在虛擬函式加上等於 0，就成爲純虛擬函式（pure virtual function），而且必須在衍生類別或稱子類別中加以定義之
   (B) 含有純虛擬函式的類別稱之爲抽象類別
   (C) 抽象類別也可以定義物件
   (D) 純虛擬函式是因爲有些虛擬函式不需要定義其動作而設的。

上機練習

1. 請自行練習本章的範例程式。
2. 試問下一程式的輸出結果，並畫出其對應的 UML 類別圖。

```
//polymorphismPractice-2.cpp
#include <iostream>
#include <cmath>
using namespace std;

class Shape {
public:
    Shape();
    void setName(string);
    string getName();
    void setColor(string);
    string getColor();
    double getArea();
    double getPerimeter();

private:
    string name;
    string color;
};

Shape::Shape()
{
    name = "Shape";
    color = "Blue";
}

void Shape::setName(string name)
{
    this->name = name;
}

string Shape::getName()
{
    return name;
```

```
}

void Shape::setColor(string color)
{
    this->color = color;
}

string Shape::getColor()
{
    return color;
}

double Shape::getArea()
{
    return 1.0;
}

double Shape::getPerimeter()
{
    return 1.0;
}

//class Square
class Square: public Shape {
public:
    void setSide(int);
    int getSide();
    double getArea();
    double getPerimeter();

private:
    int side;
};

double Square::getArea()
{
    return side * side;
}
```

```
double Square::getPerimeter()
{
    return 4 * side;
}

class RightTriangle: public Shape {
public:
    void setBottom(int);
    int getBottom();
    void setHeight(int);
    int getHeight();
    double getArea();
    double getPerimeter();

private:
    int bottom;
    int height;
};

void RightTriangle::setBottom(int bottom)
{
    this->bottom = bottom;
}

int RightTriangle::getBottom()
{
    return bottom;
}

void RightTriangle::setHeight(int height)
{
    this->height = height;
}

int RightTriangle::getHeight()
{
    return height;
}
```

```
double RightTriangle::getArea()
{
    return (bottom * height)/2;
}

double RightTriangle::getPerimeter()
{
    return (bottom + height + sqrt(bottom*bottom + height*height));
}

void information(Shape &obj)
{
    cout << "Area: " << obj.getArea() << endl;
    cout << "Perimeter: " << obj.getPerimeter() << endl << endl;
}

int main()
{
    Shape shapeObj;
    cout << "Name: " << shapeObj.getName() << endl;
    cout << "Color: " << shapeObj.getColor() << endl;
    information(shapeObj);

    Square squareObj;
    squareObj.setName("Square");
    squareObj.setColor("Red");
    cout << "Name: " << squareObj.getName() << endl;
    cout << "Color: " << squareObj.getColor() << endl;
    information(squareObj);

    RightTriangle triangleObj;
    triangleObj.setName("Right triangle");
    triangleObj.setColor("Green");
    cout << "Name: " << triangleObj.getName() << endl;
    cout << "Color: " << triangleObj.getColor() << endl;
    information(triangleObj);

    return 0;
}
```

除錯題

1. 小華第一次上 C++ 的多型主題，老師出了一個問題，並且要印出以下的輸出結果：

```
原點：(0, 0)
點面積：1.00
點周長：1.00


圓心：(1, 1)
半徑：3
圓形面積：28.27
圓形周長：18.85

長方形的兩個點：(2, 2), (5, 6)
寬：3
高：4
長方形面積：12.00
長方形周長：14.00
```

以下是小華所撰寫的程式，請您加以 debug 一下。

```
//polymorphismDebug-1.cpp
#include <iostream>
#include <string>
#include <cmath>
#include <iomanip>
using namespace std;
#define PI 3.14159

class Point {
public:
    Point();
    void setX1AndY1(int, int);
    int getX1();
    int getY1();
    double getArea();
    double getPerimeter();
```

```
protected:
    int x1, y1;
};

// 預設點座標為 (0, 0)
Point::Point()
{
    x1 = 0;
    y1 = 0;
}

void Point::setX1AndY1(int x, int y) {
    x1 = x;
    y1 = y;
}

int Point::getX1()
{
    return x1;
}

int Point::getY1()
{
    return y1;
}

double Point::getArea()
{
    cout << "點面積 : ";
    return 1.0;
}

double Point::getPerimeter()
{
    cout << "點周長 : ";
    return 1.0;
}

//Circle 類別繼承  Point 類別
class Circle: public Point {
```

```
public:
    Circle();
    void setRadius(int);
    int getRadius();
    double getArea();
    double getPerimeter();

private:
    int radius;
};

//Circle 建構函式，設定半徑爲 1
Circle::Circle()
{
    radius = 1;
}

void Circle::setRadius(int r)
{
    radius = r;
}

int Circle::getRadius()
{
    return radius;
}

double Circle::getArea()
{
    cout << "圓形面積：";
    return (PI * radius * radius);
}

double Circle::getPerimeter()
{
    cout << "圓形周長：";
    return (2 * PI * radius);
}

//Rectangle 類別繼承  Point 類別
```

```
class Rectangle: public Point {
public:
    Rectangle();
    void setX2AndY2(int, int);
    int getX2();
    int getY2();
    int getWidth();
    int getHeight();
    double getArea();
    double getPerimeter();

private:
    int x2, y2;
    int width;
    int height;
};

//Rectangle 建構函式預設另一點爲 (1, 1)
Rectangle::Rectangle()
{
    x2 = 1;
    y2 = 1;
}

void Rectangle::setX2AndY2(int x, int y)
{
    x2 = x;
    y2 = y;
}

int Rectangle::getWidth()
{
    width = abs(x2 - x1);
    return width;
}

int Rectangle::getHeight()
{
    height = abs(y2 - y1);
    return height;
}
```

```
double Rectangle::getArea()
{
    cout << "長方形面積: ";
    return width * height;
}

double Rectangle::getPerimeter()
{
    cout << "長方形周長: ";
    return (2 * (width + height));
}

int Rectangle::getX2()
{
    return x2;
}

int Rectangle::getY2()
{
    return y2;
}

void displayAreaAndPerimeter(Point *obj)
{
    cout << fixed << setprecision(2);
    cout << obj.getArea() << endl;
    cout << obj.getPerimeter() << endl;
}

int main()
{
    Point pointObj;
    cout << "原點: " << "(" << pointObj.getX1() << ", "
         << pointObj.getY1() << ")" << endl;
    displayAreaAndPerimeter(&pointObj);
    cout << endl;

    Circle circleObj2;
    circleObj2.setX1AndY1(1, 1);
    circleObj2.setRadius(3);
```

```
    cout << "圓心：" << "(" << circleObj2.x1 << ", "
         << circleObj2.y1 << ")" << endl;
    cout << "半徑：" << circleObj2.radius << endl;
    displayAreaAndPerimeter(&circleObj2);
    cout << endl;

    Rectangle rectObj2;
    rectObj2.setX1AndY1(2, 2);
    rectObj2.setX2AndY2(5, 6);
    cout << "長方形的兩個點：" << "(" << rectObj2.getX1() << ", "
         << rectObj2.getY1() << "), " << "(" << rectObj2.getX2()
         << ", " << rectObj2.getY2() << ")" << endl;
    cout << "寬：" << rectObj2.getWidth() << endl;
    cout << "高：" << rectObj2.getHeight() << endl;
    displayAreaAndPerimeter(&rectObj2);
    return 0;
}
```

程式設計

1. 請將 maintainSystem.cpp 修改成以專案的方式撰寫之。
2. 試修改上機練習第 2 題，使其輸出正確的答案，如以下所示：

```
Name: Shape
Color: Blue
Area: 1
Perimeter: 1

Name: Square
Color: Red
Area: 36
Perimeter: 24

Name: Right triangle
Color: Green
Area: 6
Perimeter: 12
```

讀者回函卡

掃 QRcode 線上填寫 ▶▶▶

姓名：＿＿＿＿＿＿ 生日：西元＿＿＿年＿＿＿月＿＿＿日 性別：□男 □女

電話：（ ）＿＿＿＿＿＿ 手機：＿＿＿＿＿＿

e-mail：（必填）＿＿＿＿＿＿

註：數字零，請用 Φ 表示，數字 1 與英文 L 請另註明並書寫端正，謝謝。

通訊處：□□□□□＿＿＿＿＿＿

學歷：□高中・職 □專科 □大學 □碩士 □博士

職業：□工程師 □教師 □學生 □軍・公 □其他

學校／公司：＿＿＿＿＿＿ 科系／部門：＿＿＿＿＿＿

・需求書類：

□ A. 電子 □ B. 電機 □ C. 資訊 □ D. 機械 □ E. 汽車 □ F. 工管 □ G. 土木 □ H. 化工 □ I. 設計

□ J. 商管 □ K. 日文 □ L. 美容 □ M. 休閒 □ N. 餐飲 □ O. 其他

・本次購買圖書為：＿＿＿＿＿＿ 書號：＿＿＿＿＿＿

・您對本書的評價：

封面設計：□非常滿意 □滿意 □尚可 □需改善，請說明＿＿＿＿＿＿

內容表達：□非常滿意 □滿意 □尚可 □需改善，請說明＿＿＿＿＿＿

版面編排：□非常滿意 □滿意 □尚可 □需改善，請說明＿＿＿＿＿＿

印刷品質：□非常滿意 □滿意 □尚可 □需改善，請說明＿＿＿＿＿＿

書籍定價：□非常滿意 □滿意 □尚可 □需改善，請說明＿＿＿＿＿＿

整體評價：請說明＿＿＿＿＿＿

・您在何處購買本書？

□書局 □網路書店 □書展 □團購 □其他＿＿＿＿＿＿

・您購買本書的原因？（可複選）

□個人需要 □公司採購 □親友推薦 □老師指定用書 □其他＿＿＿＿＿＿

・您希望全華以何種方式提供出版訊息及特惠活動？

□電子報 □ DM □廣告（媒體名稱＿＿＿＿＿＿）

・您是否上過全華網路書店？（www.opentech.com.tw）

□是 □否 您的建議＿＿＿＿＿＿

・您希望全華出版哪方面書籍？＿＿＿＿＿＿

・您希望全華加強哪些服務？＿＿＿＿＿＿

感謝您提供寶貴意見，全華將秉持服務的熱忱，出版更多好書，以饗讀者。

填寫日期： / /

2020.09 修訂

親愛的讀者：

感謝您對全華圖書的支持與愛護，雖然我們很慎重的處理每一本書，但恐仍有疏漏之處，若您發現本書有任何錯誤，請填寫於勘誤表內寄回，我們將於再版時修正，您的批評與指教是我們進步的原動力，謝謝！

全華圖書 敬上

勘 誤 表

書 號		書 名		作 者	
頁 數	行 數	錯誤或不當之詞句		建議修改之詞句	

我有話要說：（其它之批評與建議，如封面、編排、內容、印刷品質等・・・）

國家圖書館出版品預行編目資料

C++程式語言教學範本/蔡明志編著. -- 二版.
-- 新北市 : 全華圖書股份有限公司, 2023.11
面； 公分
ISBN 978-626-328-771-6(平裝)

1.CST: C++(電腦程式語言)
312.32C 112018376

C++程式語言教學範本(第二版)

編著／蔡明志
執行編輯／王詩蕙
發行人／陳本源
封面設計／戴巧耘
出版者／全華圖書股份有限公司
郵政帳號／0100836-1 號
印刷者／宏懋打字印刷股份有限公司
圖書編號／0645401
二版一刷／2023 年 11 月
定價／新台幣 580 元
ISBN／978-626-328-771-6 (平裝)
ISBN／978-626-328-763-1 (PDF)
全華圖書／www.chwa.com.tw
全華網路書店 Open Tech／www.opentech.com.tw
若您對書籍內容、排版印刷有任何問題，歡迎來信指導 book@chwa.com.tw

臺北總公司(北區營業處)
地址：23671 新北市土城區忠義路 21 號
電話：(02) 2262-5666
傳真：(02) 6637-3695、6637-3696

南區營業處
地址：80769 高雄市三民區應安街 12 號
電話：(07) 381-1377
傳真：(07) 862-5562

中區營業處
地址：40256 臺中市南區樹義一巷 26 號
電話：(04) 2261-8485
傳真：(04) 3600-9806(高中職)
(04) 3601-8600(大專)